高职高专电气工程类专业"十二五"规划系列教材

发电厂运行设备

FADIANCHANG YUNXING SHEBEI

主　编　皮林江　宋　宇

副主编　齐　娟　高　岩

　　　　李红霞　刘东升

参　编　单丽清　张　蓓

　　　　田　军　梁　亮

华中科技大学出版社

http://www.hustp.com

中国·武汉

图书在版编目(CIP)数据

发电厂运行设备/皮林江,宋宇主编.—武汉:华中科技大学出版社,2014.10
高职高专电气工程类专业精品课程系列教材
ISBN 978-7-5680-0403-9

Ⅰ.①发… Ⅱ.①皮… ②宋… Ⅲ.①发电厂-电气设备-运行-高等职业教育-教材 Ⅳ.①TM621.7

中国版本图书馆 CIP 数据核字(2014)第 213997 号

发电厂运行设备 **皮林江 宋 宇 主编**

策划编辑:张 毅
责任编辑:张 毅
封面设计:范翠璇
责任校对:祝 菲
责任监印:张正林
出版发行:华中科技大学出版社(中国·武汉)
武昌喻家山 邮编:430074 电话:(027)81321915
录 排:武汉雅唐文化照排
印 刷:华中理工大学印刷厂
开 本:787mm×1092mm 1/16
印 张:15.5
字 数:385 千字
版 次:2014 年 10 月第 1 版第 1 次印刷
定 价:35.00 元

华中出版

本书若有印装质量问题,请向出版社营销中心调换
全国免费服务热线:400-6679-118 竭诚为您服务

前言 QIANYAN

近几年来，随着我国电力改革的不断深入，电力格局发生了较大变化，新产品、新技术、新工艺不断得到推广应用，自动化水平不断提高；同时，电力运行人员变动较大，对工程技术人员的专业知识和新技术的运用能力要求进一步提高。因此，尽快提高电力运行人员的技术水平，是确保发电机组和电网安全、经济运行的当务之急。

本书立足于现代职业教育的性质、任务和培养目标，按照职业教育的课程教学、有关岗位资格和技术等级的特色，根据技术应用型人才的要求，在以“必需，够用”为度和不破坏内容系统性的前提下，着重强调了知识的应用性，在文字表达上力求深入浅出、通俗易懂，并配有丰富的图片，具有明显的职业教育特色。

本书分为两篇，对发电厂的生产过程、主要设备、运行管理等进行了介绍。第一篇为动力运行设备，主要介绍了火力发电的基本原理，电厂的基本生产过程，燃料、锅炉设备、汽轮机设备及其他生产系统设备的工作原理、经济运行和控制方法等内容；第二篇为电力运行设备，主要介绍了电力发电机、电力变压器、一次高压设备和二次系统的基本工作原理和运行管理等。本书既可作为职业教育的教学用书，也可作为工程技术人员的培训教材。

本书由吉林电子信息职业技术学院皮林江、宋宇担任主编，吉林电子信息职业技术学院齐娟、高岩，东北石油大学李红霞、刘东升担任副主编，吉林电子信息职业技术学院单丽清、张蓓、田军、梁亮参编。其中第 1 章至第 4 章由齐娟、单丽清编写，第 5 章由李红霞编写，第 6 章、第 7 章由刘东升编写，第 8 章至第 10 章由高岩、皮林江、宋宇等编写，全书由皮林江统稿。

本书由东北电力大学洪文鹏教授等在电力运行专业领域有丰富实践经验的专家审阅，他们为本书提出了宝贵意见，在此表示衷心的感谢。在本书编写过程中，得到了很多单位和个人的大力支持和帮助，在此一并表示感谢。

由于编写时间仓促，加上编者水平有限，难免会有不少疏漏之处，恳请读者批评指正。

编　者

2014 年 7 月

目录 MULU

第一篇　动力运行设备

第二篇　电力运行设备

第一篇
动力运行设备

电力工业是国民经济的重要基础工业，是国家经济发展战略中的重点和先行产业。发电厂利用一次能源，借助相应的动力装置，按照不同的转换方式来生产电能。在我国，发电量所占比例最高的是火力发电。火力发电厂是指利用煤、石油或天然气等作为燃料生产电能的工厂，简称火电厂。从能量转换的观点分析，火电厂的生产过程是基本相同的，实质就是一个能量转换的过程。首先在锅炉中，燃料的化学能通过燃烧转换为蒸汽的热能，接着在汽轮机中将蒸汽的热能转换为机械能，最后在发电机中将机械能转换为电能。

本篇以 600 MW 火电机组为典型机组，着重介绍了锅炉、汽轮机、典型泵与风机等火力发电厂中各主要动力运行设备的作用、结构、工作原理、主要系统布置以及相关的运行知识。

第1章 热工基础

1.1 热力学基本概念与基本定律

1.1.1 热力学基本概念

1. 工质

热机中用来实现热能与机械能之间的转换的中间媒介物质称为工质。

为了将热能最大限度地转换为机械能，在热机中工作的工质应具有良好的流动性和膨胀性，因此常选用水蒸气、燃气等气态物质作为工质。目前，火力发电厂采用水蒸气作为工质。

2. 热力系

在热力学中，将所要分析研究的对象从周围物体中分割出来，研究它通过界面与周围物体之间的能量交换。这种被人为分割出来的、具体指定的热力学研究对象称为热力系统，简称热力系。将系统与外界划分开的部分即为边界。

按照热力系与外界进行物质交换的情况，可将热力系划分为闭口热力系和开口热力系两类。按照热力系与外界进行能量交换的情况，热力系又可划分为绝热热力系和孤立热力系两类。

1.1.2 工质的热力状态及其状态参数

在动力装置中，热能转换为机械能是借助工质膨胀做功来实现的。显然，在此过程中，工质的压力、温度等一些物理特性随时都在改变，或者说工质的热力状态随时都在改变。工质在某一瞬间所呈现的宏观物理状态称为热力状态，用来描述和说明工质热力状态的一些宏观物理量则称为工质的状态参数。工质的各状态参数只取决于工质的状态，也就是说，工质的状态与状态参数是一一对应的。所以当工质的状态发生变化时，状态参数的变化量只与初、终状态有关，与状态变化过程无关。

1. 基本状态参数

1）温度

温度是表征物体冷热程度的物理量。

国际单位制中，温度的测量采用热力学温标，用这种温标确定的温度称为热力学温度，符号为 T，单位为 K(开尔文)。

与热力学温标并用的还有摄氏温标，它所确定的温度称为摄氏温度，符号为 t，单位为℃(摄氏度)。热力学温度与摄氏温度之间的本质相同，只是零点不同，二者的换算关系为

$$T=t+273.15(\mathrm{K}) \tag{1-1}$$

2) 压力

物体单位面积上所承受的垂直作用力称为压力。气体压力是气体分子作不规则运动时撞击容器器壁的结果。因此，气体压力是指大量气体分子撞击容器器壁时，在单位面积上所产生的垂直方向的平均作用力。

(1) 压力的测量。

工质的压力常用压力表或真空表测量。工程上常用的压力表有U形管式压力计(见图1.1(a)、(b))和弹簧管式压力计(见图1.1(c))。

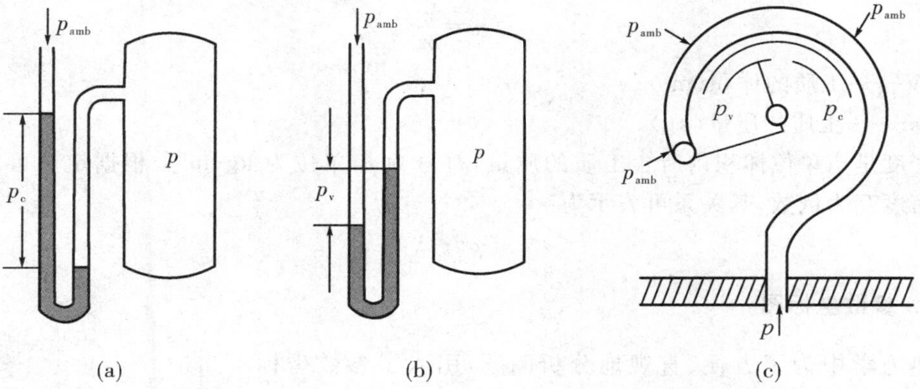

图1.1 压力计

(a)、(b)U形管式压力计；(c)弹簧式压力计

(2) 表压力、真空度的概念。

实际压力测量中，测量仪表均处于当时当地环境压力(大气压力)下，因此，仪表的指示值都是系统真实压力与大气压力的差值。习惯上，称系统的实际压力 p 为绝对压力。当绝对压力高于当地大气压力时，称测量表计的读数为表压力 p_e；当绝对压力低于当地大气压力时，称测量表计的读数为真空或者负压 p_v(绝对值)。在电厂中，表压力即为压力表所显示的压力，真空则为真空表所显示的压力。以上各压力间的数学关系为

$$p=p_{amb}+p_e \tag{1-2}$$

$$p=p_{amb}-p_v \tag{1-3}$$

另外，火电厂有时用百分数表示真空值的大小，称为真空度。真空度是指真空值与大气压力之比的百分数，即

$$真空度=(真空值/大气压力)\times 100\%$$

(3) 压力的单位。

国际单位制中，压力的单位为 Pa(帕斯卡)，1 Pa=1 N/m^2；工程上常用 kPa(千帕)(1 kPa=1×10^3 Pa)和 MPa(兆帕)(1 MPa=10^3 kPa=10^6 Pa)作为计量单位。

另外,压力还可以用液柱高度作单位,常见的有 mmHg(毫米汞柱)和 mmH_2O(毫米水柱),它们与 Pa 之间的换算关系分别为

$$1\ mmHg=133.3\ Pa,\quad 1\ mmH_2O=9.81\ Pa \tag{1-4}$$

我国小型的火电厂一些型号比较陈旧的设备,仍有采用工程大气压(at)作为压力单位的。工程大气压与 Pa 之间的换算关系分别为

$$1\ at=98070\ Pa=9.807\times10^5\ Pa \tag{1-5}$$

物理学中,把纬度 45°海平面上的常年平均气压定为标准大气压或称物理大气压,用符号 atm 表示,其值为 760 mmHg,显然

$$1\ atm=760\ mmHg=1.01325\times10^5\ Pa \tag{1-6}$$

3) 比体积

系统中工质所占的总空间称为容积,用 V 表示。单位质量的工质所占有的总体积称为工质的比体积,符号为 v,单位为 m^3/kg。工质的比体积可以用式(1-7)计算

$$v=\frac{V}{m} \tag{1-7}$$

式中:V——工质的体积(m^3);

m——工质的质量(kg)。

密度是指单位体积内所含工质的质量,符号为 ρ,单位为 kg/m^3。根据定义可知,比体积与密度互为倒数,其关系可表示为

$$\rho v=1 \tag{1-8}$$

2. 参数坐标图

热力学中为了方便、直观地分析问题,引入了参数坐标图,它是用任意两个独立的状态参数组成的平面直角坐标图,能清晰直观地表示工质所处的热力状态。在分析问题时,可以根据分析问题的角度不同,选用不同的参数坐标图。

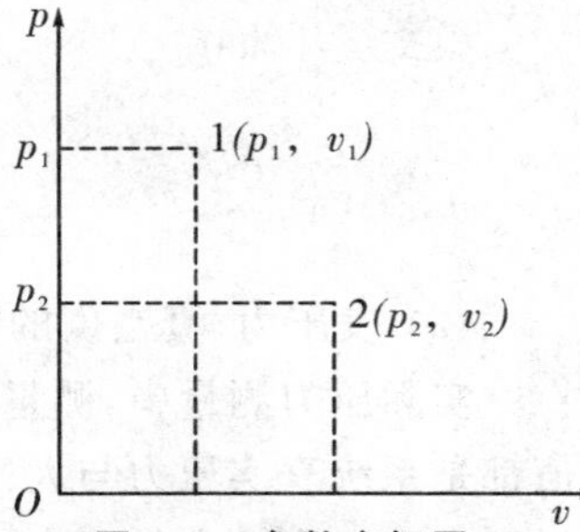

图 1.2　参数坐标图

例如,分析工质对外界做功时,一般选用 p-v 图(称为压容图,如图 1.2 所示,该图以压力为纵坐标,比体积为横坐标);而分析工质与外界的热量交换时,一般选用 T-s 图(称为温熵图。该图以温度为纵坐标,熵为横坐标)等。热力学除压容图、温熵图外,还有由其他参数组成的坐标图。

3. 状态的改变

在外界条件不变的情况下,即使经历较长时间,系统的宏观特性仍不发生变化,则称系统处于平衡状态。此时,系统内部或系统与外界达到了热和力的平衡,如果没有外界的影响,系统内工质性质不随时间的变化而变化,即平衡状态不会自行发生改变。只有处于平衡状态的工质,各部分才具有确定不变的状态参数。

1) 热力过程

处于平衡状态下的系统在外界条件发生改变时,其平衡状态也会遭到破坏,从而引起状态的变化,直至达到新的平衡,这一系列的变化过程称为热力过程。

2）准平衡过程

如果工质所经历的某一热力过程中的每一个热力状态均为平衡状态，则该过程称为准平衡过程。

严格来说，实际的热力过程都一定不是准平衡过程。准平衡过程是理想化了的实际过程，它要求在状态变化过程中，若平衡状态的每一次破坏，都离平衡状态非常近，而状态变化的速度（即破坏平衡的速度）又远远小于工质内部分子运动的速度（即恢复平衡的速度），则工质变化的每个瞬间，工质就都可以认为是平衡状态。

既然平衡状态可在 p-v 图上标示为一个点，那么热力过程在 p-v 图就可以表示为一条线。对不同的热力过程可以是直线也可以是曲线。只有准平衡过程才可以在参数坐标图上表示为一条连续的曲线。实际过程都不是绝对平衡的，但在可能的情况下，可近似当作准平衡过程。只有准平衡过程才能用热力学来分析研究。

3）可逆过程

系统完成某一过程后，如果能使系统与外界同时恢复到初始状态，而不留下任何痕迹，则此过程为可逆过程（可逆过程只是指可能性，并不是指必须要回到初态的过程）。

然而，实际的热力过程在作机械运动时难免存在着摩擦，且在传热做功时也一定存在着内外温差和压差。因此，实际的力过程必定存在着各种不可逆因素，如果使过程沿原路径逆行，使工质回复到原状态，必将会给外界留下影响，这就是实际过程的不可逆性，这种热力过程就是不可逆过程。

在热力学中，对不可逆过程进行分析计算相当困难，为了简化和突出主要矛盾，先将实际过程看作可逆过程进行分析计算，由此产生的误差再引用一些经验系数加以适当修正，就可得到实际过程的结果。这正是引出可逆过程的实际意义所在。

1.1.3 热力学第一定律

1. 热力学第一定律的实质与表述

热力学第一定律的实质就是能量转换与守恒定律在热现象上的应用。热力学第一定律可表述为：热可以转变为功，功也可以转变为热；当一定量的热消失时，必然转换成与之数量相当的功；而消耗一定数量的功时，也将产生相应数量的热。

2. 热力学能

1）热力学能的概念

热力学能（又称内能）指的是热力系内部的大量微观粒子本身所具有的各种微观能量的总和。内能是热力系内部储存的能量，它主要包括内动能和内位能。

内动能指的是工质内部粒子热运动的能量。能量的大小取决于工质的温度，温度越高，内动能越大。内位能指的是工质内部粒子由于相互作用而产生的能量，能量的大小取决于工质内部粒子间的距离，而粒子间的距离又与工质的比体积有关。因而它是比体积的函数。

综上所述，工质的热力学能取决于它本身的温度和比体积，即取决于工质所处的状态。因此，热力学能也是一个状态参数，具有状态参数的一切特性，可表示为两个独立状态参数的函数，即

$$u=f(T,v) \tag{1-9}$$

为了使分析计算简化，人们提出了理想气体的概念。理想气体是指，其分子可视为是一些弹性的、不占体积的质点，且分子之间不存在相互作用力的气体。对于理想气体，因分子间不存在相互作用力，所以没有内位能。其热力学能只包括内动能，因而理想气体的热力学能只是温度的函数，即

$$u=f(T) \tag{1-10}$$

2）热力学能的符号和单位

在热力学中，热力学能的符号为U，单位为 kJ 或 J。1 kg 工质的热力学能称为比热力学能，符号为u，单位为 kJ/kg 或 J/kg。

3. 热力学第一定律的数学表达式

热力学第一定律是热力学的基本定律，它适用于一切热力过程。分析实际问题时，需要应用它的数学解析式，即依据能量守恒原则列出能量平衡关系式，对于任何系统，各项能量间平衡关系式都可表示为

进入系统的能量－离开系统的能量＝系统内储存能量的变化量

对不同的热力系统，其具体的表达形式可以不一样，下面进行具体分析。

1）闭口热力系的热力学第一定律表达式

在闭口系统中，系统与外界不存在质量交换，只发生能量交换，工质所拥有的能量，可以只考虑热力学能这一项。则外界输入系统的能量为外界加入到系统的热量q，由系统输出的能量为系统对外界所做的膨胀功w，根据能量平衡方程式，可得闭口系能量方程式为

1 kg 工质 $$q=\Delta u+w \tag{1-11}$$

m kg 工质 $$Q=\Delta U+W \tag{1-12}$$

式(1-11)和式(1-12)为热力学第一定律应用于闭口热力系的数学表达式。它适用于一切工质的任何热力过程，是一个普遍适用的关系式。它们说明：在热力过程中，热力系从外界吸热，一部分用于工质热力学能的增加，另一部分用于对外膨胀做功。

2）开口热力系的热力学第一定律表达式

在热力没备中，工质的吸热和做功过程往往伴随着工质的流动。以火电厂为例，给水在流经锅炉各受热面时完成吸热过程，蒸汽在流经汽轮机时完成做功过程等均可看作开口热力系，其在与外界发生相互作用时，除交换功和热量外，还交换物质，并且由于物质的交换还会引起其他能量的交换，这样的开口系统在实际中应用非常广泛。

(1) 稳定流动。

把热力系统内部及边界上各点工质的热力参数和运动参数都不随时间的变化而变化的流动称为稳定流动。稳定流动是流动过程的一种特殊情况，它满足以下条件：流入和流出系统的质量流量不随时间的变化而变化；系统任何一点的参数和流速不随时间的变化而变化；系统内的储存能不随时间的变化而变化；单位时间内加入系统的热量和系统对外所做的功也不随时间的变化而改变。实际热力设备，在正常运行工况或设计工况下都可作为稳定流动过程处理。下面就开口系统内工质的稳定流动加以讨论。

(2) 焓的定义。

如图 1.3 所示系统中的工质，假设汽缸内活塞的面积为A，活塞上置一重物，并产生一

垂直向下的均匀压力 p。若需将工质送入汽缸，外界就必须克服系统内阻力 pA 而做功，此功称为推动功(流动功)。如果将质量为 m kg 的工质送入汽缸内，活塞将上升 h 的高度，则此过程中外界克服系统内阻力对该工质所做的推动功为

$$pAh=pV=mpv$$

式中：pV——外界对 m kg 工质做的推动功(J)；

pv——外界对单位质量工质做的推动功(J/kg)。

所以，推动功(流动功)并非工质本身具有的能量，它是用来维持工质流动的，可看作是伴随工质的流动而带入(或带出)系统的能量，它是系统增加(或减少)的能量。

如图1.4所示，系统中有 m kg 工质同时进、出系统。把同时有工质流进和流出的开口系统与外界交换的推动功的差值，称为流动净功，即

$$W_f=p_2V_2-p_1V_1=m(p_2v_2-p_1v_1)$$

如果流动的工质是1 kg，则其流动净功称比流动净功，即

$$w_f=p_2v_2-p_1v_1$$

由上面的分析发现，工质流过系统时，不仅将热力学能带入(或带出)，也将推动功带入(或带出)了，这两者通常是同时出现的。为了分析和计算的方便，通常将热力学能和推动功两者合在一起，定义一个新的物理量，称为焓，以符号 H 表示，即

$$H=U+pV \tag{1-13}$$

单位质量工质的焓称为比焓，以符号 h 表示，即

$$h=u+pv$$

国际单位制中，焓的单位为 J 或 kJ，比焓的单位为 J/kg 或 kJ/kg。

焓是一个只取决于工质状态的状态参数，具有状态参数的一切特性。

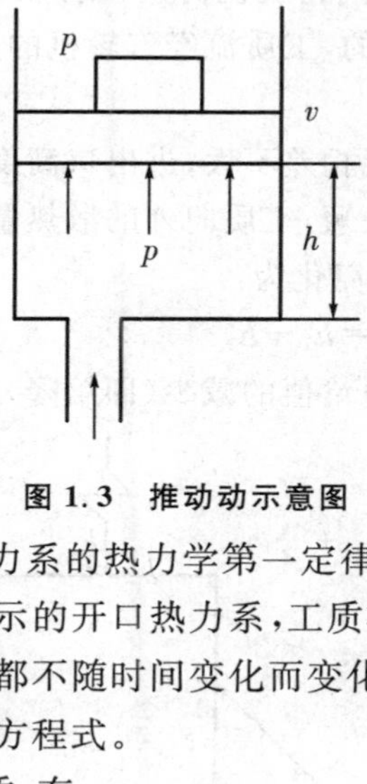

图1.3 推动动示意图

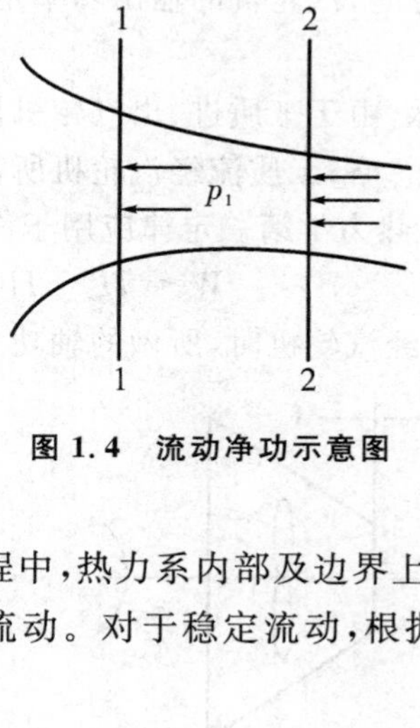

图1.4 流动净功示意图

(3) 开口热力系的热力学第一定律表达式。

如图1.5所示的开口热力系，工质在流动过程中，热力系内部及边界上各点工质的状态参数和运动参数都不随时间变化而变化，是稳定流动。对于稳定流动，根据能量守恒定律，可列出能量平衡方程式。

对 m kg 工质，有

$$Q=(H_2-H_1)+\frac{1}{2}m(c_2^2-c_1^2)+mg(Z_2-Z_1)+W_s \tag{1-14}$$

对1 kg 工质，有

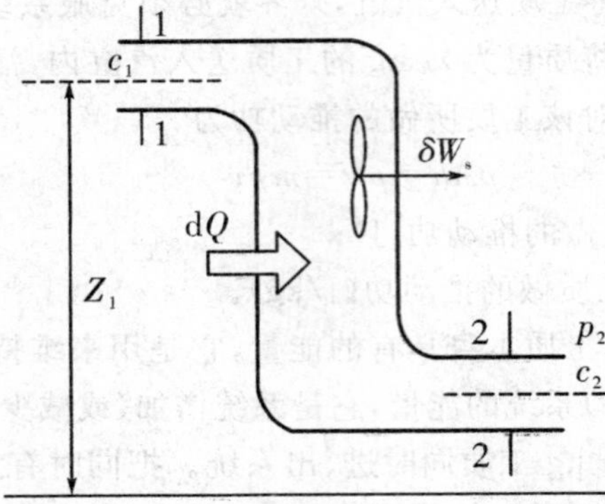

图 1.5　稳定流动的开口系统

$$q=(h_2-h_1)+\frac{1}{2}(c_2^2-c_1^2)+g(z_2-z_1)+w_s$$

$$=\Delta h+\frac{1}{2}\Delta c^2+g\Delta Z+w_s \qquad (1\text{-}15)$$

式(1-14)和式(1-15)为热力学第一定律应用于开口热力系内稳定流动时的数学表达式，称为稳定流动的能量方程式，适用于任何工质、任何稳定的流动过程。它们说明：在开口热力系的稳定流动热力过程中，热力系从外界吸热，一部分用于工质本身能量（热力学能、动能、位能）的增加，另一部分用于对外输出轴功。

4. 热力学第一定律在火电厂典型热力设备中的应用

1）汽轮机

汽轮机是将热能转变为机械能的设备，工质流经汽轮机机时发生膨胀，对外输出轴功。在正常工况下运行时，汽轮机的输出功率是稳定不变的，工质流经汽轮机的过程可视为稳定流动过程。

如图 1.6 所示，由于工质进、出汽轮机设备时动能相差不大；进出口高度差很小，重力位能之差也极小，可忽略；工质流经汽轮机所需的时间极短，工质向外的散热量很少，所以通常认为 $q\approx 0$。因此，热力学第一定律应用于汽轮机时可简化为

$$W_s=H_1-H_2 \quad 和 \quad w_s=h_1-h_2 \qquad (1\text{-}16)$$

可见，工质流经汽轮机时，所做的轴功等于汽轮机焓值的减少（即焓降）。

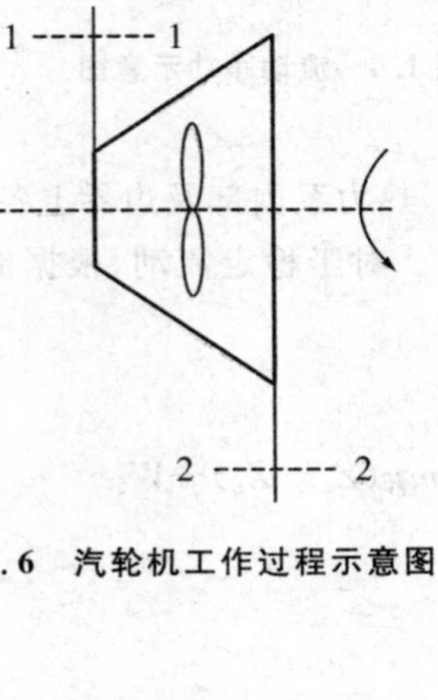

图 1.6　汽轮机工作过程示意图

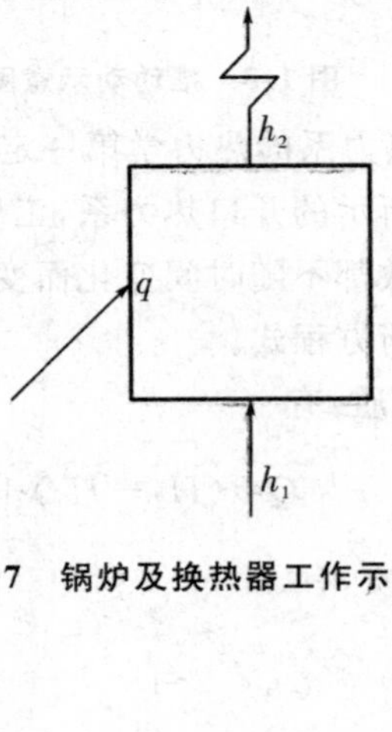

图 1.7　锅炉及换热器工作示意图

2）换热器

火电厂的换热器很多，如锅炉、凝汽器、除氧器、回热加热器和冷油器等。换热器的主要任务是将温度较高流体的能量传递给温度较低的流体。

如图1.7所示，工质流经锅炉、除氧器等换热器时，同外界有热量交换而不对外做功，进出口的动能、位能差都可忽略不计。因此，稳定流动的能量方程用于换热器时可简化为

$$q=h_2-h_1 \tag{1-17}$$

可见，工质在锅炉及换热器中流动时，吸收的热量等于其焓值的增加（即焓差）。

3）喷管

喷管是使工质加速的设备，工质流经喷管后降压提速，获得高速气流。

如图1.8所示，工质流经过喷管时速度很快，时间很短，散热很少，可认为该流体是绝热稳定流动；工质流过喷管时无轴功的输入与输出；同时，进出口位能差亦可忽略。因此，稳定流动能量方程式可简化为

$$\frac{1}{2}(c_2^2-c_1^2)=h_2-h_1 \tag{1-18}$$

可见，工质流经喷管时，动能的增加量等于工质进、出口的焓降。

4）泵与风机

泵与风机用来输送工质的设备，并通过消耗轴功来提高工质的压力。

如图1.9所示，工质流经泵与风机时与外界变换热量很少，可以忽略；一般情况下，进出口动能差和位能差可忽略。因此，稳定流动能量方程式可简化为

$$-w_s=h_2-h_1 \tag{1-19}$$

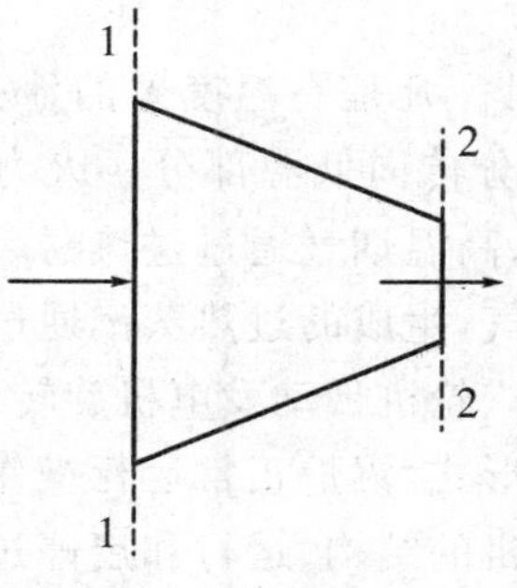

图1.8　喷管工作示意图

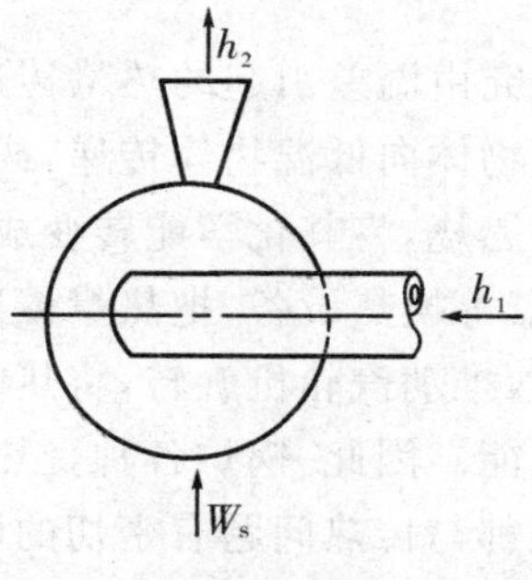

图1.9　泵与风机工作示意图

可见，工质流经泵与风机时，消耗的轴功等于工质的焓增。

1.1.4　热力学第二定律

在能量的传递与转换过程中，热力学第一定律确定能量的数量关系，但并没有指出自然过程进行的方向、条件及限度问题，而这些问题则由热力学第二定律来解决。

热力学第二定律是人们长期对自然界热现象的观察研究得出的基本定律，由于来自于实践，所以可以由观察角度或所分析热力过程的不同，得出多种不同的表述方法，下面介绍几种常见的说法。

（1）克劳修斯（R. Clausius）说法，其表述为：热量不可能自动地无偿地从低温物体传至高温物体。

这种说法指出了热量传递过程具有方向性，是从热量传递的角度表述了热力学第二定律。它说明从低温物体传热给高温物体的过程是一个非自发的过程，要使之实现，必须付出一定的代价。前面我们已经分析过逆向循环，可以看出将热量从低温物体传至高温物体需付出的代价就是消耗功。如果外界不提供机械能，制冷机或热泵都不可能将低温物体的热量传递至高温物体。

(2) 开尔文(L. Kelvin)-普朗克(M. Plank)说法，其表述为：不可能制造出一种循环工作的热机，只从单一热源吸热，使之全部转变为有用功而不产生其他任何变化。

这种说法以否定的叙述方式，指出了热功转换过程的方向性以及热功转换所需要的补偿条件。从热功转换的角度表述了热力学第二定律。它说明热工转换过程是非自发过程，要实现这一过程需要具备一定的条件。热机从热源吸取的热量中，只有一部分可以变成功，而另一部分热量必然要向外排出。也就是说，循环热机工作时不仅要有供吸热用的热源，还要有供放热用的冷源，在一部分热变为功的同时，另一部分热要从热源移至冷源。因此，热变功这一非自发过程的进行，是以热从高温移至低温来作为补偿条件的，即热机的热效率不可能达到100%。这种说法从热工转换的角度表述了热力学第二定律。

综上所述，开尔文-普朗克说法明确指出了只从一个热源吸热就可以连续不断地对外做功的发动机(第二类永动机)是不可能制造成的。在热机循环中，必然存在冷源损失。

尽管热力学第二定律的表述方法，从形式上看有所不同，但其实质是一样的，都说明了能量传递与转换过程进行的方向、条件和限度。

1.2 热传递的基本原理

传热学是研究由温差引起的热量传递基本规律的学科。凡是有温度差的地方，就有热量自发地由高温物体向低温物体传递，或从物体的高温部分传向低温部分。火力发电厂通过燃料在炉膛内燃烧，将其化学能转变成高温烟气的热能，高温烟气通过过热器、再热器、省煤器、空气预热器等换热设备，把热量传递给蒸汽、水或空气，生成的过热蒸汽通过主蒸汽管道送到汽轮机中，推动汽轮机旋转，将热能转变为机械能，汽轮机带动发电机旋转而发电，将机械能转变为电能。因此，锅炉各种受热面的布置和结构形式，锅炉正常运行操作和变工况运行及启停过程都与传热问题有密切的联系。同样，汽轮机的结构、运行和启停过程也涉及传热问题。所以，研究和掌握热量传递的规律，对发电厂机炉的安全运行有着重要意义。

热量传递有三种基本方式：即热传导、热对流和热辐射。

1.2.1 热传导

热传导简称导热，是指两个相互接触的物体或同一物体的各部分之间，由于温度不同而引起的热传递现象。

1. 温度场和温度梯度

物体内部的导热现象是由温差引起的。所以在研究热量传递时，首先必须了解参与换热物体内部的温度分布情况。某一瞬间，空间各点的温度分布称为温度场。它既是空间坐标的函数，又是时间的函数，即温度会随着空间位置和时间的变化而变化，其函数关系式为

$$t=f(x,y,z,\tau) \tag{1-20}$$

式中：x,y,z——空间坐标；

τ——时间坐标。

在热力设备中，随时间的变化而变化的温度场称为非稳态温度场$\left(\frac{\partial t}{\partial \tau}\neq 0\right)$。而不随时间的变化而改变的温度场称为稳态温度场$\left(\frac{\partial t}{\partial \tau}=0\right)$。在稳态温度场中，温度仅是空间坐标的函数。如果物体内部的温度仅沿某一个方向变化，如仅是空间坐标 x 的函数，则称为一维稳态温度场。

在同一时刻，物体内所有温度相同的点连成的面称为等温面。等温面与任一平面相交所得的交线即为等温线。

温度场中，温度改变的强烈程度由温度梯度表示。采用数学上梯度的定义，把等温面（线）某点法线方向的温度变化率称为该点的温度梯度，用符号 $\mathbf{grad}t$ 表示，即

$$\mathbf{grad}t=\lim_{\Delta n\to 0}\frac{\Delta t}{\Delta n}\boldsymbol{n}=\frac{\partial t}{\partial n}\boldsymbol{n} \tag{1-21}$$

式中：$\boldsymbol{n}$——该点的单位法向向量。

温度梯度是一个向量，其大小等于该点温度在 $\boldsymbol{n}$ 方向的导数$\frac{\partial t}{\partial n}$，表示沿温度升高方向上的温度变化率；其方向垂直于该点的等温面（线）且与温度增加的方向一致，而与热量传递的方向相反。

2. 傅里叶定律

导热的基本定律是傅里叶定律，它说明了导热现象中换热量与温度梯度之间的关系。

在换热过程中，单位时间内通过某一给定面积的热量称为热流量，以 Φ 表示，单位为 W。单位时间内通过单位面积的热流量称为热流密度，以 q 表示，单位为 W/m^2。

傅里叶定律的一般数学表达式为

$$q=-\lambda\mathbf{grad}t=-\lambda\frac{\partial t}{\partial n}\boldsymbol{n} \tag{1-22}$$

或

$$\Phi=qA=-\lambda A\frac{\partial t}{\partial n}\boldsymbol{n} \tag{1-23}$$

式中：λ——比例系数，称为导热系数（W/(m·K)）；

A——换热面的面积（m^2）；

负号表示热量传递的方向与温度梯度方向相反。

傅里叶定律表明：在导热现象中，导热热流密度的大小正比于该点温度梯度的绝对值，热流密度的方向与温度梯度的方向相反。

1.2.2 热对流

热对流简称对流，是指流体中温度不同的各部分之间发生宏观的相对位移，冷热流体相互掺混所引起的热量传递现象。对流仅发生在流体中，它是流体的流动和导热联合作用的结果。实际上，发生热对流的同时，流体往往又流过固体壁面并与壁面之间进行热量传递。

所谓对流换热就是指流体流动时与所接触的固体壁面之间发生的热量传递现象。在对流换热过程中，既包含有流体内冷热各部分相对位移引起的热对流作用，又包含在紧贴壁面处极薄的流体分子层中流体分子的导热作用，即对流换热是流体内热传导和热对流同时作用的结果。

对流换热在火电厂的生产过程中应用十分广泛。例如，在锅炉的过热器、省煤器以及汽轮机的主要辅助设备凝汽器、加热器中，管内流动的工质与管内壁之间、管外流动的工质与管外壁之间的热量传递过程都是对流换热过程。

1. 牛顿冷却公式

对流换热的基本计算式是牛顿冷却公式。

流体被加热时

$$\Phi = hA(t_w - t_f) \tag{1-24}$$

流体被冷却时

$$\Phi = hA(t_f - t_w) \tag{1-25}$$

式中：t_w、t_f——壁面温度、流体温度(℃)。

如果把温差记为 Δt，并约定永远取正值，则牛顿冷却公式可表示为

$$\Phi = hA\Delta t \tag{1-26}$$

或

$$q = h\Delta t \tag{1-27}$$

式中：h——对流换热系数，或表面传热系数，简称换热系数($W/(m^2 \cdot K)$)，它的数值大小表示对流换热的强弱；

A——与流体接触的壁面面积(m^2)。

2. 影响对流换热的因素

对流换热是一个很复杂的物理现象，其过程同时涉及流体和固体壁面，因而流体的种类、状态、壁面的几何形状、粗糙度等都会影响对流换热的强弱程度。影响对流换热的因素不外乎是影响流动的因素及流体本身的热物理性质，大致可归纳为以下五个方面：①流动的起因；②流体有无相变；③流体的流动状态；④流体的热物理性质；⑤换热面积的几何因素。

综上所述，影响对流换热系数 h 的主要因素，可定性的用函数形式表达为

$$h = f(u, L, \lambda, p, v, c_p) \tag{1-28}$$

1.2.3 热辐射

物体通过电磁波来传递能量的方式称为辐射。物体会因为各种原因发出辐射能，其中，因热的原因而产生辐射能的现象称为热辐射。自然界中物体只要温度高于绝对零度，都会不停地向空间产生热辐射，同时又不断地吸收其他物体发出的热辐射。辐射与吸收过程的综合结果就形成了以辐射方式进行的物体间的热量传递——辐射换热。

经分析可知，辐射换热具有如下特点。

(1) 热辐射是一切物体的固有属性，只要温度高于 0 K，物体就一定向外辐射能量，当两个温度不同的物体在一起时，高温物体辐射的能量大于低温物体辐射的能量，最终结果是高温物体向低温物体传递了能量。即使两个物体温度相同，辐射换热也仍在不断地进行，只

是每个物体辐射出去的能量等于其吸收的能量，处于动态平衡状态，净辐射换热量为零。

(2) 热辐射过程不需要物体直接接触。即不需要中间介质，可以在真空中传递。

(3) 热辐射过程不仅包含有能量的传递，而且还存在着能量形式的转换。即发射时从热能转换为辐射能，而吸收时又从辐射能转换为热能。

(4) 辐射换热量与两个物体热力学温度的四次方之差成正比。因此，两个物体的温度差对于辐射换热量的影响更强烈。例如，有两个相互平行的无限大黑体表面，当其表面温度分别为 300 K 和 400 K 时或温度分别为 1000 K 和 1100 K 时，两个物体的温差均为 100 K，但后者辐射换热量几乎是前者的 26 倍。这说明辐射换热在高温时更加重要，因为锅炉炉膛内热量传递的主要方式是辐射换热。

在实际的热交换过程中，很少有这三种传递热量的基本形式单独出现的，往往是导热、对流和热辐射的复合组成。如锅炉炉墙外表面的散热过程，包括炉墙附近的空气与炉墙表面进行自然对流换热的同时，炉墙和环境之间还进行着辐射换热。这种在物体的同一表面上既有对流换热又有辐射换热的综合热传递现象，称为复合换热。发电厂中大量热力设备和热力管道的散热都是复合换热。下面对发电厂中常见的换热器分析如下。

过热器的传热过程：

高温烟气→(对流换热和辐射换热)→外壁→(导热)→内壁→(对流换热)→过热蒸汽。

水冷壁的传热过程：

高温烟气→(辐射换热)→外壁→(导热)→内壁→(对流换热)→汽水混合物。

凝汽器的传热过程：

水蒸气→(有相变的对流换热)→外壁→(导热)→内壁→(对流换热)→循环水。

以上所介绍的换热器，其热传递过程的共同特点都是高温流体通过固体壁面把热量传递给壁面另一侧的低温流体的过程，这称为传热过程。

1.2.4 换热器

在火力发电厂中，大量的热量传递是在换热器内完成的。所谓换热器，是指将热流体的热量传递给冷流体的设备。例如，水冷壁、过热器、省煤器、空气预热器、凝汽器、回热加热器、除氧器等，无一不是换热器。

换热器的种类很多，功能不一，按其工作原理可分为表面式换热器、回热式换热器和混合式换热器三类。

1. 表面式换热器

表面式换热器又称间壁式换热器。在表面式换热器中，冷、热流体被固体壁面隔开，分别从壁面两侧流过，热量由热流体通过壁面传递给冷流体。表面式换热器虽然单位容积面积较小，换热效率较低，但由于冷、热流体互不相混，且运行和维修简便，因而对流体的适应性较强，应用非常广泛。发电厂中的换热设备大多是表面式换热器，如发电厂的过热器、再热器、省煤器(见图1.10)、管式空气预热器、凝汽器、冷油器等。

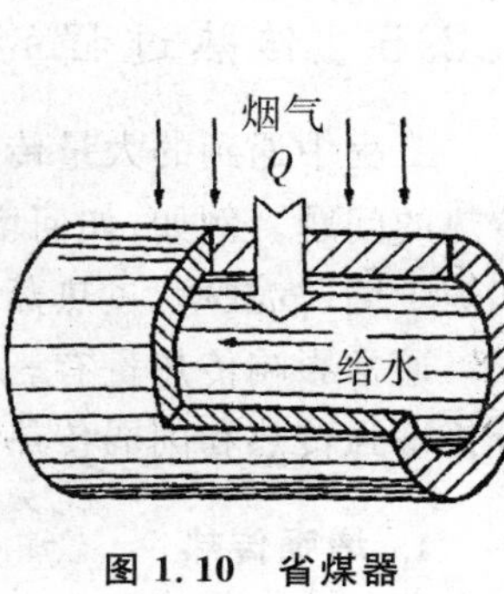

图 1.10 省煤器

2. 回热式换热器

回热式换热器又称再生式换热器或蓄热式换热器，是利用了固体壁面的蓄热作用，这类换热器（见图 1.11）中，热、冷流体交替流过同一个换热面。热流体流过固体壁面时，固体壁面被加热，温度升高；冷流体流过固体壁面时，固体壁面被冷却，冷流体温度升高。热、冷流体通过固体壁面周期性地交换热量。

回热式换热器单位容积内布置的换热面积较大，结构紧凑，传热效率较高，但传动机构在连续运行时较难维护，转动部位较难密封。因此回热式换热器通常用于换热系数不大的气体介质之间的传热。火电厂只有回转式空气预热器是回热式换热器。

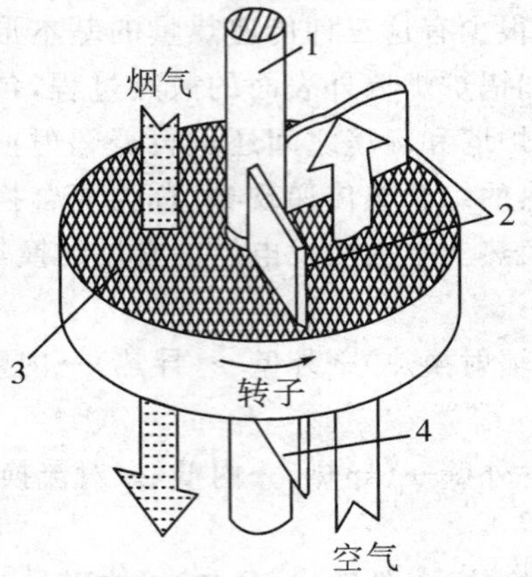

图 1.11　回转式换热器示意图

1—轴；2—顶板；3—传热元件；4—底板

3. 混合式换热器

在混合式换热器中，冷、热流体直接接触，相互掺混。热量传递的同时也伴随着质量的交换。混合式换热器内的冷、热流体可以不止一种。

混合式换热器传热速度快，传热效率高，设备简单。但当不允许冷、热两种流体直接混合时，就不能使用，所以其应用范围受到一定限制。火电厂中的除氧器、喷水减温器、冷却塔等都是混合式换热器。

1.2.5　传热过程的增强与削弱

工程中遇到的大量传热问题，除需要计算传热量外，很多情况下还涉及如何增强和削弱传热的问题。例如，如何增强省煤器、水冷壁、空气预热器等换热设备的传热能力；如何减少锅炉炉墙、汽缸壁、过热蒸汽管道的散热损失等。

通常影响传热量有三个因素，即传热系数、传热面积和传热温差。下面结合发电厂实际分析增强传热和削弱传热的主要途径。

1. 增强传热

增强传热是指根据影响传热的因素，采取措施以提高换热设备单位面积上的传热量。

1）提高传热系数 K

增强传热的积极措施是设法增大传热系数，减小传热热阻，主要可以从减小导热热阻、对流换热热阻、辐射换热热阻三个方面着手。

（1）减小导热热阻。导热热阻的大小取决于固体壁面的壁厚和材料，所以在力学强度允许的条件下，应尽量减小壁厚，在考虑综合经济效益的前提下，应选用导热系数大的材料。发电厂中的换热设备传热面均采用导热性能好的薄金属壁。

要注意的是，发电厂中的换热设备在运行一段时间后，表面会积起水垢、油垢、烟灰或表面产生腐蚀变质，这种情况称为表面结垢。垢层尽管很薄，但也会产生很大的热阻，有时会成为传热的主要热阻。

因此为减小污垢热阻，强化传热，电厂中通过处理锅炉的给水、锅炉定期排污、连续排污的方法，来减少受热面管内壁结水垢的可能性；通过运行中对受热面定期吹灰的方法来减小管外壁的烟垢层厚度等。

（2）减小对流换热热阻。增大流速和增强扰动以减薄和破坏边界层，是减小对流换热热阻的主要方法。采用短管可以减小边界层厚度，人为设置扰动源也是破坏边界层的有效方法。如采用螺旋管、波纹管、螺纹管、加装绕流子和涡流发生器等。

（3）减小辐射换热热阻。增加系统黑度、调整物体间的相对位置和提高辐射源的温度都能减小辐射换热热阻。

在实际操作过程中，这三个方面可能会有冲突，所以应找到数值最大的热阻，并设法减小，才能收到明显的效果，这是强化传热的一个基本原则。

2）扩展传热面积

扩展传热面积不是单纯增大换热设备的几何尺寸，而是从改进传热面的结构出发，合理提高设备单位体积的传热面积。

工程上常用换热器表面的一侧是气体，另一侧是液体。因为通常气体侧的换热系数较小，所以应设法提高气体侧的换热系数。其中一个行之有效的方法是在换热面的气体侧加肋片，如图 1.12 所示。在传热面的低温侧加肋，还可以增加受热面的安全可靠性。

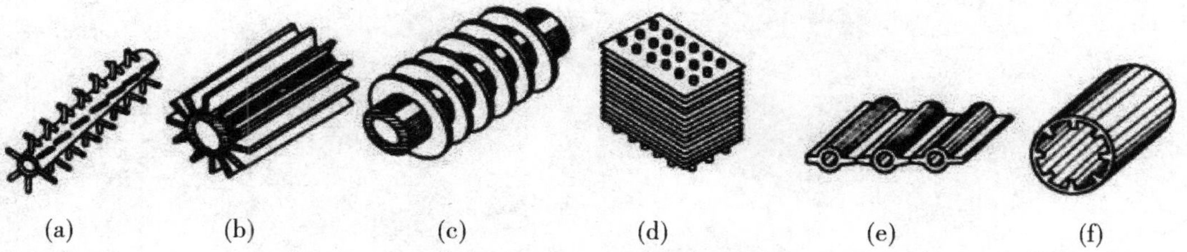

图 1.12 几种典型的肋片

(a)针肋；(b)直肋；(c)环肋；(d)大套片；(e)膜式水冷壁；(f)内肋

3）加大传热温差

提高冷、热流体间的温差，可以通过升高热流体的温度和降低冷流体的温度来实现。但是，流体温度的改变往往受工作条件的限制，并不是可以随便改变的。所以加大传热温差主要通过合理布置流体的流动方式来实现。

2. 削弱传热

增强传热的反面是削弱传热。根据传热方程式可知，可通过减小传热温差、传热面积和传热系数的方法来削弱传热。但实际中常采用在管道和设备上覆盖保温隔热材料的方法来削弱传热。这就是工程上常见的管道和设备的保温隔热。

根据传热热阻公式分析，保温隔热层越厚，隔热效果会越好，但同时会增加投资和折旧费用。所以保温层厚度一般按全年热损失费用和保温隔热层折旧费用总和为最低来设计，此厚度称为最佳厚度或经济厚度。

第 2 章　泵与风机设备及运行

泵与风机是将原动机的机械能转换为被输送流体（液体和气体）的压力能和动能的一种动力设备。通常提高液体能量并输送液体的机械设备称为泵，而提高气体能量并输送气体的机械设备称为风机，但极个别抽送气体的机械设备也称为泵，如液环泵等。

在火力发电厂中，泵与风机是实现动力循环的重要组成部分，是重要的辅机之一。发电厂中，向锅炉送水的有给水泵；向汽轮机凝汽器输送冷却水的有循环水泵；排送凝汽器中凝结水的有凝结水泵；排送热力系统中各处疏水的有疏水泵；为了补充管路系统的汽水损失，设有补给水泵；为了排除锅炉燃烧后灰渣，设有灰渣泵和冲灰水泵；另外，还有供给汽轮机各轴承润滑油的润滑油泵；供给水泵、风机轴承冷却水的工业水泵等。在发电厂的生产过程中，由于泵与风机发生故障而引起停机、停炉，导致发不出电的例子很多，并由此造成巨大的经济损失。实践证明，泵与风机的安全经济运行对发电厂的安全经济发电起着重要作用。

2.1　泵与风机的分类及工作原理

2.1.1　泵与风机的分类

1. 按产生的压强大小分

泵与风机按其产生的压强大小分为不同的类型，如表 2.1 所示。

表 2.1　泵与风机按产生的压强大小分类

<table>
<tr><th>名称</th><th>类　型</th><th colspan="3">压强范围</th></tr>
<tr><td rowspan="3">泵</td><td>低压泵</td><td colspan="3"><2 MPa</td></tr>
<tr><td>中压泵</td><td colspan="3">2～6 MPa</td></tr>
<tr><td>高压泵</td><td colspan="3">>6 MPa</td></tr>
<tr><td rowspan="7">风机</td><td rowspan="5">通风机</td><td rowspan="5"><15 kPa</td><td>低压离心通风机</td><td><1 kPa</td></tr>
<tr><td>中压离心通风机</td><td>1～3 kPa</td></tr>
<tr><td>高压离心通风机</td><td>3～15 kPa</td></tr>
<tr><td>低压轴流通风机</td><td><0.5 kPa</td></tr>
<tr><td>高压轴流通风机</td><td>0.5～5 kPa</td></tr>
<tr><td>鼓风机</td><td colspan="3">15～340 kPa</td></tr>
<tr><td>压气机</td><td colspan="3">>340 kPa</td></tr>
</table>

2. 按工作原理分类

泵与风机按其工作原理不同,分成如下类型。

- 泵
  - 叶片式泵
    - 离心泵
    - 轴流泵
    - 混流泵
  - 容积式泵
    - 往复式泵
      - 活塞泵
      - 柱塞泵
      - 隔膜泵
    - 回转式泵
      - 齿轮泵
      - 螺杯泵
      - 滑片泵
  - 其他类型的泵
    - 真空泵
    - 射流泵
    - 水锤泵

- 风机
  - 叶片式风机
    - 离心式风机
    - 轴流式风机
    - 混流式风机
  - 容积式风机
    - 往复风机
    - 回转风机

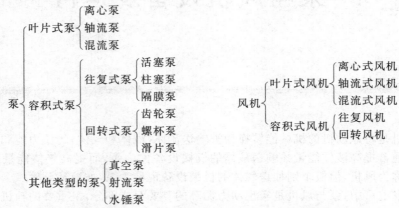

在火力发电厂中,泵与风机常按其在生产中的作用不同而分为给水泵、凝结水泵、循环水泵、疏水泵、灰渣泵、送风机、引风机、排粉风机等。

2.1.2 泵与风机的工作原理

1. 叶片式泵与风机

叶片式泵与风机是依靠装在主轴上的叶轮的旋转运动,通过叶轮的叶片对流体做功来提高流体能量,从而实现输送流体的目的。根据流体在叶轮内的流动方向和流体做功的原理不同,叶片式泵与风机可分为离心式、轴流式和混流式等多种形式。

1)离心式泵与风机的工作原理

离心式泵如图 2.1 所示,在泵壳内充满流体的情况下,原动机带动叶轮旋转,叶轮中的叶片就对其中的流体做功,迫使它们旋转。旋转的流体将在惯性离心力的作用下,从叶轮中心向边缘流去,其压强和流速不断增高,最后以很高的速度流出叶轮进入泵壳内,从压出管径向排出,这个过程称为压出过程;同时,由于叶轮中心流体流向边缘,在叶轮中心形成真空,使得流体经吸入室轴向进入叶轮,这个过程称为吸入过程。叶轮不断旋转,流体就会不断地被压出和吸入,形成离心泵与风机的连续工作。

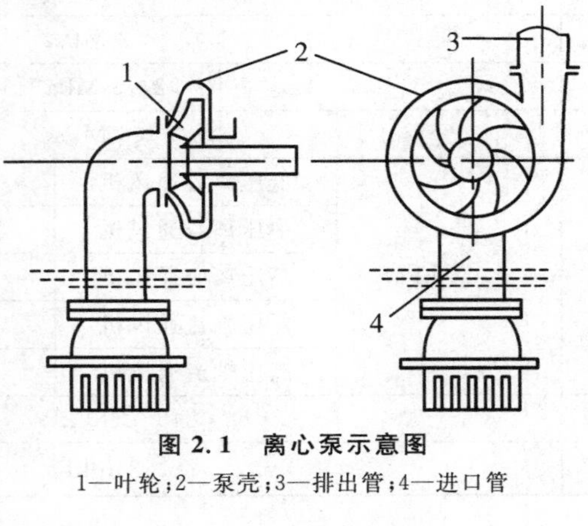

图 2.1 离心泵示意图

1—叶轮;2—泵壳;3—排出管;4—进口管

离心式泵与风机具有效率高、性能可靠、流量均匀、易于调节等特点，特别是可以满足不同需要的各种压强及流量的泵与风机，所以应用极为广泛。在火电厂中，给水泵、凝结水泵以及大多数闭式循环水系统的循环水泵大都采用离心式泵。

2）轴流式泵与风机的工作原理

轴流式泵的结构如图 2.2 所示，当原动机驱动浸在流体中的叶轮旋转时，流体绕流翼形叶片，就会对叶片作用一个指向凸面的升力，而叶片也会同时给流体一个与升力大小相等、方向相反的反作用力，称为推力。推力对流体做功，使流体能量增加，并沿轴向流出叶轮。同时，叶轮进口处的流体被轴向吸入。只要叶轮不断地旋转，流体就会不断地被压出和吸入，形成轴流式泵与风机的连续工作。

轴流式泵与风机具有流量大、压头低、结构紧凑、外形尺寸小、重量轻等特点。火电厂中常用做循环水泵及送风机、引风机。

3）混流式泵与风机的工作原理

混流式泵与风机是一种介于轴流式与离心式之间的叶片式泵与风机。图 2.3 所示为混流式泵叶轮部分示意图，流体轴向流入，部分利用叶形升力、部分利用惯性离心力的作用获得能量后，沿介于轴向与径向之间的圆锥面方向流出叶轮，故称为混流式。

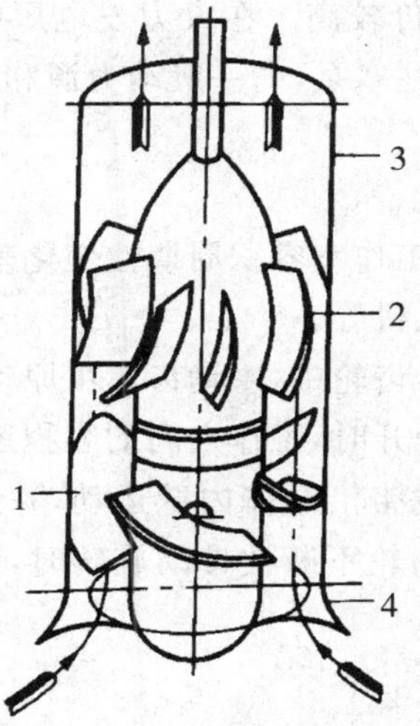

图 2.2　轴流式泵示意图

1—叶轮；2—导叶；3—泵壳；4—喇叭管

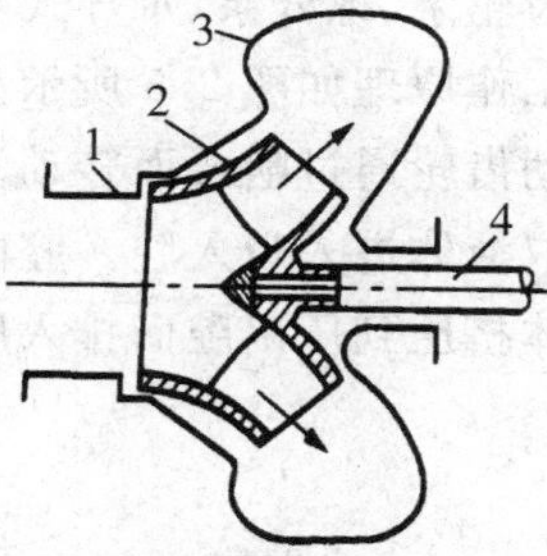

图 2.3　混流式泵示意图

1—吸入室；2—叶轮；3—压水室；4—轴

混流式泵与风机具有流量大、压头高等特点，在火力发电厂中的开式循环水系统中，常用于循环水泵。

2. 容积式泵与风机

容积式泵与风机通过泵与风机内部工作室容积的周期性变化，吸入或排出流体并提高流体的能量，从而输送流体。由于工作室内工作部件的运动不同，可分为往复式和回转式。

1）往复式泵与风机的工作原理

往复式泵与风机是依靠工作部件的往复运动间歇改变工作室内的容积来输送流体的。

往复式泵包括活塞泵和柱塞泵。图 2.4 所示为活塞泵的工作原理示意图。它主要由活塞在泵缸内做往复运动，通过改变工作室容积来改变室内压强，从而吸入和排出液体。驱动装置通过连杆将活塞从最左端位置向右移动，工作室的容积逐渐扩大，工作室内压强降低，流体顶开吸水阀进入工作室，此过程为泵的吸水过程。当活塞从右端开始向左端移动时，充满泵的流体受挤压，将吸水阀关闭，并打开压水阀而排出，此过程称为泵的压水过程。活塞不断往复运动，泵的吸水与压水过程就连续不断地交替进行。

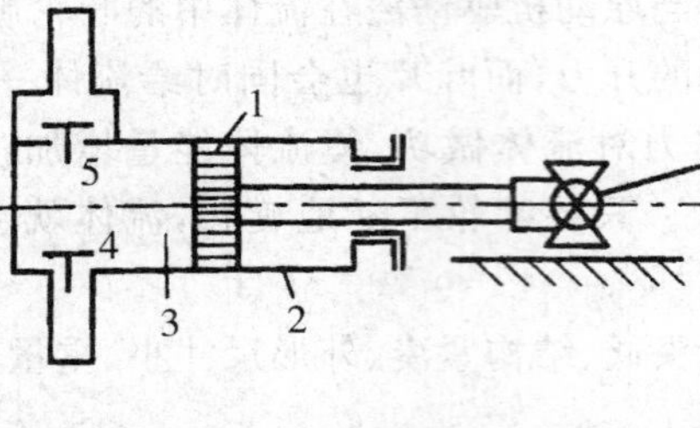

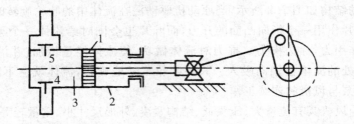

图 2.4　活塞泵工作原理示意图

1—活塞；2—泵缸；3—工作室；4—吸水阀；5—压水阀

柱塞泵的工作原理与活塞泵的完全相同。所不同的是活塞由盘状改为柱状，以增大强度，防止高压时被破坏。

往复式泵与风机的输出流量和能头不稳定，且造价较高。在火力发电厂中仅用于高能头、小流量的场合，如锅炉加药的活塞泵、输送灰浆的柱塞泵，向一般动力源和气动控制仪表供气的空气压缩机等。

2）回转式泵与风机的工作原理

回转式泵与风机是依靠工作部件的旋转运动，使工作室容积周期性变化来输送流体的。它们又可分为齿轮泵、螺杆泵、水环式真空泵和罗茨风机等。

齿轮泵的工作原理如图 2.5 所示。它的一对啮合齿轮中，主动齿轮由原动机带动旋转，从动齿轮与主动齿轮通过啮合而转动。当两齿逐渐分开时，工作空间的容积逐渐增大，形成部分真空而吸取液体进入吸入腔。腔内液体由齿槽携带沿泵体内壁运动，并通过两齿的啮合将齿槽内液体挤压到压出腔而排入压出管。当主动轮不断被带动旋转时，泵便能不断吸入和压出液体。

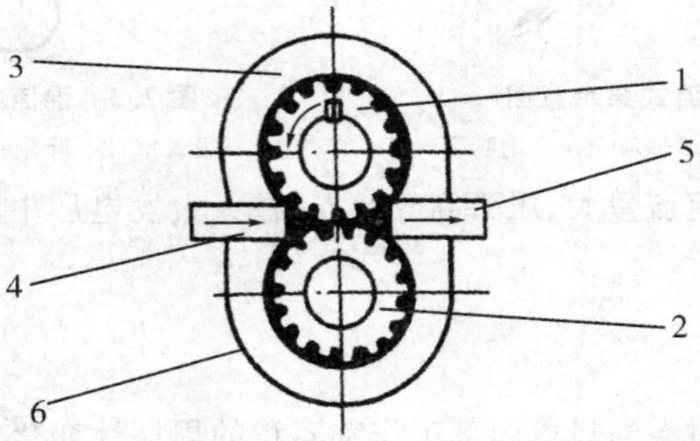

图 2.5　齿轮泵的工作原理图

1—主动轮；2—从动轮；3—工作室；4—入口管；5—出口管；6—泵壳

螺杆泵的工作原理与齿轮泵的相似。二者都属于定排量泵，它们在火力发电厂中主要用于输送油，如小型汽轮机的主油泵、电动给水泵以及锅炉送引风机的润滑油泵等。

水环式真空泵主要用于抽吸空气，一般真空度可高达 85％以上，特别适合于大型水泵启动时抽真空引水。其外形及结构如图 2.6 所示，在圆筒形泵壳内偏心安装着叶轮，当叶轮旋转时，工作水在离心力的作用下，形成沿泵壳旋流的水环。由于叶轮的偏心布置，水环相对于叶片做相对运动，使相邻两叶片与水环之间的空间容积呈周期性变化。当叶片从右上方旋转到下方时，水环与叶片之间的容积逐渐变大，压强逐渐降低，从而形成真空。到最下部时真空最高，使气体经进气管被吸入泵内。当叶片从最下方向左上方转动过程中，水环与叶片间的容积由大变小，压强不断升高，气汽混合物被压缩，通过排气空间和排气管排出。随着叶轮的稳定转动，吸、排气过程连续不断地进行。

水环式真空泵结构简单，制造加工容易，一般可与电动机直联，可用小的结构尺寸获得很大的排气量。故火电厂中 300 MW 机组凝汽器抽真空大多采用了水环式真空泵。

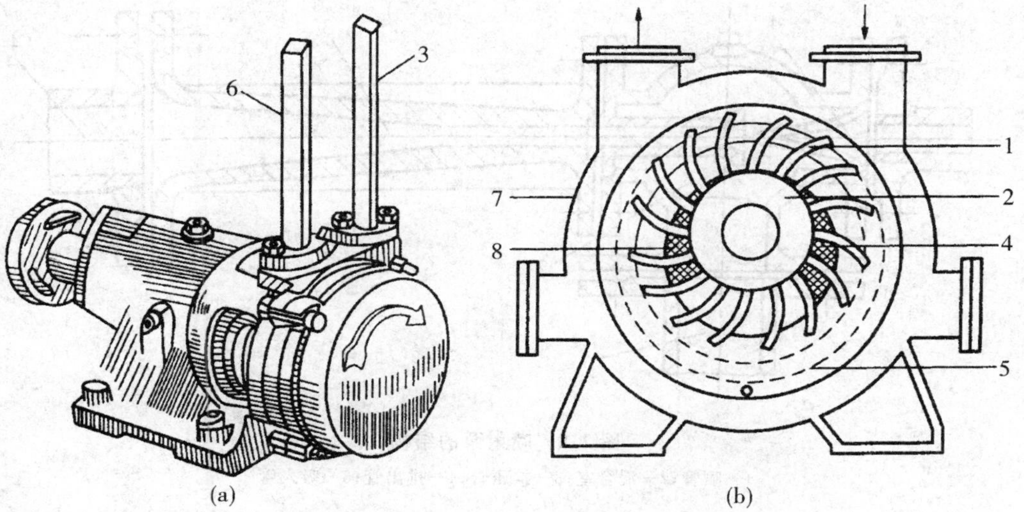

图 2.6　水环式真空泵

(a)水环式真空泵外形；(b)水环式真空泵原理图

1—叶轮；2—轮毂；3—进气管；4—进气空间；5—水环；6—出气管；7—泵壳；8—排气空间

罗茨风机也是一种容积式回转风机，如图 2.7 所示，它由两个外形是渐开线“8”字形转子组成。转子被装在轴末端的一对齿轮带动而作同步反向旋转。其工作原理与齿轮泵的相似，是依靠两个“8”字转子的打开和啮合来间歇改变工作室容积的大小，从而吸入和挤出气体的。只要转子在转动，总有一定体积的气体被吸入和挤出，因此其出口压强可随出风管阻力的增大而增大。使用时，应在它的出口安装带安全阀的储气罐，以保证其出口压强稳定和防止超压。由于它重量轻，价格便宜，使用方便，所以虽然运行中磨损严重，噪声大，仍用于火力发电厂气力除灰系统中的送风设备。

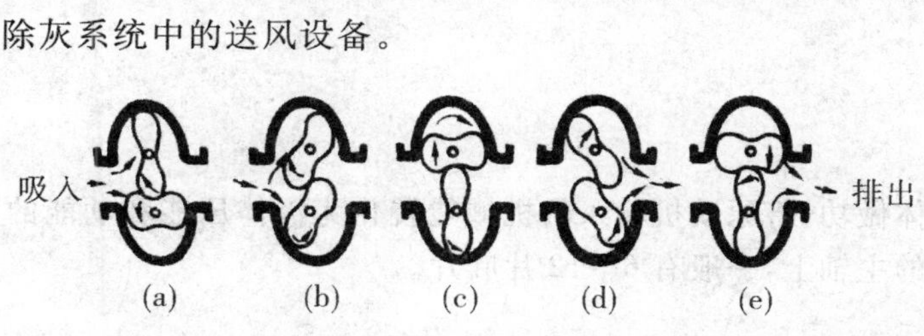

图 2.7　罗茨风机的工作示意图

3. 其他形式泵与风机的工作原理

工作原理不同于叶片式或容积式的泵与风机统称为其他形式泵与风机。

图 2.8 所示的喷射泵就是一种没有任何运动部件，用能量较高的工作流体来输送能量较低的流体的泵。高压工作流体经管路由喷管高速喷出，并把喷管外附近的流体带走，使混合室处于高度真空，形成低能流体的吸入条件，高、低能流体混合后通过扩压管排出，完成了流体的输送。当工作流体为水时，称为射水抽气器或水喷射泵；当工作流体为蒸汽时，称为蒸汽抽气器或蒸汽喷射泵。在火力发电厂中，常用于凝汽器的抽空气装置、循环水泵的启动抽真空装置以及主油泵供油的注油器等。

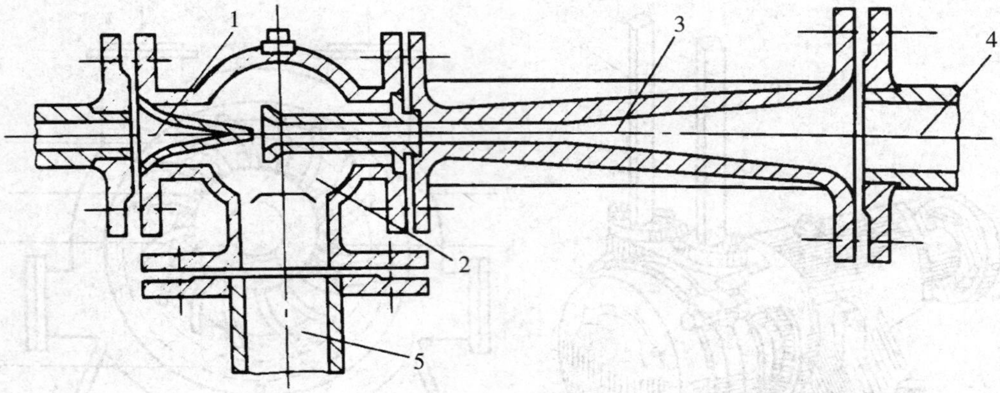

图 2.8 喷射泵的结构

1—喷管；2—混合室；3—扩压管；4—排出管；5—吸入管

2.2 泵与风机的结构及其主要部件

2.2.1 离心式泵的构造

离心式泵广泛应用于动力、能源、化工等国民经济的各个部门中，虽然离心式泵的形式很多，但由于基本工作原理相同，因而它们的主要部件基本相同。就构造的动静关系来看，转体主要包括叶轮、轴、轴套和联轴器；静体主要包括吸入室、压出室、泵壳和泵座，通常泵的吸入室和压出室与泵壳铸成一体；部分转体的部件主要包括密封装置、轴向推力的平衡装置和轴承等。

1. 叶轮

1）作用

叶轮是对液体做功，将原动机输入的机械能转化为液体压能和动能的主要部件。它在泵腔内套装于泵的主轴上，一般有 6～12 片叶片。

2）形式

叶轮的形式有闭式、半开式和开式之分，其结构及性能特点见表 2.2。

表 2.2　叶轮的形式、结构及性能特点

叶轮形式	闭式叶轮		半开式叶轮	开式叶轮
	单吸	双吸		
外形	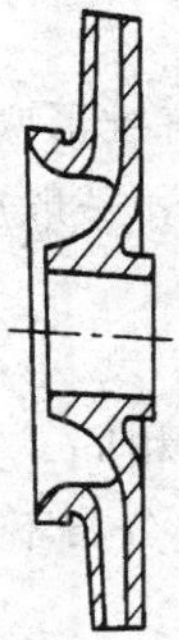	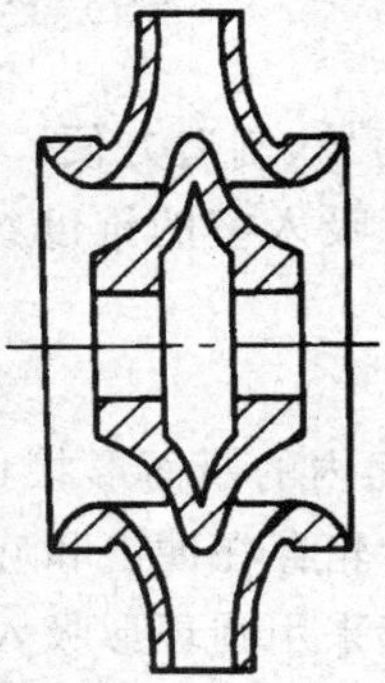	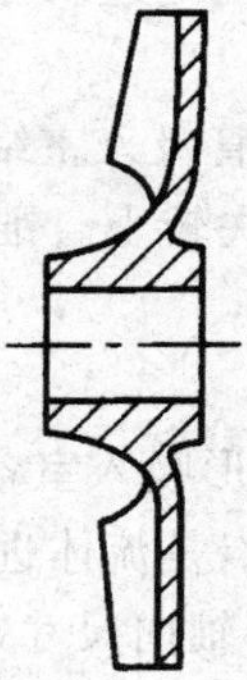	
结构特点	由前、后盖板、叶片及轮毂组成，前盖板与主轴之间形成叶轮的圆环形吸入口	由前盖板、叶片及轮毂组成，没有后盖板，但有两块前盖板，形成对称的两个圆环形吸入口	只有后盖板、叶片及轮毂	没有盖板、只有叶片及轮毂
性能特点	闭式叶轮内部泄漏量小，效率较高； 双吸叶轮能平衡轴向推力和改善汽蚀性能		有较大的泄漏量，使效率降低	泄漏量大，效率降低
应用	常用于输送清水、油等无杂质的液体		输送含有灰渣等杂质的液体	输送黏度很大或含纤维的液体

3）材料

根据输送液体的化学性能、杂质的含量以及力学强度而定。清水泵一般采用铸铁或铸钢制成。采用青铜、磷青铜、不锈钢等材料的叶轮具有高强度、抗腐蚀、抗冲刷的性能。大型给水泵和凝结水泵的叶轮采用优质合金钢。

2. 轴及轴套

1）轴

轴是传递扭矩（机械能）的主要部件。它位于泵腔中心，沿着该中心的轴线伸出腔外搁置在轴承上。中小型泵多用等直径轴，叶轮滑配在轴上，叶轮间的距离用轴套定位。大型泵常采用阶梯式轴，不同孔径的叶轮用热套法装在轴上，这样叶轮与轴间无间隙，可减少泵内碰磨或振动，使泄露损失降低，泵的效率提高。轴的材料一般采用碳钢，对大功率高压泵则采用 40Cr 钢或特种合金钢。

2）轴套

离心式泵轴穿出泵腔的区段装有轴套，等径轴、短轮毂的多级离心式泵叶轮之间也装有轴套。它有两个方面的作用：一是用来保护轴，防止填料或液体中的杂质对轴的磨损；二是对叶轮进行轴向定位。

3. 吸入室

离心式泵吸入口法兰至首级叶轮入口之间的流动空间称为吸入室。它的作用是引导液体以最小的流动损失平稳而均匀地进入首级叶轮。吸入室一般有以下三种形式。

1）锥形管吸入室

如图 2.9(a)所示，锥形管吸入室结构简单，制造方便。液体在直锥形吸入室内流动，速度逐渐增加且分布均匀，损失较小。锥形管吸入室的锥度约 7°～8°。一般应用在单级单吸悬臂式离心式泵上。

2）圆环形吸入室

如图 2.9(b)所示，圆环形吸入室各轴面内的断面形状和尺寸均相同。其优点是结构对称简单，轴向尺寸较小。缺点是流体进入叶轮存在冲击和旋涡，流速分布不均匀因而损失较大。分段式多级泵为了缩小轴向尺寸，大都采用圆环形吸入室。

3）半螺旋形吸入室

如图 2.9(c)所示，半螺旋形吸入室可使液体流动产生旋转运动，绕泵轴转动，致使液体进入叶轮吸入口时速度分布更均匀，损失较小。缺点是进口预旋会使泵的扬程略有降低，其降低值与流量是成正比的。主要用于单级双吸式水泵、水平中开式多级泵中。

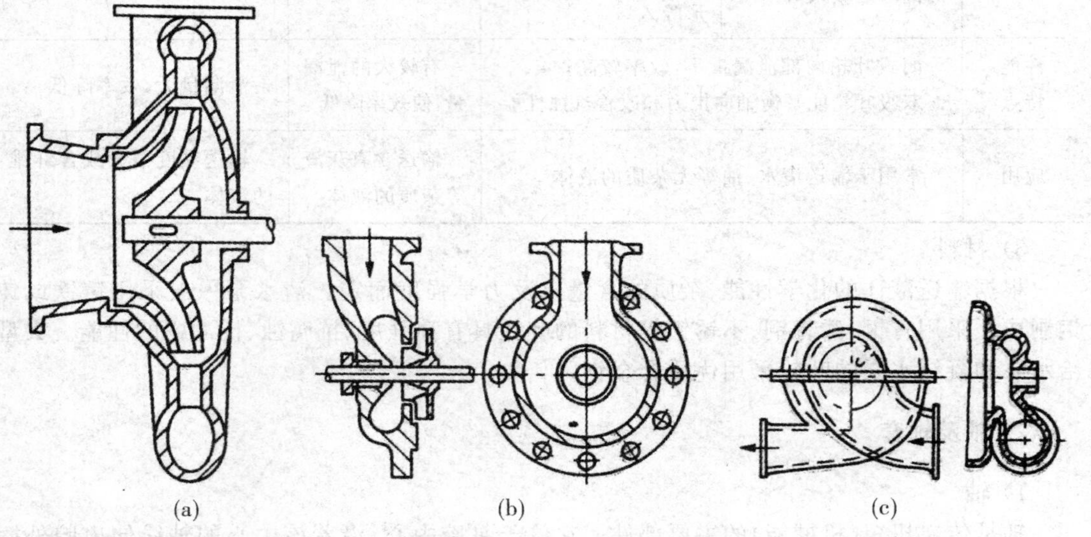

图 2.9 离心式泵吸入室

(a)锥形管吸入室；(b)圆环形吸入室；(c)半螺旋形吸入室

4. 导叶

导叶又称导向叶轮，如图 2.10 所示。导叶位于叶轮的外缘，相当于一个固定的叶轮。分段式多级泵上都装有导叶，一个叶轮和一个导叶组成多级泵的级。

导叶的作用是将叶轮甩出的高速液体汇集起来引向下一级叶轮或压出室，并将一部分动能转化为压力能。

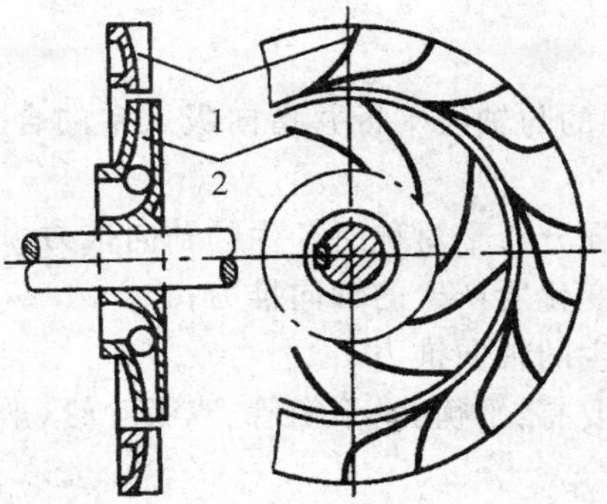

图 2.10　导叶

1—导叶；2—叶轮

5. 压出室

压出室是指叶轮出口或末级导叶出口到泵出口法兰之间的流动空间。分段式多级泵还包括前级导叶到后级叶轮进口前的过流部分。其作用是以最小的能量损失汇集从叶轮流出的高速液体，并将液体的大部分动能转换为压能，然后引入压水管。

6. 密封装置

根据密封装置在泵内的位置和具体的作用，有密封环和轴封两种密封装置。

密封环又称口环、卡圈。因为离心泵出口压强高，吸入口压强低，这样叶轮出口获得能量的一部分液体就会在压差作用下经动静之间的间隙流向吸入口，使实际出口流量减少，造成泄漏损失。为此，在泵吸入口装设密封环。动环装在叶轮入口外圆上，通常与叶轮连成一体；静环装在相对应的泵壳上。两环之间构成很小的间隙，一般为 0.1～0.5 mm，以防止从叶轮甩出的高压液流返回叶轮的入口，从而减少内部泄漏损失。另外还可以防止叶轮和泵壳之间的磨损，如果两环发生摩擦时，只需更换用硬度较低的材料制作的静环。

如图 2.11 所示，密封环有四种形式，一般常用平环式和角环式。在高压泵中为了减少泄漏常用锯齿式或迷宫式。

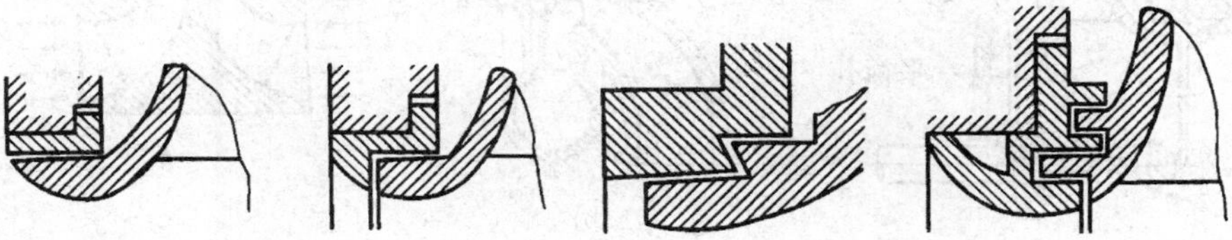

图 2.11　密封环

(a)平环式；(b)角环式；(c)锯齿式；(d)迷宫式

轴封的作用是在轴端为正压时防止泵内高压液体经泵轴与泵壳间的间隙泄漏至泵外，在轴端为真空时，则防止空气漏入，否则泵将吸不上水。根据离心泵的工作特点和应用场合不同，轴封从结构上常分为填料密封、机械密封、迷宫密封和浮动环密封四种。

7. 轴向推力平衡装置

离心泵运行时，转子受到的与轴线平行并指向吸入室的合力称为轴向推力。它由以下三部分组成：

①叶轮前后两侧液体压强分布不对称所产生的轴向推力；

②液体进入叶轮时动量变化所产生的轴向推力；

③离心泵转子重量所产生的轴向推力。

轴向推力的平衡方法主要有：平衡孔、平衡管、双吸叶轮、平衡装置等。

1）平衡孔与平衡管

平衡孔平衡法如图 2.12（a)所示，是在叶轮后盖板靠近轮毂处开一圈孔径为 5～30 mm的小孔，经孔口将压力液流引向泵入口，以便叶轮背面环形室保持恒定的低压，从而减小了轴向推力。但是由于流体经过平衡孔的流动干扰了叶轮入口处液流流动的均匀性，因此流动损失增加，泵效率下降。图 2.12(b)所示为平衡管平衡法，它利用布置在泵体外的平衡管将叶轮后盖板靠近轮毂处的泵腔与吸入口连接起来，达到平衡前后盖板两侧压力差的目的。这种方法对吸入口的液流干扰小，但也会增加泄漏损失。

2）双吸叶轮和叶轮对称布置

如图 2.12(c)、(e)所示，双吸叶轮和叶轮对称布置的原理均为在泵轴上产生大小相等、方向相反的轴向推力，互相抵消。

3）背叶片

如图 2.12(d)所示，在叶轮后盖板的背面对称安置几条径向肋片，称为背叶片。当叶轮回转时，肋片如同泵叶片一样使叶片背面的液体加快旋转，离心力增大，使叶片背面的压强显著下降，从而使叶轮两侧压强达到平衡。背叶片导致了额外的能量损失，使泵效率降低，但是其除了平衡轴向推力外，还可以防止杂质进入轴封，所以广泛应用于杂质泵。

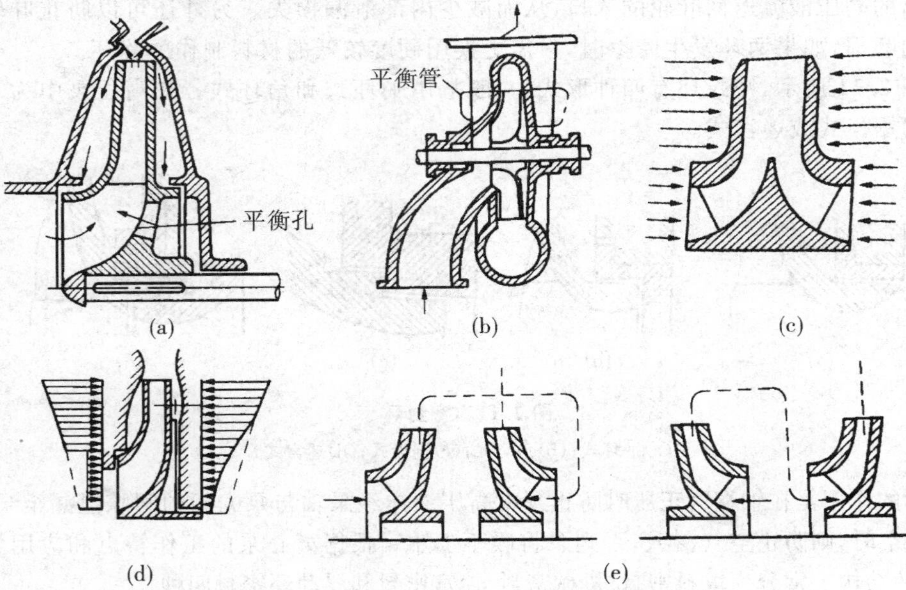

图 2.12　几种平衡轴向推力的形式

(a)平衡孔；(b)平衡管；(c)双吸叶轮；(d)背叶片；(e)叶轮对称布置

4）平衡盘

如图 2.13(a)所示，泵末级叶轮后面的轴上装平衡盘，随轴一起旋转，平衡盘后的空间称为平衡室，它用平衡管与离心泵的吸入室相连接。在平衡套与平衡盘之间有一个大小不变的径向间隙 b，平衡盘与平衡套之间有一个可以调整的轴向间隙 a。平衡盘不仅在正常运行时能平衡轴向推力，还能在工况变动时自动调整间隙来平衡轴向推力。

泵运行中，末级叶轮出口压强为 p 的液体经径向间隙 b 及轴向间隙 a 流入平衡盘前与平衡套空间，在平衡盘前形成指向后侧的压强 p_1，同时液体通过轴向间隙 a 节流降压排入平衡室，平衡室利用平衡管与吸入室相通，使得平衡盘后侧的压强接近于泵入口压强 p_0。所以，在平衡盘两侧将产生压强差，这一压强差作用于有效面积上就形成与轴向推力方向相反的平衡力。适当选择轴向间隙和径向间隙以及平衡盘的有效作用面积，就可以使平衡力足以平衡泵的轴向推力。

由于平衡盘具有自动平衡轴向推力、平衡效果好且结构紧凑等优点，故在多级离心泵中被广泛采用。但在泵启动时，由于末级叶轮出口液体的压强尚未达到正常值，平衡盘的平衡力严重不足，故泵轴将向吸入口方向窜动，平衡盘和平衡套之间会产生摩擦，造成损坏。停泵时也存在平衡力不足现象。因此，目前在锅炉给水泵上已配有推力轴承，用于水泵启、停时平衡轴向推力。在水泵正常运行后，轴向推力全部由平衡盘平衡，同时推力轴承的推力盘与推力瓦块脱离接触，失去平衡作用。

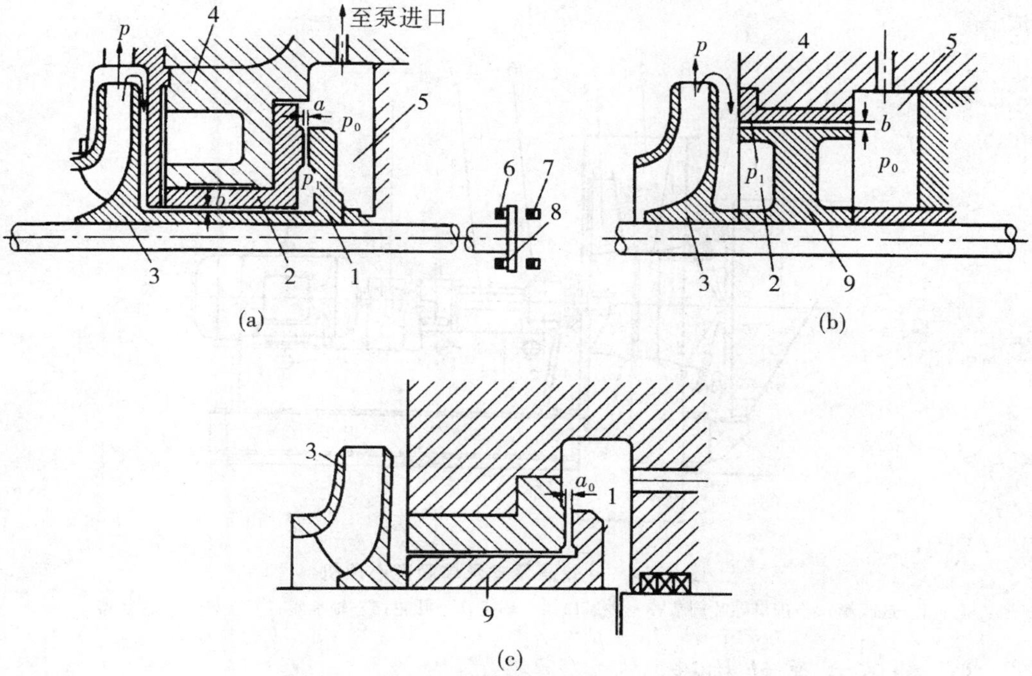

图 2.13　平衡盘、平衡鼓及联合平衡装置

1—平衡盘；2—平衡套；3—末级叶轮；4—泵体；5—平衡室；6—工作瓦；7—非工作瓦；8—推力盘；9—平衡鼓

5）平衡鼓

平衡鼓是装在泵轴末级叶轮后的一个圆柱，跟随泵轴一起旋转，如图 2.13(b)所示。平衡鼓外缘表面与泵壳上的平衡套之间有很小的径向间隙 b，平衡鼓前面是末级叶轮的后泵腔，液体压强为 p_1，部分液体经径向间隙漏入平衡室，平衡室与吸入口相连通，其内液体的压强几乎与泵入口压强 p_0 相等，于是在平衡鼓前后形成压强差，其方向与轴向推力方向相反，起到了平衡作用。

平衡鼓不能平衡全部轴向推力，也不能限制泵转子的轴向窜动，因此使用平衡鼓时必须同时装有双向止推轴承。一般平衡鼓约承受整个轴向推力的 90%～95%，推力轴承承受其余 5%～10%。平衡鼓的最大优点是避免了工况变化以及泵启、停时动静部分的摩擦。因此其工作寿命长，安全可靠。

6）平衡鼓与平衡盘联合平衡装置

由于平衡鼓不能完全自动地平衡轴向推力，始终具有剩余轴向推力，因此很少单独使用，一般都采用平衡鼓和平衡盘联合装置，如图 2.13(c)所示。该装置中，平衡鼓承受 50%～80%的轴向推力，另设弹簧式双向止推轴承承担 10%的轴向推力，其余的轴向推力则由平衡盘自动平衡。这样就减少了平衡盘的负荷，平衡盘与平衡套之间可以采用较大的轴向间隙。弹簧式双向止推轴承不仅能适应平衡盘左右移动，缓冲推力盘磨损，而且能保证在低速时其弹簧力代替平衡力，把平衡盘与平衡套推开避免发生平衡盘的磨损或咬死现象。

2.2.2 离心式风机的构造

如图 2.14 所示，离心式风机主要由进风口、进口导叶调节、叶轮、蜗壳、主轴、联轴器等组成。

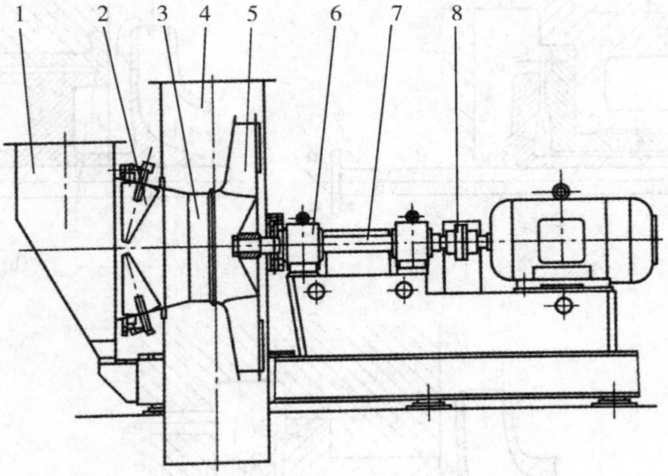

图 2.14 叶轮悬臂支承单吸离心风机

1—进气箱；2—进口导叶调节；3—进风口；4—蜗壳；5—叶轮；6—轴承座；7—主轴；8—联轴器

2.2.3 轴流式泵的构造

图 2.15 所示为轴流式泵的结构图，轴流式泵主要是由叶轮及动叶调节装置、泵轴、吸入管、导叶、出水弯管、密封装置及轴承等组成。

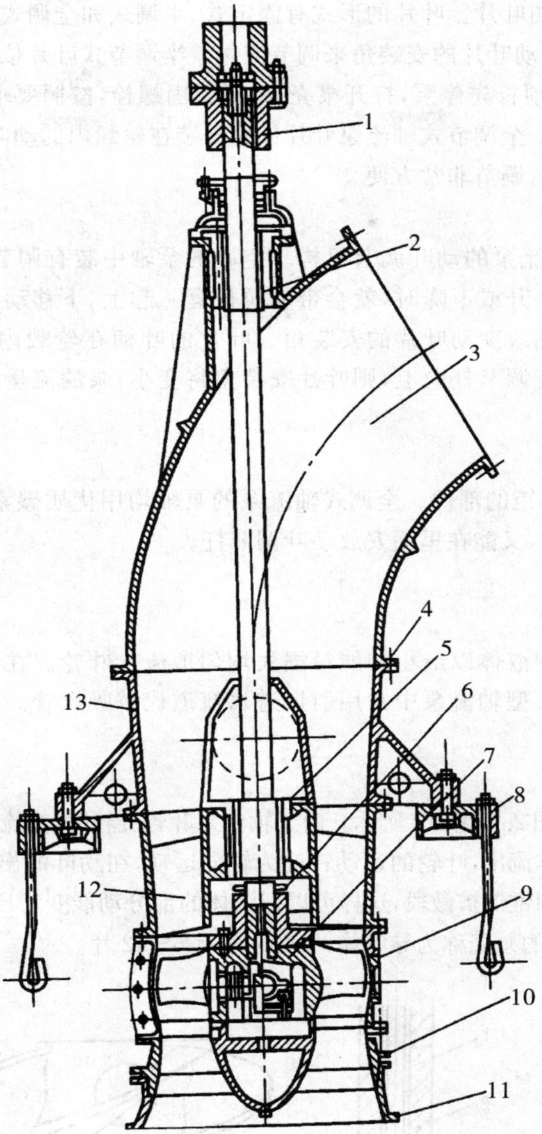

图 2.15　轴流式泵结构图

1—联轴器；2—橡胶轴承；3—出水弯管；4—泵座；5—橡胶垫；6—拉杆；7—叶轮；8—底板；9—叶轮外壳；10—进水喇叭口；11—底座；12—导叶；13—中间接管

1. 叶轮及动叶调节机构

1）叶轮

叶轮装在叶轮外壳内，由动叶头、轮毂、叶片等组成。与离心式泵一样，叶轮将原动机的机械能转变为输送流体的能量。

动叶头呈流线型锥体状，用于减小液体流入叶轮前的阻力损失。轮毂用来安装叶片及其调节机构，通常有圆柱形、圆锥形和球形三种，在全调节式轴流泵中，一般采用球形轮毂。如图 2.16(b)所示，叶片装在转动的轮毂上，利用升力原理对液体做功，提高其能量。一个叶轮通常有 3～6 个机翼形扭曲叶片。叶片的形式有固定式、半调式和全调式三种。后两种叶片可以在一定范围内通过调节动叶片的安装角来调节流量。半调节式叶片依靠紧固螺栓与定位销固定在轮毂上，调节时必须首先停泵，打开泵壳，松开紧固螺栓，按照要求改变叶片的安装角，然后旋紧螺栓，封闭泵壳。全调节式轴流泵叶片依靠安装在轮毂内的动叶调节机构进行调节，无须打开泵壳和拆卸叶片，调节非常方便。

2）动叶调节机构

图 2.16 所示为轴流泵的动叶调节机构。空心的泵轴中装有调节杆，当调节杆在泵轴上端蜗轮的传动作用下上升或下降时，就会带动拉板套一起上、下移动，促使拉臂旋转，从而带动用圆锥销连接的叶柄改变动叶片的安装角。叶片的叶柄在轮毂内只能绕自身轴线转动，而不会松动或脱落。若调节杆向上，则叶片安装角将变小，泵的流量减小。

2. 泵轴

泵轴是用来传递扭矩的部件。全调式轴流泵的泵轴均用优质碳素钢做成空心轴，表面镀铬。这样既减轻了重量，又能在里面安放动叶调节杆。

3. 吸入管

吸入管的作用是使液体以最小的能量损失均匀地流入叶轮。在中、小轴流泵中，一般采用喇叭形吸入管。在大型轴流泵中常用肘形进水流道代替吸入管。

4. 导叶

导叶又称静叶，如图 2.15 中 12 所示。由于轴流泵叶轮旋转时，给流体一个推力，流体产生螺旋形上升运动，为使液体流出，叶轮的运动转变为轴向运动，在动叶的出口安装固定不动的导流叶片，并将流道设计成圆锥形扩散段，这样可以把液体的部分动能变为压能，减少了损失，提高了泵的效率。装有导叶片的泵壳称为导叶体，导叶一般有 6～12 片。

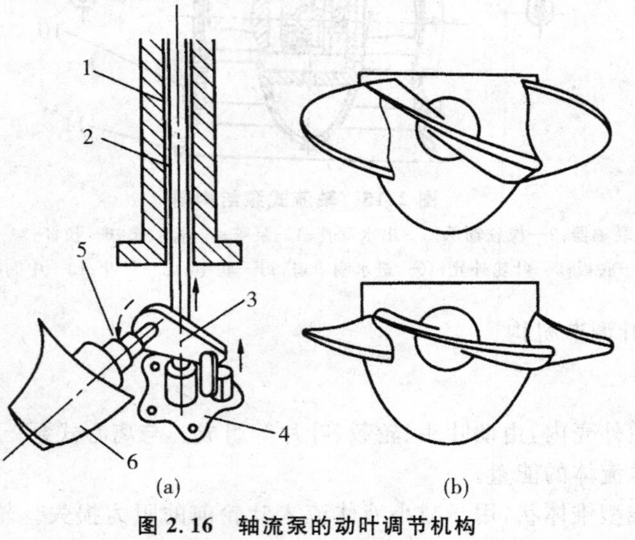

图 2.16　轴流泵的动叶调节机构

(a)动叶调节机构；(b)叶片安装角改变示意

1—泵空心轴；2—调节杆；3—拉臂；4—拉板套；5—叶柄；6—叶片

5. 出水弯管

出水弯管是将液体以尽量小能量损失排到泵外的部件，通常与压水管道相连，如图2.15中 3 所示。泵轴穿出出水弯管处还配有轴承和填料密封装置。出水弯管之前还有一段扩散形的中间接管，如图 2.15 中 13 所示，它可以进一步降低从导叶流出液体的速度，将部分动能变为压能。

2.2.4　轴流式风机的构造

轴流式风机的主要部件有整流罩、导叶、叶轮、调节装置和扩压器等，如图2.17所示。大型轴流式风机装有动叶调节装置以获得良好的工作性能。

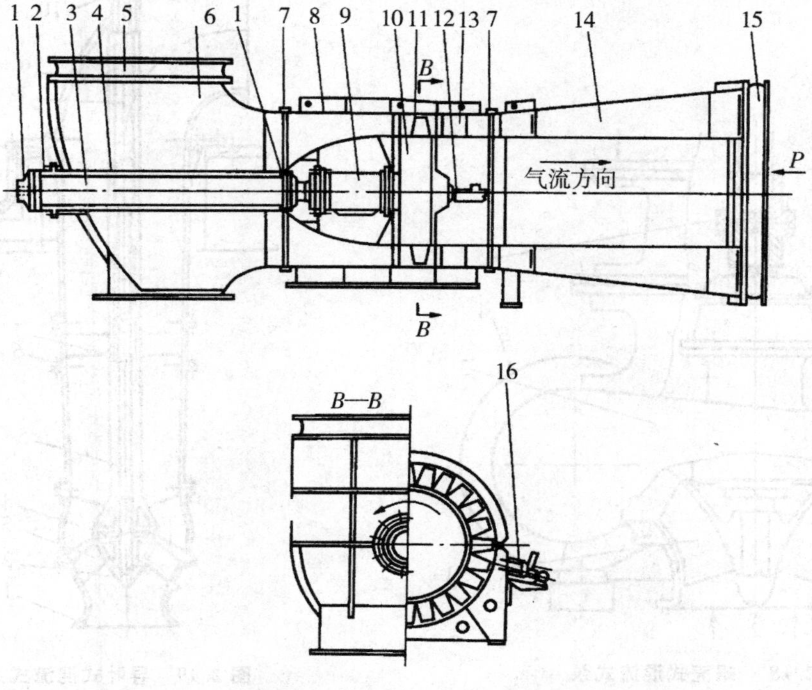

图 2.17　液压动叶可调轴流式风机

1—联轴器；2—联轴器罩；3—中间轴；4—中间轴罩；5—进气膨胀节；6—进气室；7—围带；
8—具有水平中分面的机壳；9—主轴承箱；10—叶轮；11—动叶片；12—液压调节装置；
13—机壳（具有水平中分面的整流导叶环）；14—扩压器；15—排气膨胀节；
16—电动执行器和叶片角度指示机构

2.2.5　混流式泵的构造

混流式泵是一种兼具离心式泵与轴流式泵工作原理的叶片式泵，其结构和性能也必然介于离心式泵和轴流式泵之间。在结构上，混流式泵的叶轮出口宽度比离心式泵的叶轮出口宽度大，但是比轴流式泵的叶轮出口宽度小。叶轮出口方向既不是离心式泵的径向，也不是轴流式泵的轴向，而是处在二者之间的斜向，故也称之斜流式泵。在性能上，它与离心式泵相比，有较大的输送流量，与轴流式泵相比则又有较高的扬程。通常，混流式泵按收集叶轮甩出液体的方式分为蜗壳式和导叶式两种。

图 2.18 所示为蜗壳式混流式泵，叶轮叶片固定不可调。与离心式泵相比，其压出室（蜗室）较大；与导叶式混流式泵相比，具有结构简单，制造、安装、使用、维护均较方便等优点。

图 2.19 所示为导叶式混流式泵，与轴流式泵相近。叶轮叶片具有固定式和可调式两种。与蜗壳式混流式泵相比，其径向尺寸较小，流量较大。立式结构的混流式泵叶轮淹没在水中，不需抽真空设备，占地面积小，现被 300 MW 以上的发电厂广泛用于循环水泵。

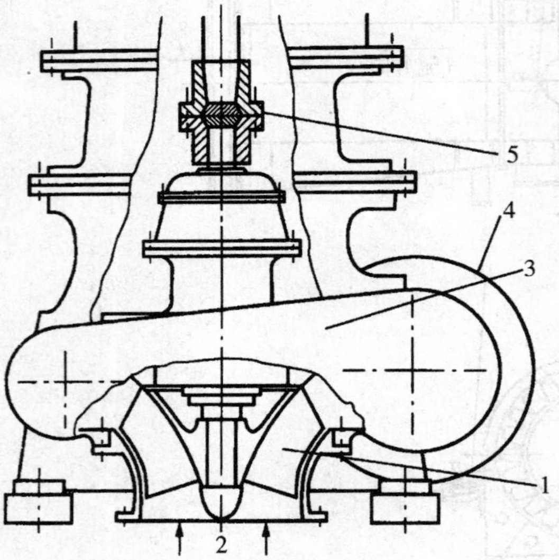

图 2.18　蜗壳式混流式泵

1—叶轮；2—吸入口；3—蜗壳；4—排出口；5—联轴器

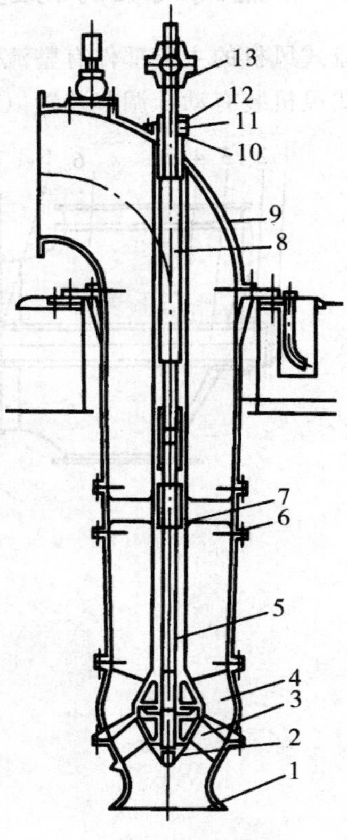

图 2.19　导叶式混流式泵

1—喇叭管；2—导流冠；3—叶轮；4—导叶；5—下部轴；6—支架；7—轴承；8—上部轴；9—出口弯管；10—填料箱；11—填料；12—压盖；13—联轴器

2.3　发电厂常用泵与风机

2.3.1　给水泵

给水泵是用来将除氧器水箱内具有一定温度、压强的水连续不断地送到锅炉中去的设备。给水泵输送的是纯净的、接近饱和状态的高温水，与大型火电机组配套的锅炉给水泵入口水温高达 150 ℃以上，扬程也达 1500～2680 m。由此可见，给水泵是处于高压和较高温度下工作的。随着火力发电厂单元机组容量的增大，给水泵正朝着大容量、高转速、高性能的方向发展。

考虑到运行的灵活性，目前我国的 300 MW 及以上机组通常配置并联两台 50％容量的汽动给水泵及一台 50％容量的电动调速给水泵，或者配置一台 100％容量的汽动给水泵及一台 50％容量的电动调速给水泵，电动调速给水泵作为启动初期上水和备用。200 MW 及以下机组一般由两台 100％容量的电动调速给水泵并联，一台运行，一台备用。西欧各国的发展趋势是采用全容量配置，不设备用泵，其初投资较低。为避免给水泵汽蚀，在前面加装一台前置泵，与主给水泵串联运行，汽动给水泵的前置泵由电动机单独驱动，电动给水泵及其前置泵共同由一部电动机驱动，并通过液力偶合器对电动给水泵调速。为防止低负荷时，由于泵内水温升高而导致泵发生汽蚀，每台给水泵出口接一根最小流量再循环管回到除氧器水箱，限制泵流量不得小于正常运行流量的 30％。为防止泵启动过程中热应力过大，导致泵体变形而损坏，还设置了正暖和反暖水管路。另设有平衡轴向推力的平衡水管。

锅炉给水泵形式很多，由于容量、运行条件的不同及技术上的特殊考虑，存在不同的结构形式。目前国内使用较多的有国产分段式多级离心式泵（DG 系列）和引进的圆筒形多级离心式泵两种主要结构形式。

1. 分段式多级离心式泵

如图 2.20 所示，该泵是按级分段组合而成的每段包括叶轮和导叶，各级叶轮均串联安装在同一根泵轴上，连同平衡装置、轴封装置、联轴器等构成水泵转子。泵壳整体分成了中间段（由各级叶轮及其对应导叶组成）、吸入段和压出段三部分，并用 8 根或 10 根较长的双头拉紧螺栓拧紧组合在一起，连同轴承和泵座等构成给水泵的静子。泵的进、出水管都由法兰连接在吸、压水室上。

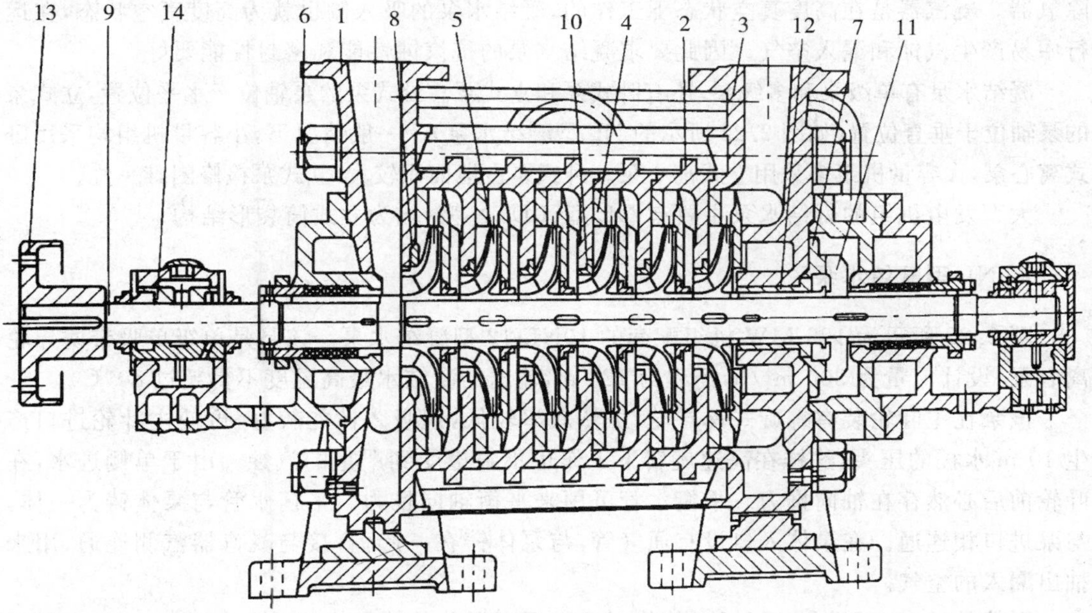

图 2.20　分段式多级离心式泵

1—吸入段；2—中段；3—压出段；4—导叶；5—导叶套；6—双头拉紧螺栓；7—平衡盘圈；8—密封环；9—泵轴；10—叶轮；11—平衡盘；12—平衡套；13—联轴器；14—轴承

2. 双壳体圆筒式多级离心式泵

如图 2.21 所示，该泵的泵体是双层套壳，内壳体与转子组成一个完整的组合体，外壳体的高压端有一个大端盖，端盖与圆筒式外壳用螺栓连接，在维修时可将端盖拆下，从高压端取出整个内壳组合体。

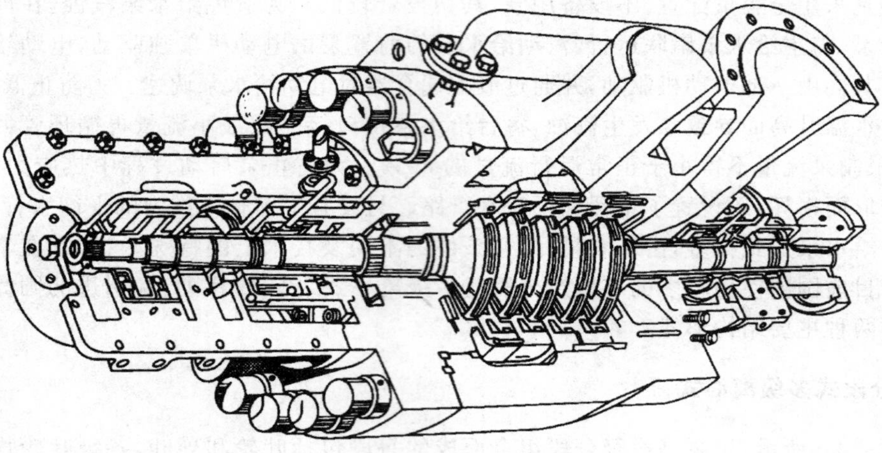

图 2.21 双壳体圆筒式多级离心式泵

2.3.2 凝结水泵

凝结水泵也称为冷凝泵，用来将汽轮机中排出的乏汽在凝汽器中凝结成的水抽出，送往除氧器。凝汽器是在高度真空状态下工作的，凝结水泵的吸入侧也就为高度真空状态，在运行中易产生汽蚀和漏入空气。因此要求凝结水泵的抗汽蚀性能和密封性能要好。

凝结水泵有单级泵和多级泵，还有卧式泵和立式泵。卧式泵的泵轴位于水平位置，立式泵的泵轴位于垂直位置(如图 2.22 所示的 NL 型凝结水泵)。一般情况下，小容量机组均采用卧式离心泵，大容量机组多采用立式离心泵。卧式泵占地面积较大，立式泵检修困难一些。

大型发电机组的凝结水泵主要有 NL 型、LDTN 型，均为立式筒袋形结构。

1. NL 型凝结水泵

图 2.22 所示为 125 MW 机组配套的 10NL-12 型凝结水泵。该泵是单级单吸带诱导轮离心泵，设计流量为 300 m^3/h，扬程为 120 m，输送的凝结水最高温度不得超过 80 ℃。

该泵在主叶轮装有螺旋式诱导轮，虽然效率较低，但吸入性能较好，可使主叶轮进口产生 10 m 水柱的压头，这样在高速旋转下工作也不致遭受到严重的汽蚀。由于单侧进水，在叶轮前后必然存在轴向推力。平衡水管可用来平衡轴向推力。平衡水管与泵体铸为一体，与泵进口相连通。在泵体入口设有通气管，与泵体铸在一起，直接与凝汽器汽侧连通，用来抽出漏入的空气。

泵体是轴向中间剖分式结构，检修时只需揭开泵盖及轴承盖即可取出泵的转子，无须拆卸电动机和管路系统，便于检修和更换易磨损部件。

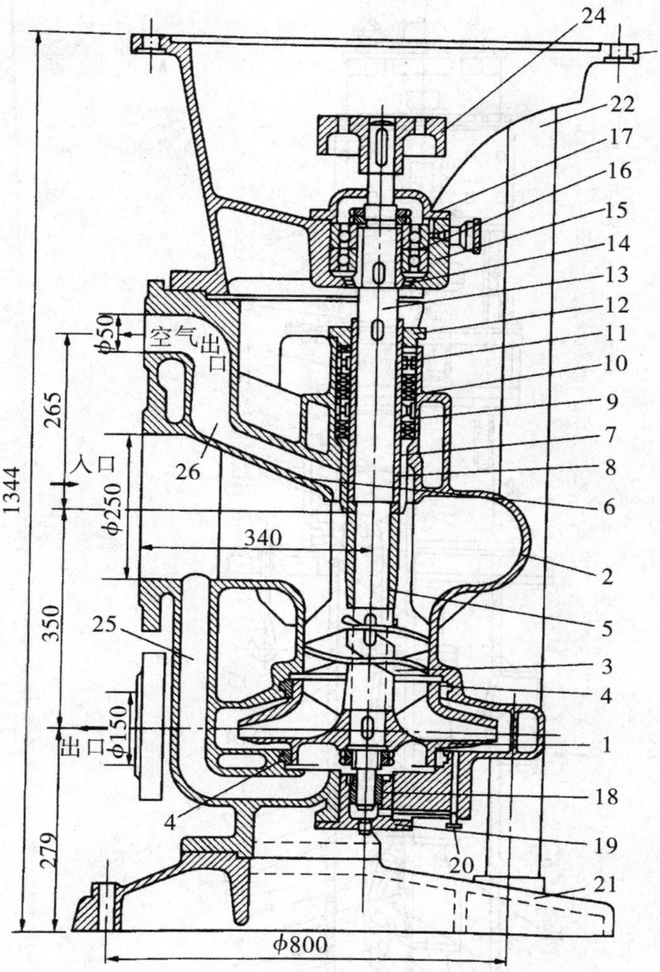

图 2.22　10NL-12 **型凝结水泵**

1—主叶轮；2—泵盖；3—诱导轮；4—密封环；5—定位套；6—泵体；7—轴套；8—填料套；9—水封；10—填料；11—冷却水封环；12—填料压盖；13—轴；14—止推轴套；15—止轴承盖；16—上轴承；17—上轴承盖；18—下轴承；19—下轴承盖；20—轴承冷却水量调整螺钉；21—底盖；22—支柱；23—托架轴承体；24—弹性联轴器；25—平衡水管；26—通气管

2. LDTN 型凝结水泵

图 2.23 所示为 LDTN 型凝结水泵的结构。泵的进出口均垂直于泵轴水平布置，且不在同一水平面上，互成 180°。泵由进水部分、工作部分和出水部分三部分组成。诱导轮装在首级叶轮的前面，以增加抗汽蚀性能。两级叶轮在后盖板上开有5～6 个平衡孔，以平衡轴向推力。另外，由于为立式布置，所以转子的重力也会造成轴向推力，这部分轴向推力由电动机上的推力轴承承受，剩余轴向推力由泵本身设有的推力轴承承受。泵转子部分由导轴承作径向支承。凝结水先经入口进入圆筒体内，转向筒体下方，轴向进入泵的下轴承支座到达工作部分，再经工作部分升压后由出口排出。轴封装置采用填料密封。LDTN 型泵的优点在于叶轮处于最低位置，增加了倒灌高度，工作部分位于筒体内，不存在吸入端漏入

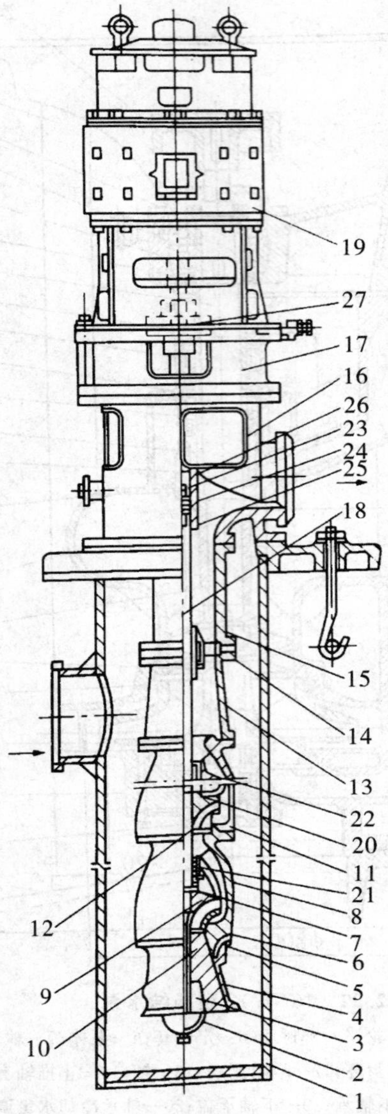

图 2.23 LDTN **型凝结水泵**

1—圆筒体；2—下轴承压盖；3—下轴承；4—下轴承支座；5—诱导轮衬套；6—首级前密封环；7—首级后密封环；8—首级导流壳；9—首级叶轮；10—诱导轮；11—次级导流壳；12—次级叶轮；13—变径管；14—轴承体；15—接管；16—泵座；17—支座；18—泵轴；19—电动机；20—卡环；21—定位轴套；22—导轴承；23—固定键；24—卡套；25—固定套；26—传动轴；27—刚性联轴器

空气的问题。该类型的泵适合输送温度低于 120℃的凝结水。

2.3.3 循环水泵

循环水泵是将大量的冷却水输送到凝汽器中去冷却汽轮机乏汽，带走汽轮机排汽的热量，使排汽在凝汽器内凝结成水的设备。循环水泵的工作特点是，流量大而扬程较低，一般循环水量为凝汽器凝结水量的 50～70 倍。故需要保证凝汽器所需的冷却水量不受水源水位涨落或凝汽器铜管堵塞等因素的影响。

发电厂循环供水系统有两种，一种为开式循环供水系统。水泵由江河上游取水，经凝汽器后直接排入下游。水泵的总扬程只需克服自取水点到凝汽器的自然落差和凝汽器及循环水管的管道阻力即可，一般在 12～16 m 之间，若充分利用虹吸，管道又不太长，则扬程只需 10～12 m。另一种为闭式循环供水系统，即冷却水经凝汽器后，进入冷却塔，通过淋水装置蒸发掉一部分，温度降低后，又重新流到循环水泵入口循环使用。这时泵的总扬程除克服凝汽器和管道阻力外，还需满足冷却塔淋水装置的高差，扬程高达 20～25 m。

循环水泵有离心式、轴流式和混流式几大类。

1. 卧式离心式循环水泵

中小型机组一般采用水平中开单级双吸卧式离心式循环水泵，如图 2.24 所示。双面进水的叶轮保证了泵有大的流量，能自动平衡轴向推力，具有较好的抗汽蚀性能，而且检修、维护、安装比较方便。但是占地面积大，又要安装在比吸水水位高的位置上，需要配备启动前灌水的辅助设备。特别是对于大型发电机组而言，随着离心式循环水泵流量的增大，叶轮流道内容易产生涡流，使泵的效率急剧下降。在大流量或水位变化较大时，泵工作不稳定，容易发生汽蚀。

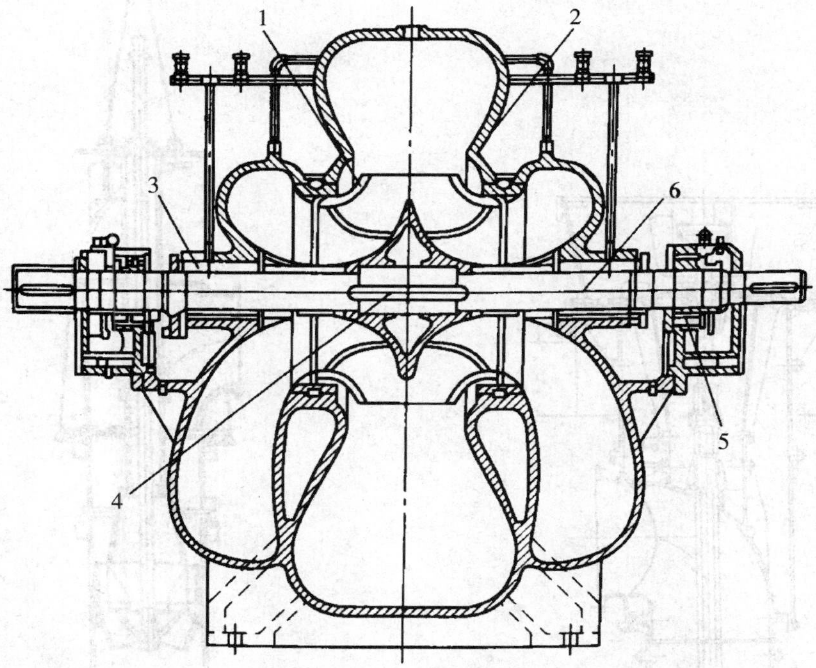

图 2.24　水平中开单级双吸卧式离心式循环水泵

1—叶轮；2—泵壳；3—轴封；4—键；5—轴承；6—轴

2. 轴流式和混流式循环水泵

轴流式循环水泵具有流量大、扬程低和效率高的优点，但是随着单机容量的增加，对扬程的要求也有所提高，所以目前国内外已普遍采用混流式循环水泵。混流式循环水泵性能介于离心式泵和轴流式循环水泵之间，水泵出口边设计成倾斜式，这样可以保持流线均匀，不致在流道中产生涡流现象。与离心式泵和轴流式循环水泵相比，混流式循环水泵的主要优点是结构简单、体积小、重量轻、占地面积小、性能稳定、功率平稳，在扬程变化时功率变化很小，且易于调速。

混流式循环水泵一般采用由沈阳水泵厂引进国外技术生产的 HB 型、HK 型，长沙水泵厂生产的 LKX 型(见图 2.25)，以及由上海 KSB 公司生产的 SEZ 型可抽芯立式混流式循环水泵(见图 2.26)。

LKX 型立式混流式循环水泵是带导叶的、双壳式结构，其叶片是固定的，叶轮、轴、护管、轴承、轴封等都可抽出，出水管安装在泵基础之上，并采用填料密封。

SEZ 型可抽芯立式混流式循环水泵的特点为：抽芯体，包括叶轮及叶轮室、导叶、导轴承、轴、中间连接器、护套管等部件，均可以从泵体中整体抽出，不必拆卸外接体和连接管路，检修非常方便。导轴承采用耐磨陶瓷轴承(含氧化铝、碳化硅、氮化硅等)，使用寿命长，并无需外供润滑水，当泵进入正常运行后，可由泵本身抽送的水进行冷却润滑。优化设计的进水流道降低了泵所需的淹没深度，同时节约了基建成本。

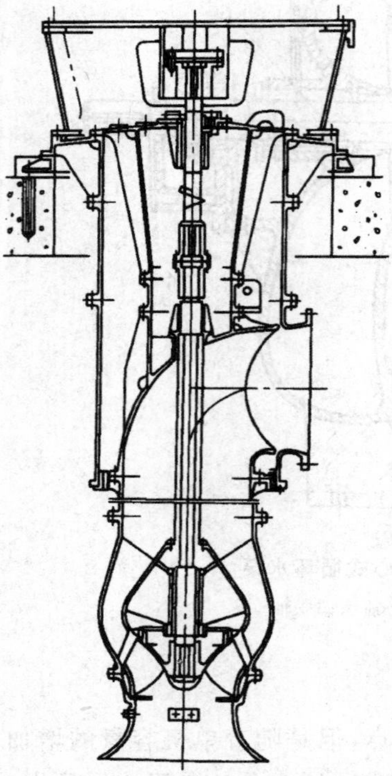

图 2.25　LKX 型立式混流式循环水泵

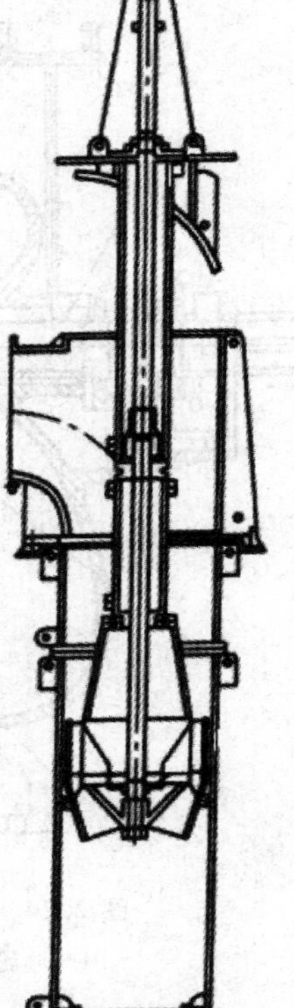

图 2.26　SEZ 型可抽芯立式混流式循环水泵

2.3.4　发电厂常用风机

发电厂常用风机有锅炉送风机、引风机、一次风机、排粉机、脱硫风机等，它们的作用、形式及特点见表 2.3。

表 2.3　发电厂常用风机的作用、形式及特点

名称	作　用	形式	特　点
送风机	输送锅炉燃料燃烧所需空气	离心式 轴流式	(1)中小型机组选用机翼型叶片，进口导叶可调离心风机； (2)大型机组一般选用动叶可调轴流风机
引风机	把燃烧后生成的烟气从炉膛中抽出并经烟囱排向大气	离心式 轴流式	(1)输送烟气温度较高(约 100～200 ℃)，且有害； (2)风机应具有密封、防磨、防腐、不易积灰及轴承冷却良好的特点
一次风机	供给制粉系统热空气(用于中速磨煤机正压直吹式制粉系统和中间储仓式热风送粉系统)	轴流式 离心式	(1)要求全压较高，一般采用两级叶轮的轴流式或高压离心风机，这是因为所提供的一次风要携带煤粉进炉膛； (2)输送的是经预热器预热后的热空气，要求轴承冷却良好
排粉风机	输送温度较高且含煤粉的两相气流进炉膛燃烧(用于中速磨煤机负压直吹式制粉系统和中间储仓式乏汽送粉系统)	离心式	(1)叶轮和机壳都采用耐磨材料； (2)在结构上还要考虑防止积粉，以免自燃和转动部件不平衡而产生振动； (3)轴承应有良好的冷却
烟气再循环风机	将省煤器出口低温烟气抽出，送入炉膛或高温段对流受热面进口处，以调节过热蒸汽或再热蒸汽温度	离心式	由于输送未经除尘的高温烟气，要求有一定的耐热强度和高耐磨性
密封风机	对于正压直吹式制粉系统，为防止动静部件连接处煤粉外逸，输送高压空气进行气密封	离心式	出口风压较高
脱硫风机	克服脱硫装置阻力，排烟气至烟囱	轴流式 离心式	装在脱硫装置前面时与引风机相同，装在后面且排送含腐蚀性冷凝液的饱和烟气时，要采用耐腐蚀材料

2.4 泵与风机的运行

2.4.1 泵的运行

1. 启动前的准备工作

启动准备工作包括有关检修完毕后的交接工作、启动前的检查准备及有关操作等。

1）启动前的检查

(1) 清除工作场地的安全隐患。电气设备、线路，各种联动、控制开关按钮正常，位置正确。检修后应联系恢复送电或按"送电联系单"的执行程序送电。电动机的转向正确，有关试验项目已经按运行规程的要求完成。

(2) 泵本体连接紧固部件固定完好无松动，联轴器连接良好，护罩完好，人工盘动转子无卡涩、无摩擦，转动灵活，底部放水旋塞已紧固。

(3) 轴封填料完好，密封冷却水、轴承冷却水位畅通，冷油器的冷却水系统进出阀门完好，能进行冷却水调节。

(4) 就地和控制盘处的进出口压力表、真空表应齐全完好，声光信号试验正常。

(5) 轴承及润滑油检查。滚动轴承油杯油量、滑动轴承油位、立式循环水泵导轴承润滑油系统及油箱油位正常，油质良好。

(6) 各种电动机调速机构、定速电动机转动变速机构如液力联轴器已检查正常，驱动小汽轮机已全面检查准备就绪。轴(混)流式泵的动叶调节装置的手动、电动位置能够灵活调节，位置正确；手动调节位置时，电动装置应置于闭锁位置。

(7) 采用橡胶轴承的大型轴流或混流式泵，启动前，应先启动轴承润滑升压水泵或开启其他清水接管阀门向填料上的接管引注清水，润滑橡胶轴承，然后关闭轴承排大气阀门或放水阀门。如采用循环水作外接水源，应先开启过滤网入口阀门，关闭排大气阀门或防水阀门，最后开启滤网出口阀，向橡胶轴承送水，并对轴承的注水进行调整。

2）启动前的操作

(1) 充水。泵体内的充水应根据泵的吸水方式及系统布置采用不同的方式。对需倒灌进水的泵，用进口阀门直接充水并排除空气，负压吸水的泵，小型泵一般采用灌水法，开启放气旋塞及灌水阀，待放气旋塞连续出水后关闭，灌水过程中盘动转子有利于排尽空气；大型泵可以用真空泵抽空气，观察排空气管连续出水后表明空气已经排尽，真空泵可继续维持运行，直到水泵启动出水正常后停运。

(2) 密封冷却水。调整两端轴封水量以滴水为宜。运行密封水泵向给水泵及前置泵送密封冷却水。

(3) 暖泵。高温泵如给水泵必须进行暖泵操作。冷态启动采用正暖方式，暖水从吸入侧进入，然后从末级导叶排出，或折回双层壳体内外壳之间，再从吸入侧排出。热态启动采用倒暖方式，暖水流程与正暖相反。暖水系统布置因机组不同而不同。

暖泵按规定程序操作并控制温升率。待泵体上下及螺栓上下、泵壳与螺栓温差以及水温与泵壳温差在规定范围后，关闭暖泵门。

(4) 泵机组各系统及相关阀门所处位置符合运行规程规定。

(5) 润滑油系统。开启油系统管路阀门，投运冷油器油侧或旁路，运行辅助油泵，运转正常，油路畅通。

(6) 气动泵小汽轮机按启动程序进行启动前准备工作。

(7) 给水泵前置泵已处于正常备用状态。

(8) 液力联轴器操纵机构正常。

(9) 大型立式循环泵顶转子，使推力轴瓦进油，建立油膜。

2. 启动

所有的检查和准备操作都已经按照操作规程规定的项目和顺序完成后即可启动。

(1) 电动离心泵合闸后注意启动电流、返回时间、转速、空载电流和出口压力表读数。检查动静部分有无摩擦、振动和异响，油压、油温、轴承温度及轴向位移是否正常等。油压达规定值后停辅助油泵。

轴流式泵应在开启出口阀后启动，可调节动叶轴流式泵的动叶应调整到启动角度后启动，以减小启动电流。

混流式泵应在关闭出口阀门后启动，启动后再迅速开启出口阀。可调节动叶混流式泵启动前叶片应在全关闭位置，启动后才能迅速打开。

(2) 变速泵在空载运行正常后提升转速。

(3) 开启泵出口阀。

(4) 根据油温升高的情况，及时投运冷油器，调整维持冷油器出口油温在正常范围（一般为 35～45℃）内，调整电动机风冷却器。

(5) 投入泵的连锁及保护。

3. 正常运行维护

正常运行维护项目主要包括以下三个方面。

(1) 定时巡视及抄表，根据机组负荷情况对泵的流量进行调节。

(2) 监视运行设备各项参数的变化。

(3) 对运行中出现的不正常工况，进行正确的分析、判断和处理，发生故障或事故，应按规程规定的事故处理原则进行处理或进行紧急停机。

4. 事故处理

1) 应按紧急故障停泵步骤停泵的情况

(1) 发生人身事故。

(2) 泵突然发生强烈振动或泵体内有清晰的金属摩擦声。

(3) 任一轴承冒烟、断油，回油温度急剧升高超过规定值。

(4) 电动机冒烟、着火。

(5) 轴向位移指示超过规定值，且平衡室压力失常。

(6) 油系统着火，不能迅速扑灭，且威胁安全运行。

(7) 高压管道破裂无法隔离。

2）应立即启动备用泵，然后停运故障泵的情况

（1）水泵发生严重汽化或流量减小、不出水。

（2）轴承回油温度缓慢升高，达到规定极限。

（3）轴密封温度超过规定极限或压盖发热、轴封冒烟，或有大量甩水等情况。

（4）润滑油压降至低位极限，启动辅助油泵仍不能恢复。

（5）轴承振动异常，原因不明或确无其他明显故障。

（6）油箱油位低至低位极限且补油无效，油中进水致使油质严重乳化。

（7）电动机电流、温度、温升超过额定值。

5. 停泵及连锁备用

（1）运行泵的正常停运。如有泵处于连锁备用状态，应先断开待停泵的连锁开关，开启再循环阀门，关闭出口阀门，断开辅助油泵的连锁开关，启动辅助油泵后，才能停泵。对于变速泵，停泵前还应逐渐降低转速至最小流量状态。停运后如泵反转，应立即手动关死出口阀。对于立式轴（混）流式泵，橡胶导轴承改用外接冷却水源。

轴流式泵可以直接断开泵电源，混流式泵应关闭出口阀后断开电源，虹吸式泵应先打开真空破坏阀，再关闭出口阀，待水下落后再停泵。

（2）断开泵电源后，记录惰走时间，时间如果过短，应进行分析，原因不明时应检查泵内是否有摩擦和卡涩。

（3）泵停运后，如需作连锁备用，则应将进口阀门开启，出口阀门关闭。连锁开关应在备用位置，投入辅助油泵和润滑油系统；若密封冷却系统已投入，则应调整为运行备用状态，投入给水泵的暖泵系统。

（4）如果停泵检修或长期停用，则应切断水源和电源，放尽泵体内的余水，并挂标示牌，做好其他安全措施。

6. 定期试验和切换

定期试验、切换和检查的目的是保证泵的安全、经济运行。大型泵的保护项目比较完善，因此试验项目也较多，各种泵的试验项目，必须按照相关运行规程规定的具体试验程序和注意事项、试验条件，在做好安全监护和事故预想的情况下进行。

为保证备用泵的良好状态，应定期进行备用泵的切换运行。切换时，应先断开连锁开关，关闭暖泵阀，再按正常启停步骤操作。启动备用泵，待正常后可停运原运行泵。停泵过程中，逐渐关闭出口阀门，注意观察出水母管压力，如果母管压力下降非正常值，应暂时停止切换，回开出口阀门，查明原因并处理后才能继续，否则停止切换操作。

2.4.2 风机的运行

风机的工作条件与泵的相比有较大的区别，因为风机输送的是气体，其进、出口风压均不高，但火力发电厂运行的风机如引风机、排粉风机的工作条件都较差，由于叶片的磨损、穿孔，转子因为积灰造成不平衡振动等问题，在运行中要引起重视。

1. 启动前的准备和检查

常规的风机启动前的准备检查工作与泵的相同，除应对工作场所、电源及电气设备、指示表计、轴承冷却水等全面进行检查外，还应对以下方面做仔细检查。

(1) 风机轴承、联轴器、调节器。按制造厂要求，采用规定的润滑油，保证规定油品，保证油位或供油量。

(2) 风机动静部分间隙的检查。新安装或大修后，应使各部分间隙符合要求，并手动盘车数周确认无卡涩、摩擦现象。

对于轴流风机，还应检查动叶调节机构，能在调节范围内灵活调节，调节机构开度应在启动位置。检查风机密封装置的严密性，以免外部杂质进入调节机构，防止轴承内润滑油被吸出。

(3) 关闭风机进口导流器或挡板及出口挡板。

(4) 检查风机各部件的紧固情况，避免启动后振动过大造成螺栓松动而引发故障。

2. 启动、运行维护和停机

(1) 完成所有应检查的项目，合闸启动风机。

(2) 监视启动电流，检查轴承润滑油流、轴承温度、振动和噪声，一切正常后，即可全开风机出口风门，用进口挡板、导流器或动叶调节机构调节风量。如启动后发现上述参数不正常，必须立即停机。

(3) 运行检查和注意事项。

①运行中随时注意风机的振动、振幅和噪声有无异常现象。

②轴承油位、油流正常，轴承润滑良好，冷却水畅通，水压正常，轴承温度和温升在规定值内。

③定期检查风机和电动机润滑油系统的油压、油温和油量。

④电动机电流正常，风机转速正常。

⑤用进口挡板或导流器调节风量，风机转速不正常时不能进行调节。

⑥轴流风机的出力是否在高效区域，有无异常噪声，不能在喘振区域或其附近工作。

(4) 风机的停运。

①关闭风机进口挡板或导流器，关小出口风门。

②拉闸断电，使风机停止运行，注意惰走情况。

③转速为零后，关闭轴承冷却水，但连锁备用的风机冷却水不能中断。

④停运检修的风机，应切断电源、水源并挂标示牌。

(5) 风机的维护。

①定期对停运或备用风机进行手动盘车，将转子旋转 120°或 180°，避免主轴弯曲。

②风机每运行 3～6 个月后，对滚动轴承进行一次检查，滚动元件与滚道表面结合间隙必须在规定值内，否则需进行更换。

③定期清洗轴承油池，更换润滑油。

④定期对风机进行全面检查，并清理风机内部的积灰、积水。

第3章 锅炉设备及运行

3.1 锅炉概述

锅炉是火力发电厂中最基本的能量转换设备，其主要作用是将燃料燃烧的化学能转换为热能，加热给水，从而产生规定参数（温度、压力）和品质的蒸汽，送往汽轮机做功。

3.1.1 锅炉设备的构成和工作过程

1. 锅炉设备的构成

电厂锅炉设备由锅炉本体设备及其辅助设备组成。锅炉本体主要包括“锅”和“炉”两部分，即锅炉的汽水系统和燃烧系统。此外，还包括用来构成炉膛和烟道的炉墙及用来支撑和悬吊设备的钢架等。锅炉辅助设备主要包括锅炉辅助系统和附属设备，辅助系统有燃料供应系统、煤粉制备系统、给水系统、通风系统、除尘除灰系统、烟气脱硫脱硝系统、测量及控制系统等，各个辅助系统都配置有相应的附属设备和仪器仪表等。为保证生产过程的顺利进行，锅炉还需设置若干附件，如安全门、水位计、吹灰器、热工仪表等。

2. 锅炉工作过程简述

图 3.1 所示为某发电厂锅炉及其辅助设备示意图，下面以其为例来说明锅炉的工作过程。

储煤场的原煤经过破碎和除铁、除木屑后，经过给煤机送入磨煤机中磨制成粉。煤粉磨制过程需要热空气对煤进行加热和干燥。外界冷空气经一次风机升压后送入锅炉的空气预热器，冷空气在空气预热器中被烟气加热后进入磨煤机，从而实现对原煤进行加热、干燥的目的，同时此股热空气本身也是输送合格煤粉的介质，它将磨好的煤粉通过燃烧器输送进入炉膛。这股携带煤粉的热空气称为一次风。外界冷空气经送风机升压后送入锅炉的空气预热器进行预热，之后通过燃烧器的二次风喷口进入炉膛，在炉膛内与已着火的煤粉气流混合并燃烧，这股热空气称为二次风。

煤粉和空气进入炉膛后进行良好混合，在炉膛内悬浮燃烧并放出大量热量，在燃烧火焰中心大约具有 1500 ℃或更高的温度。高温火焰和烟气在炉膛内向上流动，主要以辐射换热方式把热量传递给炉膛周围的水冷壁及炉膛上部的顶棚过热器内的工质，与此同时烟气的温度不断地降低。之后高温烟气离开炉膛进入水平烟道、转向室和垂直烟道，此时主要以对流换热的方式将热量传递给布置在水平烟道和垂直烟道中的高温过热器、高温再热器、低温过热器、省煤器、空气预热器等受热面。烟气放出热量的同时逐渐冷却下来，离开空气预热器的烟气温度已相当低，一般在 110～160 ℃之间。

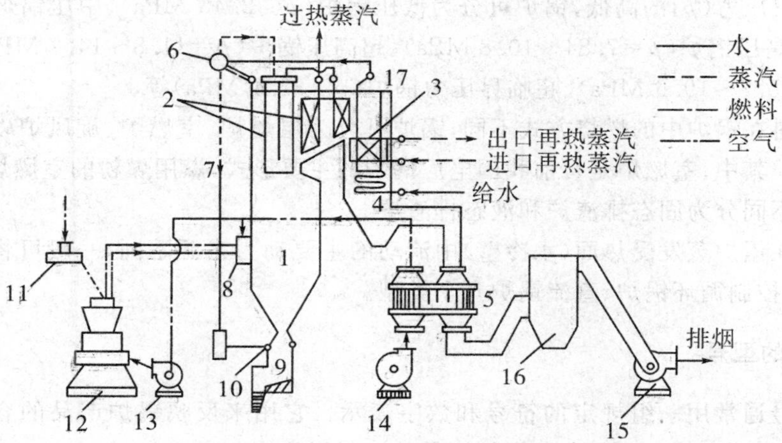

图 3.1　锅炉及辅助设备示意图

1—炉膛及水冷壁；2—过热器；3—再热器；4—省煤器；5—空气预热器；6—汽包；7—下降管；8—燃烧器；9—排渣装置；10—下联箱；11—给煤机；12—磨煤机；13—排粉机；14—送风机；15—引风机；16—除尘器；17—省煤器出口联箱

烟气在炉膛中向上流动时夹杂着燃烧过程产生的灰粒，随着烟气的不断向上，较大灰粒会因自重从气流中分离出来，沉降至锅炉底部的冷灰斗中，形成固态渣，最后由除渣装置排出。大量的细小灰粒则随烟气流动，经过除尘器时大部分灰粒被捕捉下来，较清洁的烟气经脱硫脱硝后，由引风机送入烟囱，最后排入大气。

送入锅炉的水成为给水，锅炉给水首先进入省煤器自下而上流动，吸收自上而下流动的烟气的热量之后进入汽包，依次流经由汽包、下降管、下联箱及水冷壁构成的循环蒸发回路。在水冷壁中吸收炉内火焰和烟气的辐射热量，被加热升温成饱和水，并使部分水变成饱和蒸汽。汽水混合物向上又流回汽包，在汽包内通过汽水分离装置进行分离。分离出来的水留在汽包下部，连同不断进入的给水一起又下降，随后在水冷壁吸热后又上升，周而复始，形成循环。汽包中分离出来的饱和蒸汽，从汽包顶部引出，进入各级换热器加热达到规定参数后送往汽轮机做功。

为了提高机组的循环热效率和安全性。超高压以上锅炉机组均采用再热循环，即锅炉汽水系统中还设置再热器。过热蒸汽在汽轮机高压缸膨胀做功后，又被送回锅炉再热器中再加热，重新成为规定参数的再热蒸汽后再送往汽轮机中、低压缸继续做功。

3.1.2　锅炉的分类和型号

1. 锅炉的分类

电厂锅炉的分类方法有很多，常见的有以下几种。

按照其所用燃料的种类，锅炉可分为燃煤锅炉、燃油锅炉、燃气锅炉等。

按照蒸发量的大小，锅炉可分为大型、中型、小型锅炉等，但此分类标准下锅炉容量大小没有明显的界线。随着电力事业和科学技术的发展，电厂锅炉的容量在不断地扩大，锅炉容量的分类界限也在不断变化。

按照蒸汽压力(p)的高低，锅炉可分为低压锅炉($p\leqslant 2.45$ MPa)、中压锅炉($p=2.94\sim 4.92$ MPa)、高压锅炉($p=7.84\sim 10.8$ MPa)、超高压锅炉($p=11.8\sim 14.7$ MPa)、亚临界压力锅炉($p=15.7\sim 19.6$ MPa)、超临界压力锅炉($p\geqslant 22.1$ MPa)等。

按照燃料在锅炉中的燃烧方式不同，锅炉可分为层燃炉、室燃炉、旋风炉以及流化床锅炉四种炉型。其中，室燃炉是目前我国电厂锅炉的主要形式，燃用煤粉的室燃炉还可根据其排渣方式的不同分为固态排渣炉和液态排渣炉。

按工质在锅炉蒸发受热面(水冷壁)中流动的主要动力来源不同，一般可将锅炉分为自然循环锅炉、控制循环锅炉、直流锅炉几个类型。

2. 锅炉的型号

锅炉型号通常用一组规定的符号和数字表示。它用来反映锅炉产品的容量、参数、性能、规格及制造厂家等。我国电厂锅炉型号的一般形式为：

△△-×××/×××-×××/×××-△×

第一组符号表示锅炉的制造厂家，如SG(上海锅炉厂)、HG(哈尔滨锅炉厂)、DG(东方锅炉厂)、WG(武汉锅炉厂)、BG(北京锅炉厂)等；第二组数字分子表示锅炉容量，单位为t/h，分母表示锅炉出口过热蒸汽压力，单位均为MPa；第三组数字中的分子表示过热蒸汽温度，分母表示再热蒸汽温度，单位均为℃；最后一组数字中的第一个符号表示锅炉燃料代号，如煤、油、气的燃料代号分别为M、Y、Q，其他燃料代号为T，第二个数字表示锅炉的设计序号。

如DG-1025/16.9-535/535-M6表示锅炉为东方锅炉厂制造，锅炉容量为1025 t/h，过热蒸汽出口压力为16.9 MPa，过热蒸汽温度和再热蒸汽温度均为535 ℃，设计燃料为贫煤，设计序号为6。

3.2 煤粉制备系统及设备

煤粉制备系统又称制粉系统，是指将原煤磨制成粉，然后送入锅炉炉膛进行悬浮燃烧所需设备及其连接管道的组合。其主要设备为磨煤机，并包括给煤机、粗粉分离器、细粉分离器、给粉机等辅助设备。本节只对制粉系统中的磨煤机进行详细介绍。

3.2.1 磨煤机

磨煤机是制粉系统的主要设备，其主要作用是将原煤干燥、破碎并磨制成煤粉。这一过程主要是通过撞击、挤压和碾磨等作用来实现的。根据磨煤机转速不同，可将其分为以下三类：

(1) 低速磨煤机，转速为15～25 r/min，如筒式钢球磨煤机；

(2) 中速磨煤机，转速为50～300 r/min，如平盘磨煤机、中速环球式磨煤机(又称E型磨)、碗式磨煤机、MPS磨煤机等；

(3) 高速磨煤机，转速为 500～1500 r/min，如风扇式磨煤机。

1. 钢球磨煤机

钢球磨煤机的结构如图 3.2 所示。其磨煤部件是一个直径为 2～4 m、长 3～10 m 的圆筒，圆筒内装有大量直径为 25～50 mm 的钢球。圆筒内壁衬有波浪形锰钢护甲，其作用是增强抗磨性并把钢球带到一定高度；护甲与筒体之间是绝热石棉层，起绝热作用；第三层是筒体本身；筒体外包有一层隔声毛毡，其作用是隔离并吸收钢球撞击钢瓦产生的声音；毛毡外是薄钢板制成的外壳，其作用是保护和固定毛毡。筒身两端是加载大轴承上的空心圆轴，两个空心轴径的端部各接一个倾斜 45°的短管，一端是原煤和热空气的进口，另一端是煤粉空气混合物的出口。

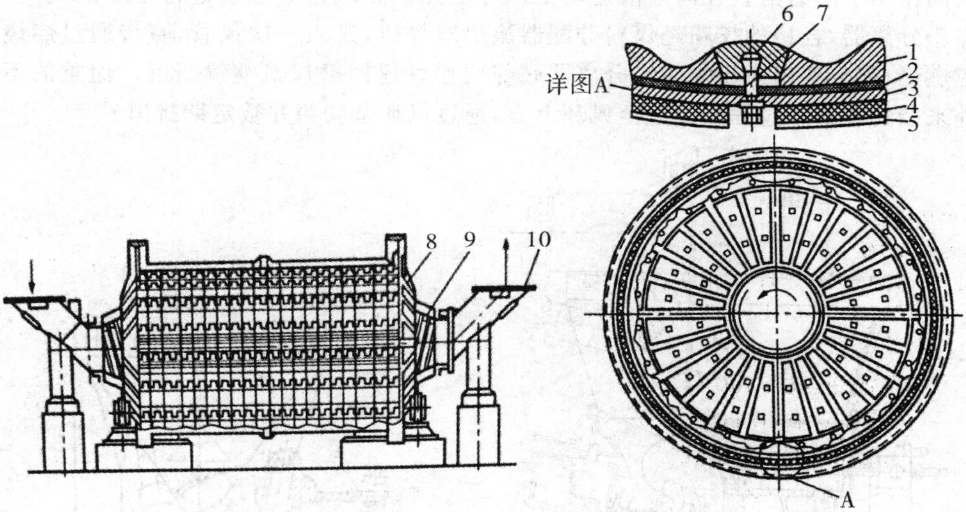

(a)　　(b)

图 3.2　钢球磨煤机

(a)纵剖图；(b)横剖图

1—波浪形护甲；2—绝热石棉垫层；3—筒身；4—隔音毛毡；5—钢板外壳；

6—押金用的楔形块；7—螺栓；8—封头；9—空心轴颈；10—连接短管

筒身经电动机、减速装置传动低速旋转，在离心力与摩擦力的作用下，护甲将钢球与燃料提升至一定高度，然后借重力自由下落。煤主要被下落的钢球撞击破碎，同时还受到钢球与钢球之间、钢球与护甲之间的挤压、研磨的作用。原煤与热空气从一端进入磨煤机，磨好的煤粉被气流从另一端输送出去。热空气不仅是输送煤粉的介质，同时还起着干燥原煤的作用，因此进入磨煤机的热空气被称作干燥剂。

钢球磨煤机的主要优点是煤种适应性广，能磨制任何煤种，特别适合磨制硬度大、磨损性强的煤，以及无烟煤和高灰分或高水分的劣质煤等；对煤中混入的铁块、木块、石头等杂质不敏感；钢球磨煤机能够在运行中进行补球，既保证了磨煤出力，又延长了检修周期；结构简单，故障少，运行安全可靠。钢球磨煤机的主要缺点是运行电耗高、金属磨损大、耗量大、设备庞大笨重、噪声大，磨制的煤粉不够均匀，特别是不适宜调节，低负荷时运行不经济。

2. 中速磨煤机

中速磨煤机的形式有很多，目前发电厂中常用的有中速平盘磨煤机（见图 3.3）、中速碗式磨煤机（见图 3.4）、中速球式磨煤机（见图 3.5）、中速辊环式磨煤机（见图 3.6）等。我国大型发电厂锅炉采用最多的为 RP 型中速碗式磨煤机（改进型为 HP 型）、MPS 型中速辊环式磨煤机两种形式。

中速磨煤机的研磨部件各不相同，但其工作原理和基本结构均相同。中速磨煤机沿高度方向自下而上可分为驱动装置、碾磨部件、干燥分离空间以及煤粉分离和分配装置四个部分。

中速磨煤机的工作过程为：电动机驱动主轴带动碾磨部件旋转，原煤从上部的中心落煤管进入磨煤机，落在研磨部件表面，经过挤压和研磨作用变成煤粉。煤粉在离心力和研磨部件的共同作用下沿磨盘直径向外沿运动至风环上方。热风在对煤粉进行干燥的同时，将其带入煤粉分离器，合格的煤粉经煤粉分配器流出磨煤机，进入一次风管，直接通过燃烧器送入炉膛燃烧；被分离出来粗煤粉经分离器底部回粉管返回磨煤机继续研磨。而重的不易磨碎的外来杂物在磨煤过程中被甩至风环上方，通过风环杂物箱并被定期排出。

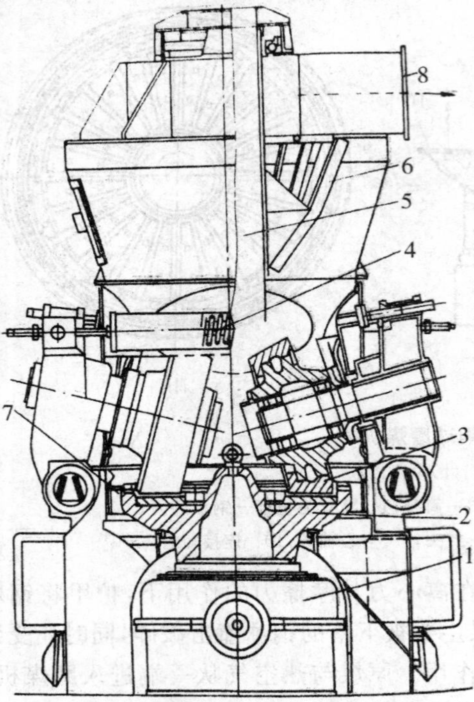

图 3.3　中速平盘磨煤机

1—减速器；2—磨盘；3—磨辊；4—加压弹簧；5—下煤管；6—分离器；7—风环；8—气粉混合物出口管

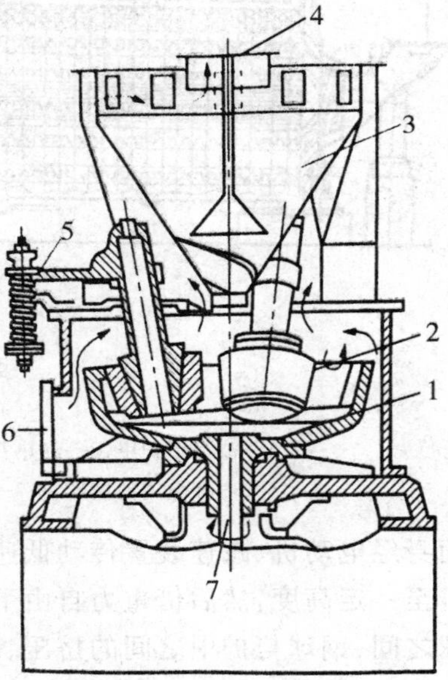

图 3.4　中速碗式磨煤机

1—碗形磨盘；2—磨辊；3—粗粉分离器；4—气粉混合物出口；5—压紧弹簧；6—热空气进口；7—驱动器

中速磨煤机具有结构紧凑、重量轻、占地面积小、投资少；启动迅速、调节灵活、适宜变负荷运行；磨煤单位电耗小、金属磨损小；噪声小、传动平稳；煤粉均匀性指数较高等优点。其主要缺点是磨煤机的结构复杂，辅助系统庞大，维护量大；不能磨制磨损指数高的煤种；对煤的水分含量要求高；须严格定期检修。

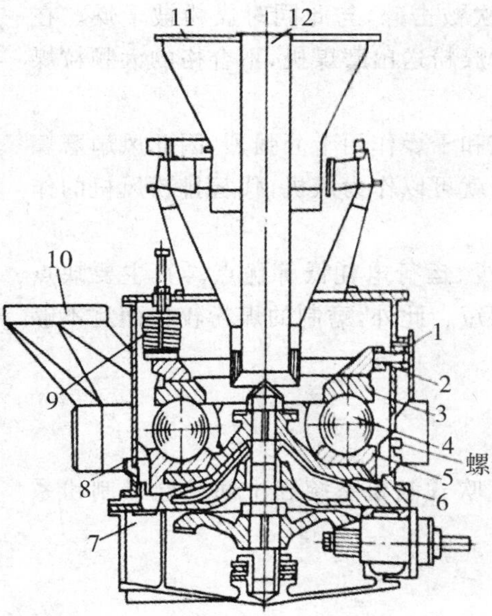

图 3.5　中速球式磨煤机

1—导块；2—压紧环；3—上磨环；4—钢球；5—下磨环；6—轭架；7—石子煤箱；8—活门；9—压紧弹簧；10—热风进口；11—煤粉出口；12—原煤进口

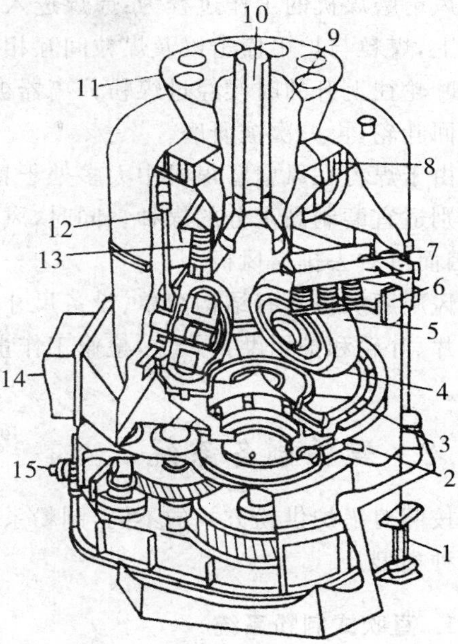

图 3.6　中速辊环式磨煤机

1—液压缸；2—杂物刮板；3—风环；4—磨环；5—磨辊；6—下压盘；7—上压盘；8—分离器导叶；9—气粉混合物出口；10—原煤入口；11—煤粉分配器；12—密封空气管路；13—加压弹簧；14—热空气入口；15—传动轴

3. 风扇磨煤机

风扇磨煤机的结构与风机的类似，由叶轮和蜗壳组成，是主要以撞击作用粉碎原煤的磨煤设备。叶轮上装有 8～12 块由锰钢制成的冲击板，蜗壳内表面装有一层耐磨护甲。磨煤机出口为粗粉分离器。叶轮、叶片和护甲是风扇磨煤机的主要磨煤部件，其结构如图 3.7 所示。

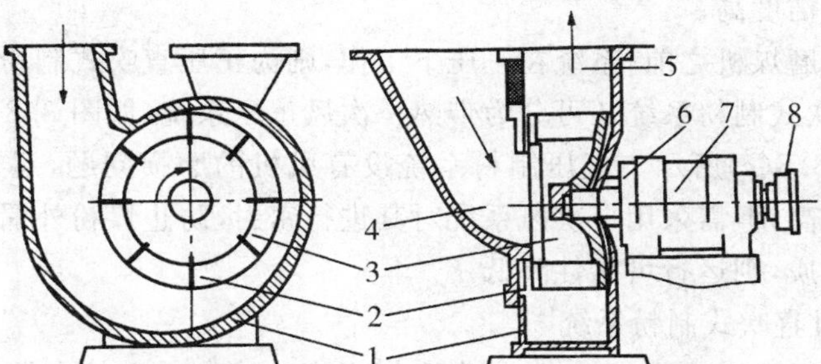

图 3.7　风扇磨煤机

1—外壳；2—冲击板；3—叶轮；4—风、煤进口；5—气粉混合物出口；6—轴；7—轴承箱；8—轴承节

风扇磨煤机的工作过程为:原煤进入磨煤机后。被高速转动的冲击板击碎。在机壳的护甲上,煤粒与护甲撞击以及煤粒间互相撞击,煤粒再次被击碎,与此同时煤粉被干燥。在流出叶轮往上升的时候经过煤粉分离器被分离,合格的煤粉送出磨煤机,不合格的大颗粒煤粉落回叶轮,再一次被研磨。

由于煤粉在风扇磨煤机中大多处于悬浮状态,通风和干燥作用十分强烈,因此风扇磨煤机特别适宜磨制高水分的煤种。同时,风扇磨煤机本身就可以作为风机,代替排粉风机的作用,因而可省去排粉风机。

风扇磨煤机具有结构简单、设备尺寸小、金属耗量少、运行电耗低等优点。其主要缺点是叶片、叶轮和护甲磨损严重,检修工作量大,运行周期短。此外,磨制的煤粉较粗而且不够均匀。

3.2.2 煤粉制备系统

按照对锅炉供粉方式的不同,制粉系统可以分为直吹式制粉系统和中间储仓式制粉系统两种类型。

1. 直吹式制粉系统

直吹式制粉系统是指烟煤经磨煤机磨制成煤粉后直接送入炉膛内燃烧的系统,其特点是磨煤机的磨煤量与锅炉的燃料消耗量相等。故直吹式制粉系统宜采用变负荷运行特性较好的磨煤机,如中速磨煤机、高速磨煤机、双进双出钢球磨煤机等。

1) 中速磨煤机直吹式制粉系统

中速磨煤机直吹式制粉系统可根据排粉风机安装位置不同,分为正压直吹式制粉系统和负压直吹式制粉系统两种。

按其工作流程,排粉风机在磨煤机后面,系统在负压下工作,即为负压直吹式制粉系统,如图 3.8(a)所示。热风(干燥剂)与原煤分别进入磨煤机,携带煤粉进入炉膛的空气称为一次风;通过燃烧器直接进入炉膛助燃的空气称为二次风。在该系统中,由于煤粉需要经过排粉风机才能进入炉膛,因此会导致排粉机磨损严重,风机运行效率低、电耗高,且排粉机叶片需经常更换导致其维护费用升高、工作可靠性降低。但负压直吹式制粉系统不会向外漏粉,因此工作环境的清洁度高。

若排粉风机在磨煤机之前,系统在正压下工作,则为正压直吹式制粉系统。根据一次风温的不同,正压直吹式制粉系统还可分为带热一次风正压系统,如图 3.8(b)所示;带冷一次风正压系统,如图 3.8(c)所示。正压制粉系统没有风机的磨损问题,运行的可靠性与经济性均比负压系统的高,但需采用一次风系统对其进行密封,防止煤粉外漏。若一次风系统采用高温空气作为介质,则运行可靠性降低。

2) 风扇磨煤机直吹式制粉系统

由于风扇磨煤机可以代替排粉机,风扇磨煤机直吹式制粉系统布置比较简单。根据原煤水分不同,风扇磨煤机直吹式制粉系统会采用不同的干燥剂。当磨制烟煤时,大多采用热风作为干燥剂;而磨制高水分的褐煤时,则采用热风和高温炉烟混合作为干燥剂,如图 3.9 所示。

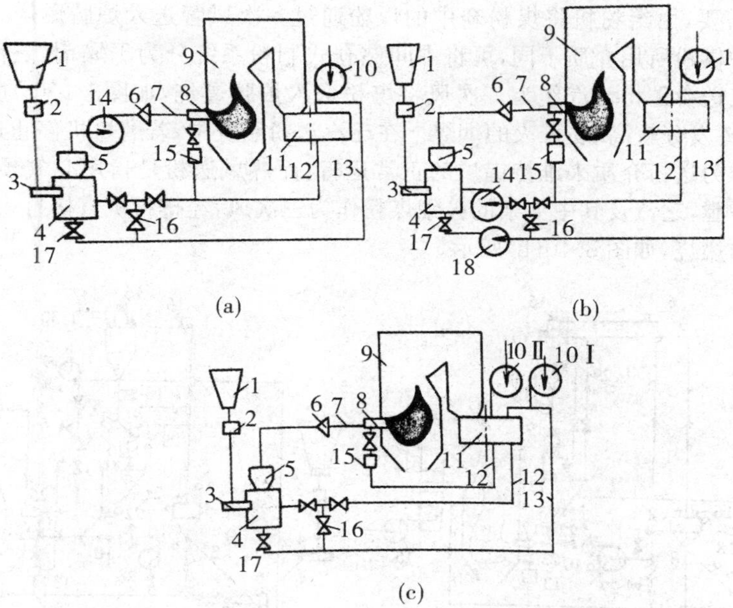

图 3.8　中速磨煤机直吹式制粉系统

(a)负压系统；(b)带热一次风正压系统；(c)带冷一次风正压系统

1—原煤仓；2—煤秤；3—给煤机；4—磨煤机；5—粗粉分离器；6—煤粉分配器；7——次风管；8—燃烧器；9—锅炉；10Ⅰ——次风机；10Ⅱ—二次风机；11—空气预热器；12—热风道；13—冷风道；14—排粉风机；15—二次风箱；16—调温冷风门；17—密封冷风门；18—密封风机

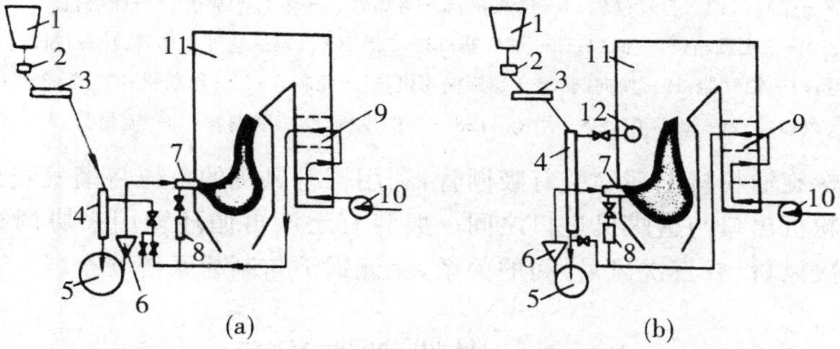

图 3.9　风扇磨煤机直吹式制粉系统

(a)热风干燥；(b)热风和炉烟干燥

1—原煤仓；2—自动磅秤；3—给煤机；4—下行干燥管；5—磨煤机；6—粗粉分离器；7—燃烧器；8—二次风箱；9—空气预热器；10—送风机；11—锅炉；12—抽烟口

2. 中间储仓式制粉系统

中间储仓式制粉系统中与直吹式制粉系统相比，增加了粗粉分离器、细粉分离器、煤粉仓及给粉机等设备。由于磨煤机磨制的煤粉先经过细粉分离器落下至煤粉仓中进行储藏，不需要与锅炉燃煤量保持一致，因此，这种系统适合配用调节性能较差的筒式钢球磨煤机。

将原煤和干燥用热风通过下行干燥管一同送入磨煤机，磨制好的煤粉由热风干燥剂送到粗粉分离器进行分离，经分离合格的煤粉送入细粉分离器进行气粉分离，此时，约 90%的煤粉会被分离出来落到煤粉仓，其余约 10%的极细煤粉随乏汽离开细粉分离器。之后再根据锅炉负荷的需要，由给粉机将煤粉仓中的煤粉通过一次风管送入炉膛燃烧。

根据向锅炉供粉所用介质不同，可将中间储仓式制粉系统分为干燥剂(乏汽)送粉和热风送粉两种。乏汽送粉是将乏汽作为一次风将煤粉送入炉膛燃烧，如图3.10(a)所示，它适用于原煤水分较低、挥发分较高、易着火的烟煤。在乏汽送粉系统中，若磨煤机停止运行，排粉机可直接抽吸热风作为送粉介质来维持锅炉的正常运行；而热风送粉是指用空气预热器出口的热风将煤粉送入炉膛，乏汽及其中夹杂的极细煤粉作为三次风，经排粉机直接打入燃烧器的三次风喷口进入炉内燃烧，如图 3.10(b)所示。

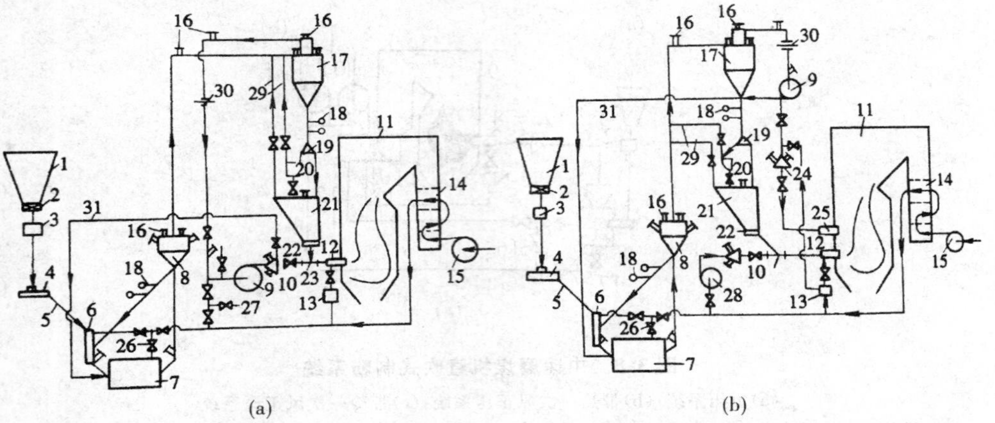

图 3.10　中间储仓式制粉系统

(a)干燥剂送粉；(b)热风送粉

1—原煤仓；2—煤闸门；3—自动磅秤；4—给煤机；5—落煤管；6—下行干燥管；7—球磨机；8—粗粉分离器；9—排粉风机；10—一次风箱；11—锅炉；12—燃烧器；13—二次风机；14—空气预热器；15—送风机；16—防爆门；17—旋风分离器；18—锁气器；19—换向阀；20—螺旋输粉机；21—煤粉仓；22—给粉机；23—混合器；24—三次风箱；25—三次风喷嘴；26—冷风门；27—大气门；28—一次风机；29—吸潮管；30—流量计；31—再循环管

煤粉仓和螺旋输粉机上部均装有吸潮管，利用排粉风机的负压将潮气吸出，以免煤粉受潮结块。在排粉机出口与磨煤机进口之间一般装有乏汽再循环管用来协调磨煤通风量、干燥通风量和一次风量(或三次风量)间的关系，保证锅炉与制粉系统安全、经济地运行。

3.3　煤粉燃烧设备

煤粉燃烧设备包括煤粉燃烧器、点火装置、炉膛、烟道及与燃烧相关的辅机。本节将分别对这些设备进行介绍。

3.3.1　煤粉燃烧器

煤粉燃烧器是锅炉燃烧设备的主要组成部件，其作用是将携带煤粉的一次风和助燃的二次风(热风送粉时还包括三次风)送入炉膛，并组织一定的气流结构，使燃料能迅速稳定地着火、迅速燃烧、完全地燃尽。

煤粉燃烧器的形式很多，根据其出口气流特性，可将煤粉燃烧器分为直流煤粉燃烧器和旋流煤粉燃烧器两类。出口气流为直流射流或直流射流组的燃烧器称为直流煤粉燃烧器；出口气流含有旋转射流的燃烧器称为旋流煤粉燃烧器。

1. 直流煤粉燃烧器

直流煤粉燃烧器通常由一组圆形、矩形或多边形喷口组成。煤粉气流和热空气分别由不同的喷口以直流射流的形式进入炉膛。直流煤粉燃烧器一般布置在炉膛四角、炉膛顶部或炉膛中部的拱形部分，喷口射出的直流射流多为水平方向，也有的向上或向下倾斜或可在运行时上下摆动，从而形成四角布置切圆燃烧方式、W 形火焰燃烧方式和 U 形火焰燃烧方式。在我国的火电厂锅炉中，应用最广的是四角布置切圆燃烧方式。

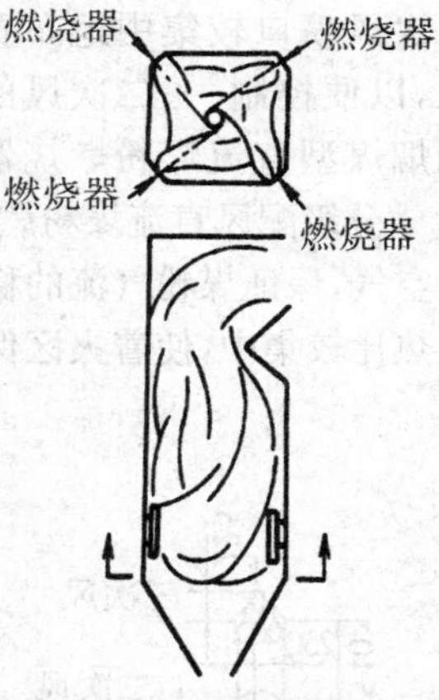

图 3.11 四角切圆燃烧示意图

所谓四角布置切圆燃烧方式是燃烧器布置在炉膛四角，四股气流的中心线切于炉膛中心的某个假想圆，形成旋转燃烧火焰，同时在炉膛内形成一个自下而上的旋转上升的漩涡气流，如图3.11所示。该燃烧方式由于四角射流着火后相交，相互点燃，有利于稳定着火；四股气流相切于假想圆后，使气流在炉内强烈旋转，有利于燃料与空气的扰动混合；而且火焰在炉内的充满程度较好，故而得到了广泛应用。

根据燃烧器中一、二次风喷口的布置情况，直流煤粉燃烧器分为均等配风和分级配风两种形式。

1）均等配风直流煤粉燃烧器

均等配风方式是指一、二次风喷口相间布置，即在两个一次风喷口之间均等布置一个或两个二次风喷口，或者在每个一次风喷口的背火侧均等布置二次风喷口，如图 3.12 所示。

在均等配风方式中，一次风喷口和二次风喷口相间隔布置，保证一次风和二次风快能够快速混合，使煤粉气流着火后不致由于缺氧而影响燃烧，此种配风方式适用于挥发分比较高的烟煤、褐煤，故又称为烟煤-褐煤型直流煤粉燃烧器。

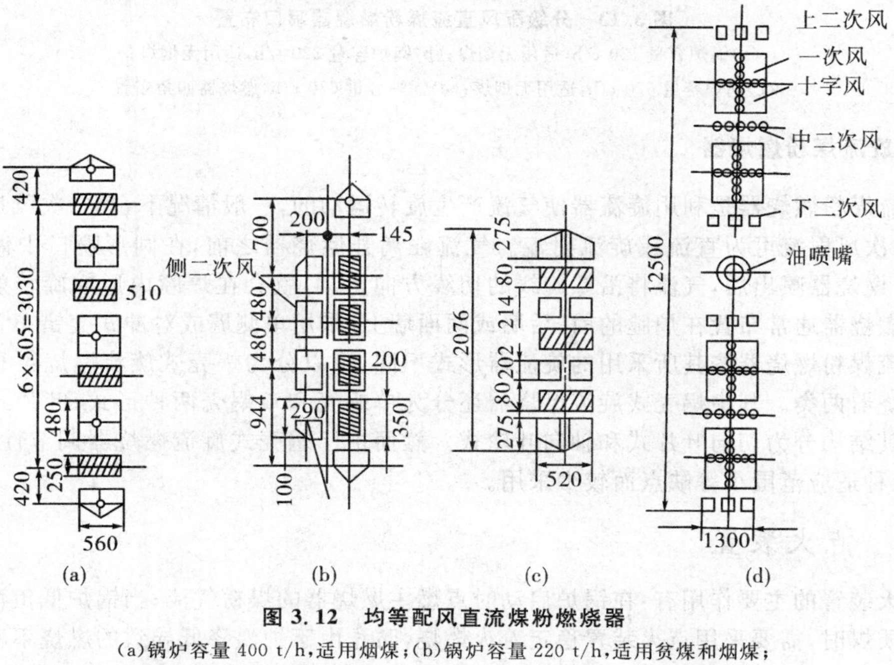

图 3.12 均等配风直流煤粉燃烧器

(a)锅炉容量 400 t/h，适用烟煤；(b)锅炉容量 220 t/h，适用贫煤和烟煤；

(c)锅炉容量 220 t/h，适用褐煤；(d)锅炉容量 927 t/h，适用褐煤

2）分级配风直流煤粉燃烧器

分级配风方式是指将燃烧所需要的二次风分级分阶段地送入燃烧的煤粉气流中，即将一次风喷口较集中地布置在一起，而二次风喷口分层布置，且一、二次风喷口保持较大的距离，以便控制一、二次风的混合时间，此种燃烧器适用于无烟煤、贫煤和劣质煤，所以，又称为无烟煤型直流煤粉燃烧器。

分级配风直流煤粉燃烧器如图3.13所示，在燃烧过程不同时期的各个阶段，按需要送入适量空气，保证煤粉气流的稳定、完全燃烧。该种配风方式使着火区保持比较高的煤粉浓度，燃烧放热比较集中，使着火区保持高温燃烧状态，适用于难燃煤；煤粉气流刚性增强，不易偏斜贴墙。

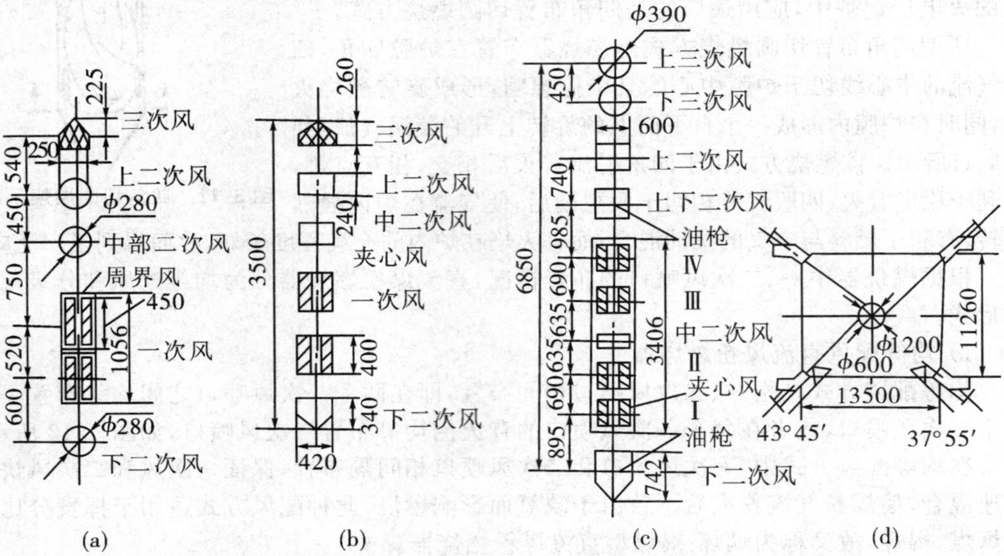

图3.13　分级配风直流煤粉燃烧器喷口布置

(a)锅炉容量130 t/h，适用无烟煤；(b)锅炉容量220 t/h，适用无烟煤；

(c)锅炉容量670 t/h，适用无烟煤；(d)锅炉容量670 t/h，燃烧器四角布置

2. 旋流煤粉燃烧器

旋流煤粉燃烧器是利用旋流器使气流产生旋转运动的，一般情况下，其二次风是旋转射流，而一次风射流可为直流或旋流射流。气流在离开燃烧器之前，在圆形喷口中做旋转运动；当由燃烧器喷出后，气流将沿螺旋线的切线方向运动，就会在炉膛内形成旋转射流。旋流煤粉燃烧器通常布置在炉膛的前、后墙或两面墙上，采用单侧墙或对冲式交错布置。

旋流煤粉燃烧器按其所采用的旋流器形式不同，可以分为蜗壳式旋流燃烧器和叶片式旋流燃烧器两类。其中蜗壳式旋流燃烧器还分为单蜗壳和双蜗壳两种形式；叶片式旋流燃烧器按其结构分为切向叶片式和轴向叶轮式。然而由于蜗壳式旋流燃烧器调节性能差、阻力大、煤种适应范围小等缺点而较少采用。

3.3.2　点火装置

点火装置的主要作用有：在锅炉启动时点燃主燃烧器的煤粉气流；当锅炉低负荷运行或燃用劣质煤时，需要采用点火装置稳定着火燃烧，防止由于炉温降低导致的燃烧不稳甚至灭火情况的发生。

目前，大容量燃煤锅炉多采用过渡燃料点火装置，主要可分为二级点火系统和三级点火系统两种。所谓二级点火系统是指采用燃油作为过渡燃料，由点火器点燃燃油，再点燃主燃烧器中的煤粉气流；而三级点火系统是用点火器点燃气体燃料，从而点燃液体燃料，最后点燃煤粉。点火装置中常用的点火器都采用电气点火器，主要有电火花点火器、电弧点火器和高能点火器三种。

1. 电火花点火器

电火花点火器由打火电极、火焰检测器和气体燃烧器三部分组成。打火电极由点火杆和点火器外壳组成，在两极间加上 5～10kV 的高电压来产生电火花从而将气体点燃，通过气体燃烧的火焰来点燃油枪喷出的油雾，最后由油火焰点燃主燃烧器的煤粉气流。

2. 电弧点火器

电弧点火装置由电弧点火器和轻油点火枪组成，多用于二级点火系统。电弧点火的起弧原理与电焊相似，由炭棒和炭块组成的电极通电后先接触再拉开，即会在其间隙处形成高温电弧点燃燃油。

3. 高能点火器

高能点火器中常用的形式是半导体高能点火器，在脉冲电压的作用下，在半导体面上形成能量很大的电火花来点燃燃料。高能点火器用于二级点火系统，是一种有发展前途的点火装置。

3.3.3　炉膛

锅炉炉膛是供燃料燃烧的空间，也称燃烧室。煤粉的燃烧过程不仅与燃烧器的结构有关，而且在很大程度上也取决于炉膛的结构、燃烧器布置及其所形成的空气动力场的特性。

炉膛既是燃料燃烧的空间，同时内部又布置了大量的受热面。因此炉膛结构应既能保证燃料的完全燃烧，又能避免火焰冲撞炉墙导致的局部温度过高，并使得烟气在到达炉膛出口时被冷却到对流受热面不结渣的温度。

炉膛的结构和尺寸与煤种、燃烧方式、燃烧器的形式和布置、火焰的形状和行程等因素有关。现代发电厂锅炉炉膛是一个由炉墙围成的立体空间，其结构如图 3.14 所示。炉墙一般由四层组成：内层为耐火混凝土，中间为保温混凝土，外层为保温板，表层为密封涂料抹面层，其总厚度一般不超过200～250 mm。炉膛四周内壁布满水冷壁，炉底由前后墙水冷壁弯曲而成倾斜的冷灰斗。为了便于灰渣自动滑落，冷灰斗斜面的水平倾斜角应大于 50°。大容量锅炉的炉膛顶部都采用平炉顶结构，并利用顶棚管过热器做骨架。炉膛上部挂有屏式过热器，以降低炉内温度，防止结渣。为了减轻烟气对屏式过热器表面的冲刷作用、充分利用炉膛容积、改善炉膛上部气流结构，通常将后水冷壁上部弯曲而成某一角度的折焰角。

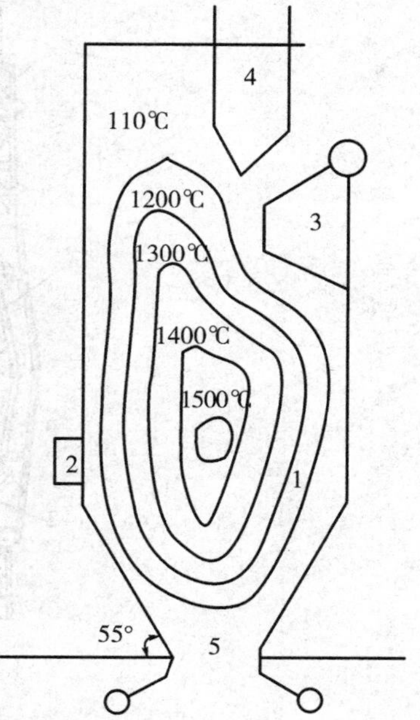

图 3.14　炉墙围成的立体空间

1—锅炉炉膛；2—燃烧器；3—折焰角；4—屏式过热器；5—冷灰斗

在固态排渣锅炉炉膛中，煤粉和空气在炉内强烈混合并燃烧，火焰中心温度可达 1500℃以上，灰渣处于液态。由于周围水冷壁的吸热，烟温逐渐降低，炉膛出口处的烟温一般要冷却至1100℃以下,使烟气中的灰渣冷凝成固态从而防止结渣。煤粉燃烧生成的灰渣可分为两部分,其中80%～95%为飞灰,它们随烟气向上流动,经屏式过热器进入对流烟道;剩下约5%～20%的大渣料或渣块落入冷灰斗。

3.3.4 燃烧系统的其他辅助设备

1. 空气预热器

空气预热器是利用锅炉尾部烟气的热量加热燃料燃烧所需空气的设备,是锅炉沿烟气流程的最末一级受热面。

空气预热器不但可以进一步降低排烟温度、提高锅炉效率,从而节省燃料;同时,由于供燃烧用的空气温度升高,促进了燃料的着火和燃烧,从而降低了燃料不完全燃烧热损失;且由于炉膛温度提高使辐射换热增强,从而可以在某种程度上减少受热面布置,节约了金属材料,降低了锅炉造价;此外,由于采用空气预热器后排烟温度的降低,改善了引风机的工作条件。

空气预热器按传热方式,可分为导热式和蓄热式两类。导热式空气预热器是通过传热壁面将烟气的热量连续不断地传递给空气;而蓄热式则是通过烟气、空气交替流过受热面来实现热量传递的。导热式空气预热器常用的形式为管式,蓄热式空气预热器的形式则主要为回转式。

1) 管式空气预热器

管式空气预热器如图3.15所示,整体为管箱结构,常用于200 MW以下的中小型锅炉。管箱由许多外径为40～51 mm、壁厚1.5 mm的有缝薄壁钢管和上、下管板焊接组成,为提高空气侧的放热系数,管子采用错列布置;同时为了使空气作多次交叉流动,水平方向装有中间管板。组装时,为防止空气经过相邻管箱间的间隙漏到烟气中,在间隙中加装密封膨胀节或把相邻管箱的管板直接焊接起来。

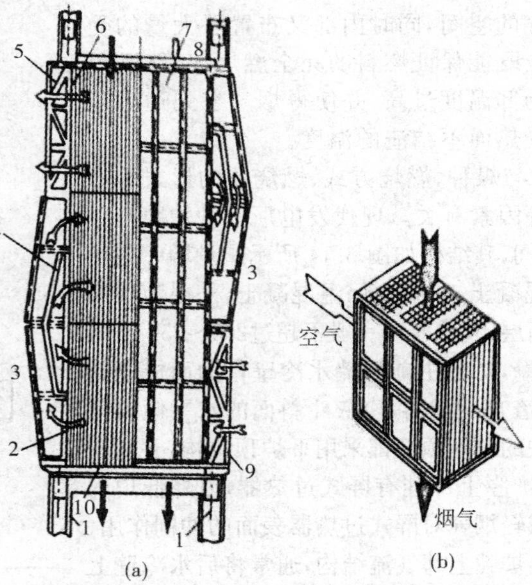

图3.15 管式空气预热器

(a)空气预热器组纵剖面图;(b)管箱

1—锅炉钢架;2—空气预热器管子;3—空气连通罩;4—导流板;5—热风道的连接法兰;6—上管板;7—预热器墙板;8—膨胀节;9—冷风道的连接法兰;10—下管板

锅炉采用管式空气预热器时一般用立式，烟气自上而下在管内纵向流动，空气在管外横向冲刷，传热较强但流动阻力较大；而燃油炉一般采用卧式，空气在管内纵向流动，烟气在管外横向冲刷，这是因为烟气中飞灰很少，磨损较轻，更主要的是可以提高管壁温度，减轻低温腐蚀发生的可能性。

空气预热器是锅炉的低温受热面，当烟气温度低于烟气中硫酸蒸汽的露点温度时，比较容易发生低温腐蚀，其中，受影响最严重的部位是烟气出口处。采用卧式布置时，腐蚀严重的是空气预热器下部几排管子，检修时只需要更换下部几排管子即可。而立式布置则不同，立式管式空气预热器腐蚀的是整个管箱的所有管口，检修时需要更换整个管箱。管式空气预热器主要优点是：结构简单，制造、安装、检修方便，工作可靠，漏风小；而其缺点是结构尺寸大，金属材料用量大，使大容量锅炉尾部受热面布置困难。

2）回转式空气预热器

回转式空气预热器因其结构紧凑、重量较轻等优于管式空气预热器的性能而得到了大容量机组的广泛应用。回转式空气预热器按照转动部件的不同分为受热面回转式和风罩回转式两种类型。

（1）受热面回转式空气预热器。

受热面回转式空气预热器主要由外壳、转子、受热元件、传动装置以及密封装置等组成，其结构如图 3.16 所示。外壳顶板、底板与转子之间由扇形隔板相隔，切顶板与底板各有两个连接方箱，一个与烟道相连通过烟气，另一个与风道相连通过空气。转子是被径向和切向隔板分隔成许多扇形格装载受热元件并能旋转的圆柱形部件。受热面转子以 1～4 r/min 的转速转动，转子中的受热元件便交替地被烟气加热和空气冷却，烟气的热量也就传给了空气。受热面转子每转一周，受热元件吸热、放热一次。受热元件由定位板和波纹板组成，其放置方式有横、纵两种。

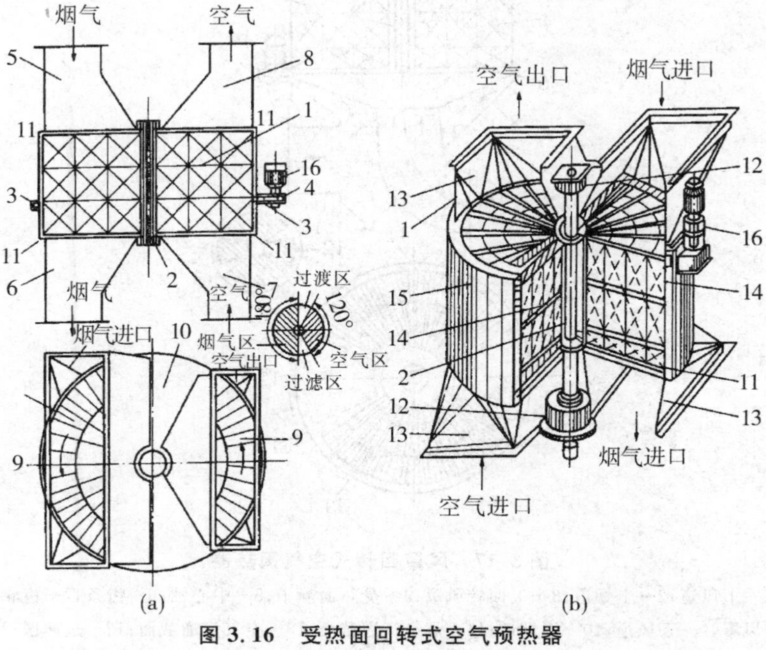

图 3.16　受热面回转式空气预热器

1—转子；2—轴；3—环形长齿条；4—主动齿轮；5—烟气入口；6—烟气出口；7—空气入口；8—空气出口；9—径向隔板；10—过渡区；11—密封装置；12—轴承；13—管道接头；14—受热面；15—外壳；16—电动机

漏风是受热面回转式空气预热器在运行中存在的主要问题，包括间隙漏风和携带漏风两种情况。由于转子和静子的外壳之间存在间隙，而空气侧的压力又高于烟气侧的压力，在压差的作用下空气就能经过间隙漏入烟气中，这就是间隙漏风。而携带漏风是指旋转的受热面将存在传热元件空隙间的空气或烟气携带到烟气侧或空气侧的漏风情况。因转子的转速很低，回转式空气预热器的携带漏风量很少，主要的是间隙漏风。而间隙漏风又包括径向、环向、轴向间隙漏风，三者中径向间隙漏风量最大。为了减小漏风，受热面回转式空气预热器一般都装设径向、环向和轴向密封装置。

（2）风罩回转式空气预热器。

风罩回转式空气预热器的结构如图 3.17 所示。与受热面回转式空气预热器不同的是，风罩式空气预热器的受热作为面静子固定不动，静子外壳与上、下烟道相连。上、下风罩装在烟道内，并由中心轴连接成为一体，只与受热面定子的上、下端口上。受热面圆形截面被分为两个烟气流通区和两个空气流通区，并被过渡区隔开。风罩以 1～3 r/min 的转速旋转。空气自下而上由固定风道进入旋转风罩，分成两股进入受热面，加热后的热风经上风罩汇集后由热风道引出。烟气自上而下同样分成两股流过风罩以外的受热面从而加热传热元件。风罩每旋转一圈，空气与烟气进行两次热量交换。

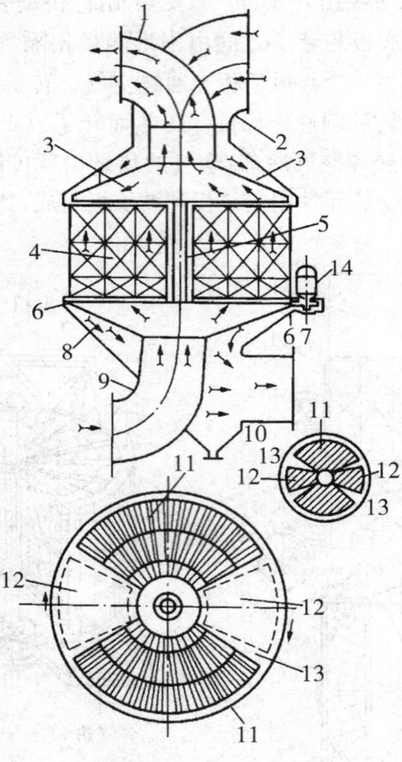

图 3.17　风罩回转式空气预热器

1—上风道；2—上烟道；3—上回转风罩；4—受热面静子；5—中心轴；6—齿条；7—齿轮；
8—下回转风罩；9—下风道；10—下烟道；11—烟气流通截面；12—空气流通截面；13—过渡区；14—电动机

2. 风机

风机是一种把机械能转变为流体的势能和动能的设备。在发电厂中，风机承担着连续不断地供给燃料燃烧所需要的空气，并把燃烧生成的烟气和飞灰排出炉外的任务。在锅炉燃烧系统中应用的风机主要为送风机、引风机、一次风机、密封风机等。风机按照其工作原理的不同分为离心式风机和轴流式风机两种。

离心式风机的常用调节方式有节流调节、进口导向器调节、变速调节、组合方式调节四种。节流调节是同通过调节设置在风机进口或出口管路上的节流挡板的开度来改变风机工作点的位置，以达到调节风量的目的，该方式节流损失大、经济性差。进口导向器调节是通过改变风机入口导向器叶片的角度来改变风机的特性曲线，从而达到风量调节的目的，该方法由于经济性好、维护方便而应用比较广泛。变速调节是指通过改变风机叶轮的工作转速来改变风机的特性曲线，从而达到改变风机运行的工作点和调节风量的目的。组合方式调节，即为对一台风机同时采用两种调节方式，常见的有进口导向器调节和变速调节的组合。

轴流式风机的常用调节方式是动叶调节。在风机运行中，通过改变风机动叶片的安装角度，使风机的特性曲线发生改变，来实现改变风机运行工作点和调节风量的目的。减小叶片安装角时，风机的流量、扬程、轴功率都减小，因此，在启动时可以通过减小叶片安装角来降低启动功率。

3.4　锅炉汽水系统及设备

3.4.1　蒸发设备

1. 蒸发设备的组成

锅炉中吸收燃料燃烧释放的热量使水逐渐变为蒸汽的受热面称为蒸发受热面。自然循环锅炉的蒸发设备由汽包、下降管、联箱、水冷壁及连接管道组成。其中，水冷壁是锅炉的蒸发受热面，而汽包、下降管、联箱及连接管道均布置在炉外不受热。控制循环锅炉与自然循环锅炉不同的是，其需要设置循环泵来推动工质的流动。

2. 汽包

汽包是锅炉蒸发设备中的重要组成部件，安装在炉外顶部，不接受火焰或高温烟气的热量，外部覆有保温材料。

1）汽包的结构

汽包是由钢板制成的长圆筒形的压力容器，由筒身和两端的封头组成。筒身由钢板卷制焊接而成，封头由钢板模压而成。封头中部设置圆形或椭圆形的人孔门，用于安装和检修时工作人员进出。在汽包外部开有很多圆孔，并焊接上短管，用于连接各种管子，如给水管、下降管、汽水引入管、饱和蒸汽引出管、连续排污管、加药管等。

现代大型锅炉的汽包一般用吊箍悬吊在大梁上，悬吊结构有利于汽包受热时的自由膨胀。汽包的尺寸和材料要与锅炉的参数、容量相适应，并与其内部装置结构有关。锅炉容量和压力越高，汽包直径越大，汽包壁越厚。但过厚的汽包壁不仅制造困难，还会在运行中由于内外温差而产生过大的热应力，因此，一般会对汽包壁厚进行控制同时选用高强度的水冷材料。

2）汽包的作用

汽包是省煤器、水冷壁和过热器三种受热面的连接部分，是加热、蒸发、过热三个过程的连接枢纽和分界点；汽包能在外界负荷变化时，通过自身的蓄热能力来平衡蒸发量与锅炉负荷之间的关系，减缓汽压和汽包水位的变化速度；汽包可对水冷壁进入汽包的汽水混合物进行汽水分离，且装有排污及加药装置，能够有效提高蒸汽品质；另外，汽包外装有压力表、水位计和安全门等附件，用于控制汽包压力、监视汽包水位等，保证锅炉安全工作。

3. 下降管

下降管的作用是把汽包内的水连续不断地通过联箱供给水冷壁，以维持正常的水循环。下降管布置在炉膛外不受热，其外包覆有保温材料，以减少散热。

下降管有小直径分散型和大直径集中型两种。小直径分散型下降管的管径小，管子数目多，流动阻力大，一般用于中、小容量锅炉中；大直径集中下降管上部与汽包下部下降管座相连，垂直引至炉底，再通过小直径分支管引出接至各联箱，由于其流动阻力小并能节约钢材等优点而得到广泛应用。

4. 联箱

联箱的作用是将进入的工质汇集、混合并均匀分配出去，一般布置在炉外，不受热。由无缝钢管焊上弧形封头构成，在联箱上有若干管头与管子连接。

5. 水冷壁

水冷壁一般布置在炉膛四周，与炉内火焰或烟气主要通过辐射方式进行换热，是锅炉中的主要蒸发受热面。它由许多并列上升的管子组成。

1）水冷壁的作用

水冷壁能够吸收高温火焰和烟气的辐射热来加热工质；减少对流受热面面积，从而降低锅炉造价；降低炉膛出口烟温，防止受热面结渣；降低炉墙内壁温度，简化炉墙结构。

2）水冷壁的结构

现代锅炉的水冷壁主要有光管式、销钉式、膜式三种类型，如图 3.18 所示。

光管式水冷壁是用外形光滑的无缝钢管连续排列成平面结构而形成的水冷壁。

销钉式水冷壁是在光管水冷壁管的外侧焊接上很多圆柱形销钉。在有销钉的水冷壁上敷盖一层铬矿砂耐火材料，形成卫燃带。卫燃带可以使水冷壁吸热量减少，炉内温度升高，有利于无烟煤、贫煤等难燃煤的初期着火。

膜式水冷壁是由鳍片管沿纵向依次焊接而成，构成整体受热面。膜式水冷壁的鳍片管有轧制鳍片管和焊接鳍片管两种类型。膜式水冷壁使炉膛具有良好的气密性，适用于正压或负压的炉膛，但负压炉膛能大大地降低漏风系数；膜式水冷壁把炉墙与炉膛完全隔离开来，炉墙只需采用轻质保温材料即可，使炉膛重量减轻；由于辐射传热面积增大，同等传热量情况下可节约钢材成本；膜式水冷壁能承受较大的侧向力，增加了抗爆炸的能力；膜式水冷

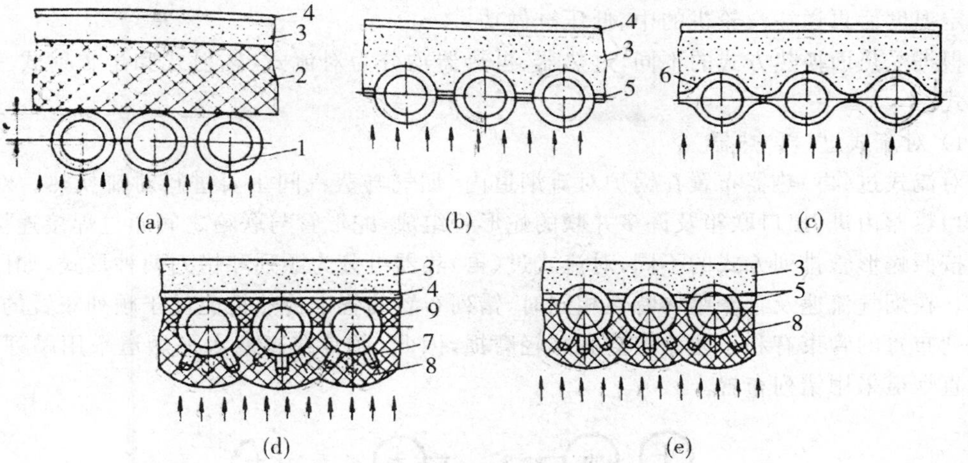

图 3.18　水冷壁的结构

(a)光管式水冷壁；(b)焊接鳍片管的膜式水冷壁；(c)轧制鳍片管的膜式水冷壁；

(d)销钉式水冷壁；(e)带销钉的膜式水冷壁

1—管子；2—耐火材料；3—绝热材料；4—炉皮；5—扁钢；

6—轧制鳍片管；7—销钉；8—耐火材料；9—铬矿砂材料

壁安装工作量相对较小，可加快安装进度。因此，现代大型锅炉广泛采用膜式水冷壁。

3）水冷壁的布置形式

（1）汽包锅炉水冷壁的布置形式。

自然循环锅炉和控制循环锅炉都属于汽包锅炉，其水冷壁布置形式比较简单，大部分为垂直布置与炉墙四周形成炉壁，只有炉膛上部和底部的少部分水冷壁是倾斜布置，这样布置的好处是可以减少上升管内的流动阻力，有利于水循环。

（2）直流锅炉水冷壁的布置形式。

直流锅炉由于没有汽包的存在，给水在给水泵压头的作用下一次性通过省煤器、水冷壁和过热器，直接变为过热蒸汽。由于直流锅炉中的工质是强制流动，其水冷壁的布置形式就比较自由，主要有三种相互独立的结构形式，即水平围绕管网型（拉姆辛型）、垂直管壁型（本生型）和回带管圈型（苏尔寿型），如图 3.19 所示。

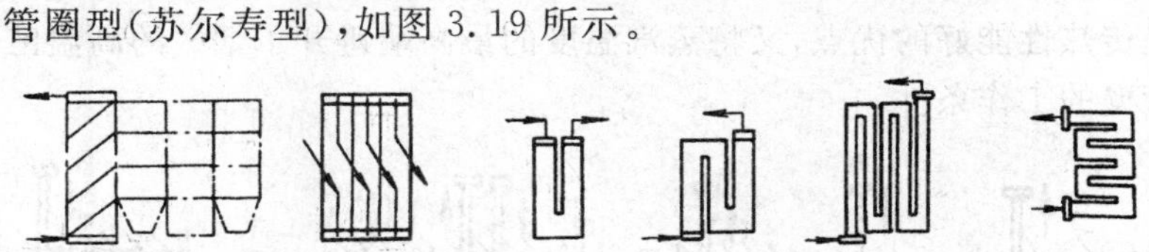

图 3.19　直流锅炉传统水冷壁基本形式

(a)水平围绕管网型；(b)垂直管壁型；(c)、(d)、(e)、(f)回带管圈型

3.4.2　过热器和再热器

过热器与再热器是现代锅炉的重要组成部分，其结构基本相同。再热器的实质上就是中压过热器。锅炉产生的饱和蒸汽经过热器加热成具有一定温度和压力的过热蒸汽，送往汽轮机高压缸做功。做功后的蒸汽不断膨胀，为避免膨胀后期汽轮机末级湿度过大，在超高压及以上机组中均采用再热器，将汽轮机高压缸排出的蒸汽送回到锅炉进行再加热，直至达

到规定温度后再送往汽轮机的中、低压缸做功。

根据受热面换热方式的不同,过热器、再热器均分为对流式、辐射式和半辐射式三种基本形式。

1) 对流式过(再)热器

对流式过(再)热器布置在锅炉对流烟道内,烟气与蒸汽间主要进行对流换热。对流式过(再)热器由进、出口联箱及许多并联的蛇形管组成,蛇形管与联箱之间通过焊接连接。

按照蛇形管排列方式的不同,对流式过(再)热器可分为顺列和错列两种形式,如图3.20所示。在烟气流速及管子结构特性相同时,错列布置的管束传热性能优于顺列布置的管束,但顺列布置的管束有利于防止结渣和减轻磨损,因此,通常在高温水平烟道采用顺列布置,而垂直烟道采用错列布置。

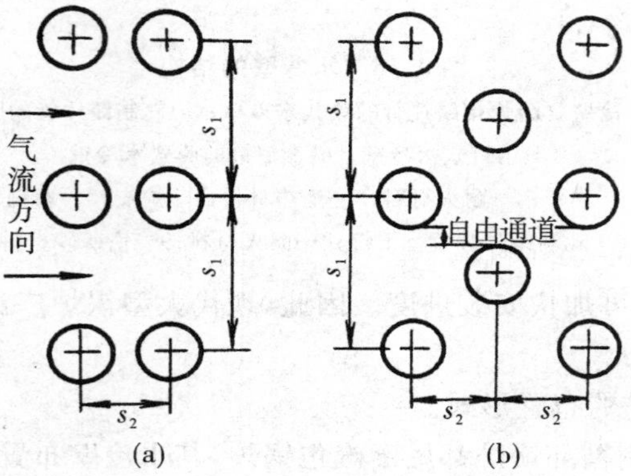

图 3.20　对流式过(再)热器的形式(一)

(a)顺列;(b)错列

按照烟气与管内蒸汽介质的相对流动方向,对流式过(再)热器可分为顺流、逆流、双逆流和串联混合流四种布置形式,如图 3.21 所示。顺流布置的受热面工作安全但平均传热温差最小,在烟温较高区域一般采用顺流布置。逆流布置的受热面平均传热温差大但高温区段工作条件差,故在烟温较低区域采用逆流布置。双逆流布置和混合流布置的受热面既利用了逆流布置传热性能好的优点,又将蒸汽温度的最高端避开了烟气的高温区,从而改善了蒸汽高温段管壁的工作条件。

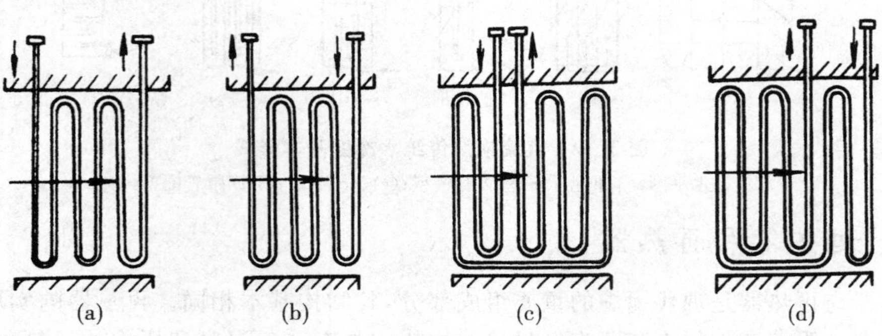

图 3.21　对流式过(再)热器的形式(二)

(a)顺流;(b)逆流;(c)双逆流;(d)混流

2）辐射式和半辐射式过(再)热器

辐射式过(再)热器布置在炉膛上部，以吸收辐射热为主，根据其布置方式不同，分为屏式和墙式两种。

屏式过(再)热器由进、出口联箱和管屏组成，根据屏式过(再)热器所布置的位置和节距不同，其所吸收对流和辐射热的份额也会发生变化。布置于炉膛上部的通常称为前屏或分隔屏(或称大屏)；布置于炉膛出口处的管屏，同时吸收炉膛的辐射热和烟气的对流热，称为半辐射式过(再)热器(也称后屏)。管屏沿炉膛宽度方向平行悬挂在靠近炉膛前墙处，进、出口联箱布置在炉顶外，整个管屏通过联箱吊挂在炉顶钢梁上，受热时可以自由向下膨胀。

墙式过热器的结构与水冷壁的结构相似，其受热面紧靠炉墙，通常布置在炉膛上部端上的某一区域或与水冷壁管间隔布置，如图 3.22 所示。

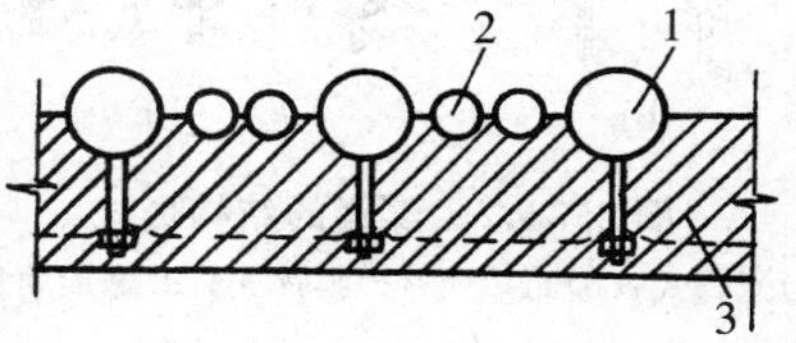

图 3.22　墙式过热器

1—水冷壁管；2—壁式过热器管；3—敷管炉墙

3.4.3　省煤器

1. 省煤器的作用

省煤器是利用锅炉尾部烟气的热量加热锅炉给水的热交换设备，是现代锅炉不可缺少的低温受热面。省煤器在锅炉中的作用是:通过吸收低温烟气的热量来降低排烟温度，从而提高锅炉效率、节省燃料；给水先在省煤器中吸热升温，省煤器可以代替部分造价高的水冷壁，从而节约投资；给水经预热后进入汽包，可以减小汽包热应力，延长其使用寿命。

2. 省煤器的分类

1）按材料分类

根据省煤器所使用的材料不同，可将其分为铸铁式和钢管式两种。铸铁式省煤器耐磨损、耐腐蚀，但是不能承受高压及水冲击，只应用在一些中低压小容量锅炉上；钢管式省煤器强度高、能承受高压、传热性能好、体积小、质量小、价格低，目前大容量锅炉多采用钢管式省煤器，但其缺点是耐磨损及耐腐蚀性差。

2）按出口参数分类

省煤器按出口水温可分为沸腾式和非沸腾式两种。省煤器出口水温低于饱和温度的称为非沸腾式省煤器；在省煤器出口处水已被加热到饱和温度并产生部分蒸汽的称为沸腾式省煤器。高压、超高压和亚临界压力锅炉都采用非沸腾式省煤器，这是由于压力升高使蒸发所需热量小，防止炉膛温度及炉膛出口烟温过高；中压锅炉多采用沸腾式省煤器，这是由于中压锅炉水压低，蒸发所需热量大，将部分蒸发工作交给省煤器完成，可以防止炉膛温度过低以及出口烟温过低。

3）按结构形式分类

省煤器按结构形式可分为光管式、鳍片式、膜片式和螺旋肋片式四种，如图 3.23 所示。鳍片式能够增加传热面积和传热效果；而膜片式的传热效果优于鳍片式，且更容易吹灰；螺旋肋片式在传热面积和传热系数方面比其他三种都优越，但积灰问题相对严重。

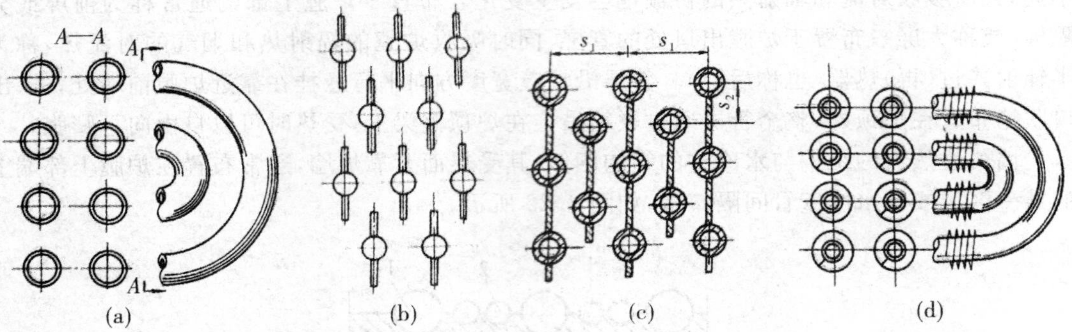

图 3.23 省煤器的结构形式

(a)光管式；(b)鳍片式；(c)膜片式；(d)螺旋肋片式

4）按管子的排列方式分类

省煤器按蛇形管的排列方式分为错列和顺列两种。错列布置传热效果好，结构紧凑且积灰少；但磨损严重且吹灰困难。顺列布置容易对管子吹灰但积灰严重。现代大型锅炉为减轻磨损多采用顺列布置。

3. 省煤器的工作原理及布置方式

1）省煤器的工作原理

钢管式省煤器由进出口联箱和许多并列的蛇形管组成，蛇形管与联箱一般采用焊接结构，如图 3.24 所示。一般省煤器按高度分成几段，每段高度为 1～1.5 m，段间空间为 0.6～0.8 m，作为检修孔用。蛇形管由外径为 28～42 mm 的无缝钢管弯制而成，管壁厚度由强度计算决定，一般为 3～5 mm。

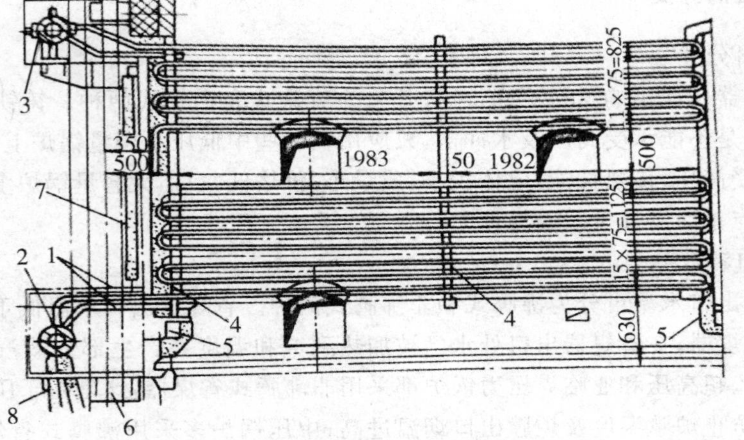

图 3.24 钢管式省煤器的结构

1—蛇形管；2—进口联箱；3—出口联箱；4—支架；5—支撑架；6—锅炉钢架；7—炉墙；8—进水管

省煤器一般水平布置在尾部垂直烟道中，给水在蛇形管内自下而上流动，烟气在管外自上而下横向冲刷管壁，从而实现烟气与给水之间的逆向热量交换。

2）省煤器的布置方式

按照蛇形管在烟道中的放置方式，可将省煤器分为纵向布置和横向布置两种。纵向布置即为蛇形管垂直于炉膛前后墙布置，而横向布置是蛇形管平行于炉膛前后墙布置。纵向布置的蛇形管管子较短，支吊比较简单，平行工作的管子数目较多，因而水的流速较低。但全部蛇形管由于烟气的冲刷严重局部磨损，检修工作量大。多用于大容量的锅炉。横向布置的蛇形管排数少，能减轻飞灰磨损，但管内水速较高，流动阻力大；管子长，致使给水泵电耗高，且支吊复杂，适合中小容量机组。

3）省煤器的支吊方式

省煤器的支吊方式有支撑结构和悬吊结构两种。支撑结构中省煤器采用空心钢梁支承在锅炉钢架上，布置在烟道内，为防止其变形和烧坏，钢梁外包裹绝热涂料和耐火涂料，钢梁内通空气冷却。

现代大型机组省煤器多采用悬吊结构，省煤器的联箱布置在烟道中间，用于吊挂或支吊省煤器，省煤器出口联箱引出管就是悬吊管。用省燥器出口给水来进行冷却，工作可靠。

3.5　锅炉运行基本知识

3.5.1　锅炉的启动

1. 概述

锅炉启动是指锅炉从未运行状态过渡到运行状态的过程。锅炉启动分为冷态启动和热态启动。冷态启动是指锅炉经过较长时间停用后，在没有压力且接近室温的情况下启动；而热态启动是指锅炉经短时间停用且仍保持一定的温度和压力的情况下启动。

根据启动时蒸汽参数的不同，锅炉启动分为额定参数启动和滑参数启动两类。额定参数启动是指从汽轮机冲转到机组带额定负荷的整个过程中，锅炉产生的蒸汽参数保持额定值的启动方式。滑参数启动是指在锅炉点火和升温升压的过程中，利用低温低压的蒸汽进行暖管、冲转、暖机，并网及带负荷，并随着汽温、汽压的升高，逐步增加机组的负荷，待锅炉达到额定蒸汽参数，汽轮发电机组也达到额定出力的启动方式。滑参数启动方式具有经济性好、零部件加热均匀等优点，在现代大型机组启动中得到了广泛应用。

2. 汽包锅炉的冷态滑参数启动

汽包锅炉的冷态滑参数启动主要包括启动前的检查和准备、锅炉上水、锅炉点火、升温升压等四个阶段。

1）启动前的检查和准备

锅炉启动前的准备工作是关系到启动工作能否安全和顺利进行的重要条件。锅炉启动前的检查内容包括：炉外检查，炉内检查，汽、水、油系统检查，燃烧系统检查，仪表控制系统和电气、辅助设备的检查和试运行等。

锅炉启动前，按照规定对锅炉本体及制粉系统、汽水系统、烟风系统、高低压旁路系统、冷却水系统等公用系统进行全面检查。锅炉的有关辅机，包括引风机、送风机、一次风机、除灰装置及电除尘器等，以及热控、化学水处理系统均应具备启动条件；燃油系统和点火系统应符合有关设备规程，可随时投入使用；各阀门调至启动位置；水位计、压力表等均应处于投入状态；现场环境、消防、照明、通信等为启动做好准备，锅炉的有关连锁保护经过检验并按规定投入运行，有关锅炉试验已完成并校验成功。

2）锅炉上水

锅炉检查和实验完毕并确认具备启动条件后，启动给水泵或补水泵向锅炉上水。

为限制汽包上、下壁及内、外壁温差和受热面的膨胀情况，在锅炉上水过程中应严格控制上水温度和上水速度。一般规定冷态上水时进水温度不高于 90 ℃、不低于 30 ℃；上水速度不能过快或过慢，一般夏天不少于 2 h，冬天不少于 4 h。

由于锅炉点火后，汽包内的水将受热膨胀和汽化。因此，对于自然循环锅炉的上水高度一般只需加到汽包水位计的最低可见水位即可，以免启动过程中由于水位太高而大量放水；而对于控制循环锅炉，则应接近水位计的顶部。

3）锅炉点火

点火前，应先保证所有有关自动调节控制系统均处于投入使用状态。锅炉点火前应先启动空气预热器，然后顺序启动引风机和送风机各一台，对锅炉炉膛和烟道进行吹扫，以清除可能残存的可燃物，防止点火时发生炉内爆燃。吹扫时风量应大于额定风量的 25%～30%，且吹扫通风时间不少于 5 min，对于锅炉的一次风管也要进行逐根吹扫，每根风管吹扫时间约为 2～3 min。

锅炉点火遵循自下而上的原则，先投入下层点火油枪，且最初投油枪时不少于两个。需要投入煤粉燃烧器时，仍遵循对称投入的原则，先投入油枪上层或紧靠油枪的燃烧器。如果点火失败或发生炉膛熄火，应立即切断燃料，并按点火前的要求对炉膛进行重新吹扫后再点火，以防发生炉内爆燃事故。

4）锅炉升温升压

锅炉点火后，各部分温度也逐渐升高，锅炉内的水升温并逐渐开始汽化，汽压逐渐升高。锅炉从点火到汽压升至工作压力的过程称为升压过程。因为水和蒸汽在饱和状态下，温度和压力是一一对应的，所以汽包内的升压过程即是升温过程。

锅炉的升温升压过程伴随着汽轮机的暖管、暖机、冲转、升速和接带负荷的过程。因此，锅炉的升温升压速度不仅受到汽包、水冷壁、过热器和再热器及省煤器热应力的限制，同时还受到汽轮机设备对升温升压速度的限制。为避免引起较大的热应力，通常以控制锅炉的升压速度来控制升温速度。锅炉启动时的升温升压速度主要通过调整燃烧率来控制，同时通过高、低压旁路进行辅助调节。另外，在锅炉升温升压过程中，当汽包压力达到 0.2～0.3 MPa时冲洗水位计、热工仪表管，并进行锅水检查和连续排污；汽包压力达到 0.5 MPa 时进行定期排污；汽包压力达到 1 MPa 时进行减温器反冲洗。

3. 直流锅炉启动的主要特点

1）设置专门的启动旁路系统

直流锅炉启动过程中的所有热水、湿蒸汽和不合格的过热蒸汽均不能进入汽轮机，因此直流锅炉必须配备专门的启动旁路系统。

2）冷态清洗和热态清洗

由于直流锅炉没有汽包，不设置锅炉定期排污系统。因此，为控制蒸汽含盐量，直流锅炉除了对给水品质严格要求外，还应在启动过程中对受热面进行冷态清洗和热态清洗。冷态清洗包括低压系统清洗和高压系统清洗，清洗过程中不合格的水排至地沟，合格的水进入凝汽器或者除氧器。当水中的含铁量超过规定时，应进行热态清洗，通常要求水冷壁出口热态清洗水的温度为 260～290℃。热态清洗期间，保持水温稳定，不合格的水排至地沟，少量蒸汽排至凝汽器或除氧器，直至水质合格，热态清洗结束。

3）建立一定的启动压力和流量

启动压力是指在启动过程中锅炉本体受热面内工质所具有的压力。直流锅炉为保证水动力的稳定性，防止汽水分层现象发生，在锅炉点火前要建立一定的启动压力。

启动流量是指启动过程中锅炉的给水流量。直流锅炉启动时，因为没有循环回路，所以直流锅炉从开始点火就必须不间断地向锅炉进水，以保证对受热面的冷却。因此，在锅炉点火前要建立一定的启动流量。

4）启动中的工质膨胀

工质膨胀现象是指直流锅炉启动点火后，水冷壁内工质温度逐渐升高而达到饱和温度，水变成蒸汽时比体积急剧增大，使锅炉排出的汽水混合物量在一段时间内大大超过锅炉给水量，并使局部压力升高的现象。

5）汽水分离器干、湿态转换

锅炉启动时，只要锅炉的产汽量小于某一值，一般为锅炉最大连续蒸发量（MCR）的 40%左右，就会有剩余的饱和水通过汽水分离器排入除氧器或扩容器，汽水分离器处于湿态运行，此时锅炉的控制方式相当于汽包锅炉控制方式，为分离器水位控制及最小给水流量控制。当负荷上升至不小于 40%MCR 时，给水流量与锅炉产汽量相等，锅炉转为直流运行方式，汽水分离器内已无疏水，进入干态运行，汽水分离器变为蒸汽联箱。此时，锅炉的控制方式转为温度控制及给水流量控制。

要平稳地实现锅炉控制方式的转换，必须首先增加燃料量，而保持给水流量不变，这样过热器入口焓值会随之上升。当过热器入口焓值上升到定值时，温度控制器参与调节使给水流量逐渐增加，从而使蒸汽温度达到与给水流量的平衡。

3.5.2　锅炉的停运

1. 概述

锅炉停运是指锅炉由运行状态过渡到停运状态的过程。

对于单元制机组，锅炉的停运方式与整个机组的停运方式有关，分为正常停炉和事故停炉两种。事故停炉是指由于锅炉或单元机组的其他部分发生故障，需停止锅炉运行的非计划内停炉。正常停炉是指按照检修计划或调度的安排，锅炉从运行状态转为停运状态，即锅炉从运行状态逐渐减少燃料量直至停止燃烧、降温降压、冷却的过程。停炉方式有额定参数停运和滑参数停运两种。

额定参数停运是指在机组停运过程中，维持汽轮机前蒸汽参数不变，通过逐步关小调节汽门减负荷停机，锅炉也随之减负荷并降压冷却，额定参数停运适用于只需要短时停运、停运后转为短期热备用的机组。滑参数停运是指在汽轮机主汽门、调节汽门全开的情况下，通过调节锅炉燃烧来改变蒸汽参数从而逐渐降低机组的负荷，直至汽轮机停运、发电机解列、锅炉降压、冷却。滑参数停运热损失小，适用于以检修为目的且需较长时间备用，并希望快速冷却的机组。

2. 汽包锅炉滑参数停运

汽包锅炉滑参数停运时，锅炉负荷和蒸汽参数的下降是根据汽轮发电机组的要求分阶段进行的，并且应严格按照滑参数停运曲线的要求进行。

1）停运前的准备

准备工作包括具体措施的拟定、停运前必要的检查试验项目。低参数机组在停运前首先要做好五清工作，即清原煤仓、清煤粉仓、清受热面（吹灰）、清锅内（水冷壁下联箱排污）、清炉底（冷灰斗清槽放渣一次），并对锅炉本体、汽轮机本体、发电机、励磁系统以及机组辅助设备系统、炉前燃油系统进行全面检查。同时按规定进行必要的试验，如投点火油枪的试验等，以便在停炉减负荷中用来稳燃。对中参数机组一般只需三清，即清受热面、清锅内、清炉底。

2）降压降负荷

额定工况下运行的机组，一般应先将机组的负荷降至某一较高负荷，之后逐渐开大汽轮机的调节汽门至全开，将蒸汽温度、压力降至允许值的下限，并在此条件下稳定一段时间后，开始继续滑降负荷和蒸汽参数。

锅炉根据机组减负荷情况，逐渐减少运行燃烧器的数目。对中间储仓式制粉系统，首先通过降低给粉机转速来减少燃料量，当给粉机转速减小到一定程度时，停止给粉机运行。对直吹式制粉系统，随锅炉负荷的下降，通过降低给煤机转速逐渐减少制粉系统的给煤量，当各组制粉系统的给煤量减少到一定程度时，停止相应制粉系统运行。同时，调整各制粉系统的风量，保持合适的煤粉浓度。

在锅炉减负荷、停用制粉系统和燃烧器的过程中。应注意对磨煤机、给粉机和一次风管进行清扫。对停用的燃烧器，应保持少量通风进行冷却。当锅炉负荷降到较低负荷不能稳定燃烧时，应及时投油枪稳燃。

3）机组解列、锅炉熄火

随着锅炉减负荷操作的进行，锅炉维持最低负荷燃烧，此后慢慢熄火。此时汽轮机调节汽门已经全开，利用余热发电。待负荷降至接近零时，发电机解列，汽轮机转子惰走，以便通流部分充分冷却。

锅炉熄火后，保持一侧送、引风机运行 5 min，对炉膛和烟道进行通风吹扫。对于回转式空气预热器，为防止转子冷却不均匀而变形，在送、引风机停运后，还应继续运转一段时间。待尾部烟温低于规定值时，再停止空气预热器运行。

4）锅炉降压、冷却

锅炉熄火后即进入降压冷却阶段，这一阶段总的要求是控制降压和冷却速度，防止停炉过程中产生过大的热应力，保证设备的安全。最初的 4～8 h 应关闭锅炉各处风门挡板，以免金属部件温度迅速下降；之后，开启引风机入口挡板及锅炉各入孔门、检查孔，进行自然通风冷却;停炉约 18 h 后启动引风机进行通风冷却。当锅炉降压至零时可放掉锅水,需冷却时,可加快进、放水速度,必要时可直接进行通风冷却。

3. 直流锅炉滑参数停运的主要特点

1) 定压降负荷

直流锅炉在定压降负荷过程中,应维持过热器压力不变,通过逐步减少燃料量与给水流量以及关小汽轮机调节汽阀进行降负荷。机组降负荷过程应呈阶梯形,降负荷速率一般为每分钟 1%的额定负荷。降负荷过程中,给水流量必须保证不小于启动流量的最低限度,直至锅炉熄火,以确保直流锅炉水动力工况的稳定。

2) 过热器降压及投入启动分离器

过热器的降压为投启动分离器做准备,降压速率不大于每分钟 0.2～0.3MPa。当启动分离器达到投运条件,且低温过热器出口蒸汽参数符合要求时,投入启动分离器运行,此时,锅炉从纯直流运行状态转变为强制流动。

4. 事故停炉

事故停炉包括紧急停炉和申请停炉两种。紧急停炉是指在机组发生重大事故,危及设备和人身安全时,立即停止锅炉机组运行的操作。紧急停炉和申请停炉的主要操作基本相同:锅炉停炉后,燃油阀关闭,两台一次风机跳闸,所有磨煤机、给煤机停止运行,给煤量为零;所有着火信号消失,所有减温水门关闭,停用其他锅炉主燃料跳闸(MFT)后应联动而未动作的设备;对于汽包炉停止定期排污,尽量维持锅炉汽包水位,若不能维持,则立即停止上水;关闭各级减温水,防止汽温骤降;维持 30%的额定风量,保持适当的炉膛负压,进行通风吹扫,吹扫时间一般不少于 5 min,炉膛吹扫完毕复位跳闸设备;打开省煤器再循环门,保护省煤器。

3.5.3　锅炉的运行调节

1. 概述

锅炉的运行参数主要是过热蒸汽压力、过热蒸汽和再热蒸汽温度、汽包水位、锅炉蒸发量和烟气含氧量等。当锅炉负荷或炉内燃烧工况发生变动时,必须对锅炉进行一系列的调整操作,改变锅炉的燃料量、空气量和给水量等,以保持锅炉的汽温、汽压和水位在一定的允许范围内,使锅炉的蒸发量与外界负荷相适应,并尽可能降低热损失及污染物的排放,从而确保锅炉的安全经济运行。

2. 蒸汽压力的调节

1) 蒸汽压力调节的必要性

蒸汽压力是锅炉安全和经济运行的重要监控参数之一。汽压过高,将由于机械应力增大而危及机炉和蒸汽管道的安全、经济运行;汽压降低,发电厂运行的经济性降低,且若汽压波动过大,会直接影响锅炉和汽轮机的安全经济运行。因此,运行过程中,必须严格监视锅炉汽压并保持其稳定。

2）影响蒸汽压力变化的因素

蒸汽压力的变化反映了锅炉的蒸发量与外界负荷所需蒸汽量之间的平衡关系。引起蒸汽压力变化的原因可以归纳为两个方面：一个方面是锅炉外部的因素，称为外扰；另一个方面是锅炉内部的因素，称为内扰。

外扰是指非锅炉本身的设备或运行原因所造成的扰动。如外界负荷的正常增减及事故情况下的大幅度甩负荷，具体反映在汽轮机所需蒸汽量的变化上。例如，当外界负荷突然增加时，汽轮机调速汽门开大，进入汽轮机蒸汽量瞬间增加，从而使锅炉的蒸发量小于汽轮机的蒸汽流量，汽压下降。当锅炉蒸发量的降低与汽轮机抽汽量的减少不平衡时，也会引起汽压的变化。

内扰一般是指在外界负荷不变的情况下由锅炉本身设备或运行工况变化而引起的扰动，包括炉内燃烧工况的变动、给水流量变化及锅炉设备故障等。当炉内燃烧工况不稳定或失常时，将引起炉内换热量和蒸发受热面吸热量的变化，从而引起汽压的变化。燃烧加强时，汽压升高；反之，汽压下降。对于煤粉锅炉，送入炉内的煤质、燃料量和煤粉细度变化、风煤配合不当、炉内受热面积灰和结渣、漏风等因素都会引起汽压的变化。

3）蒸汽压力的调节

蒸汽压力的控制和调节是以改变锅炉的蒸发量作为基本的调节手段的。而锅炉蒸发量的大小又取决于送入炉内燃料量的多少及燃料燃烧的放热情况，所以调节蒸汽压力实质上就是调节锅炉的燃烧。

在一般情况下，无论是外扰还是内扰引起蒸汽压力的变化，均可通过调节燃烧的办法进行调节。当蒸汽压力降低时，应增加燃料量和风量，强化燃烧；反之，则减弱燃烧。同时还要相应地改变给水量以维持正常汽包水位，改变减温水量维持汽温稳定。在异常情况下，当蒸汽压力急剧升高，只靠调节燃烧来不及时，则可开启过热器、再热器疏水门或向空排气门排汽，以尽快降压。另外，只有当锅炉蒸发量超限或锅炉出力受限时，才采用改变机组负荷的方法来调节蒸汽压力。

3. 蒸汽温度的调节

1）蒸汽温度调节的必要性

蒸汽温度是衡量蒸汽品质的重要指标之一，也是锅炉运行过程中监视和控制的主要参数之一。蒸汽温度越高，机组循环热效率就越高，但过高的蒸汽温度会使锅炉受热面及蒸汽管道金属材料的蠕变速度加快、使用寿命缩短；蒸汽温度过低会引起机组循环热效率降低、汽耗率增大，且过低的蒸汽温度还会使汽轮机末几级叶片湿度增大，导致汽轮机末几级叶片的侵蚀加剧，严重影响机组的安全运行。

2）影响蒸汽温度变化的因素

实际运行中过热蒸汽温度和再热蒸汽温度主要受到炉内燃烧工况的变化、给水温度、受热面的清洁程度、锅炉负荷、饱和蒸汽湿度及减温水温度及流量几方面因素的影响。

运行中炉内燃烧工况的变化，如燃料特性、炉内过量空气系数、配风以及燃烧器运行方式的变化等均会影响炉内的传热工况，导致蒸汽温度发生变化；给水温度降低会使蒸汽温度升高；炉膛水冷壁积灰、结渣或管内结垢，会导致过热器和再热器出口蒸汽温度下降；锅炉负荷变化时，炉内辐射和对流传热量的分配比例将发生变化，从而导致蒸汽温度发生变化；当饱和蒸汽的湿度增加时，饱和蒸汽中增加的水分要在过热器中汽化吸热，过热蒸汽温度降低；减温器中减温水温度和流量变化，将引起蒸汽侧吸热量的改变，从而导致蒸汽温度发生变化。

3）蒸汽温度的调节

针对引起蒸汽温度变化的原因，可将蒸汽温度的调节分为蒸汽侧调节和烟气侧调节两大类。

（1）蒸汽侧调节。

蒸汽侧调节蒸汽温度的方法很多，现代锅炉基本采用喷水减温法作为锅炉过热器蒸汽侧调温手法。其工作原理是将洁净的锅炉给水作为减温水直接喷进蒸汽中，水吸收蒸汽的汽化潜热，从而改变过热蒸汽温度。这种调温方法只能降温，不能升温。因此，过热器受热面的设计面积应大一些，使其吸热能力大于额定需要值。这样既可在蒸汽温度升高时增大减温水量，而温度降低时减少减温水量，达到双向调节的目的。

（2）烟气侧调节。

烟气侧的调温原理是通过改变流经过热器、再热器的烟气流量或烟气温度，以改变烟气的放热量，从而改变蒸汽的吸热量，达到调节蒸汽温度的目的。烟气侧的蒸汽温度调节既可以改变过热蒸汽温度，又可以改变再热蒸汽温度，但一般作为再热蒸汽温度的调节手段，其方法有改变火焰中心位置、分隔烟道挡板以及烟气再循环。

改变火焰中心位置，使炉膛出口烟温改变，从而改变过热器、再热器的吸热量，进而达到调节蒸汽温度的目的。采用摆动式燃烧器或改变燃烧器的运行方式及配风情况均可改变火焰的中心位置。

分隔烟道挡板是将烟道竖井分隔为主烟道和旁路烟道两个部分。在主烟道内布置再热器，旁路烟道内布置低温过热器或省煤器。两个烟道出口均安装烟气挡板。调节挡板开度改变流经两个烟气通道的烟气流量分配，从而改变烟道内受热面的吸热量，实现对再热汽温的调节。

烟气再循环是利用再循环风机从尾部低温烟道中（省煤器后），抽出部分 250～350℃的烟气，再从冷灰斗下部或靠近炉膛出口处送入炉膛，以改变锅炉辐射和对流受热面的吸热量，从而达到调节再热蒸汽温度的目的，但此种调节方法只能在 70%负荷以上维持汽温额定。

4. 汽包水位调节

1）维持汽包正常水位的重要性

维持汽包的正常水位，是保证锅炉和汽轮机安全运行的最重要条件之一。

当汽包水位过高时，会使蒸汽空间高度减小，蒸汽带水增加、品质恶化，甚至导致水冲击、爆管等严重损坏设备的事故发生；汽包水位过低，会引起下降管带汽，破坏水循环，严重时将导致水冷壁超温爆管。

汽包锅炉的正常水位一般在汽包中心线以下 100～200 mm，运行中通常将其水位波动范围控制在±50 mm 内。

2）影响水位变化的主要因素

锅炉运行中汽包水位是经常变化的，引起水位变化的根本原因有两个方面：一是蒸发设备中的物质平衡被破坏，即给水量与蒸发量不一致；二是工质的状态发生变化，使蒸汽压力和饱和温度相应改变，从而引起水和蒸汽比体积及水容积中汽包数量发生变化，导致汽包水位变化。

汽包水位是否稳定，首先取决于锅炉负荷即蒸发量的变动量及其变化速度。当机组负荷骤变时，若汽压有较大幅度的变化，则会引起汽包水位迅速波动；在外界负荷和给水量不变的情况下，炉内燃烧工况的变化也将引起水位的变化；给水压力变化将使给水流量发生变化，从而破坏给水量与蒸发量的平衡，导致汽包水位的变化。

此外，运行中引起汽包水位变化的原因还有很多，例如，当锅炉安全门动作、承压部件泄漏或者汽轮机调节门、旁路门、过热器及主蒸汽管疏水门开关时均会影响到蒸汽压力的变化，从而使汽包水位变化；当启动和停止给水泵时也会由于给水压力的变化，致使汽包水位改变；若发生高压加热器、水冷壁、省煤器等设备泄漏，则会破坏物质平衡，使汽包水位下降。

3）汽包水位的调节

运行中锅炉汽包水位是通过水位计来监视的。现代发电厂锅炉为方便水位的监视，除在汽包上装有一次（就地）水位计外，还在中央集控室装有二次水位计或水位电视。运行中水位的监视应以一次水位计的指示为准，并及时核对一、二次水位计的指示情况。

水位调节的任务是使给水量适应锅炉的蒸发量，以维持汽包水位在允许的变化范围内。锅炉汽包水位的调节正常情况下通过改变给水调节阀的开度或改变给水泵的转速改变给水量而实现。目前，大容量单元机组均采用了较成熟的全程给水调节系统，即机组启动时，采用单冲量调节；正常运行时，为了消除虚假水位对给水调节的影响，采用三冲量给水调节系统。

进行水位调节时要特别注意虚假水位的影响。在监视水位时要注意给水流量与蒸汽流量是否平衡，注意给水压力的变化。若在水位升高的同时，蒸汽流量增大，而压力却降低，说明水位的升高是暂时的。此时应稍稍等待水位升至高点后再加大给水量，但若有可能造成水位事故时，则可先稍减给水量，同时做好随时增大给水量的准备。

5. 燃烧调节

1）燃烧调节的目的

炉内燃烧过程是否稳定，直接关系到整个机组运行的经济性和安全可靠性。如果燃烧过程不稳定，不仅会引起蒸汽参数波动，影响负荷的稳定性，燃烧产生的损失增大、运行经济性降低，而且还会对锅炉本身、蒸汽管道和汽轮机金属部件带来热冲击。若发生炉膛灭火，后果则更为严重。

锅炉燃烧调节的目的是：在满足汽轮机对蒸汽流量和参数要求的前提下，调整燃烧器各层的煤粉分配，调整一、二次风的分配，以达到炉膛热负荷均匀、炉膛受热面不结渣、火焰不冲刷水冷壁，减少不完全燃烧损失，尽量减少污染物的生成，使锅炉在最安全、经济的条件下稳定运行。

2）锅炉燃烧调节

（1）燃料量的调节。

在机组正常运行中，根据负荷的变化调整燃烧的主要内容是锅炉给煤量的调节。为保证机组运行的经济性，调节的一般原则是：负荷增加时，先加大风量，后增加煤量；在负荷降低时，先减少煤量，后减小风量。

对于中间储仓式制粉系统，当负荷变化时，所需燃料量的调节可以通过改变给粉机的转速和燃烧器投入的数量来实现。当锅炉负荷变化不大时，改变给粉机转速就可改变进入炉膛的煤粉量，达到调节的目的；当锅炉负荷变化较大时，应先以投、停给粉机作粗调节，再以改变给粉机转速作细调节。在调节给粉机转速时，给粉量的增减应缓慢，幅度不宜过大。投停给粉机要尽量对称，以维持燃烧中心和空气动力场的稳定。

对于直吹式制粉系统，当锅炉负荷变化不大时，一般通过改变运行给煤机的转速来改变制粉系统的出力。例如，当负荷增加时，应先开大磨煤机和一次风机的入口挡板，增加磨煤机的通风量，然后再增加给煤量，同时开大相应二次风门；相反，当负荷降低时，则应先减少给煤量，再降低磨煤机通风量及相应二次风量。当锅炉负荷变化较大，超出给煤机的转速调节范围时，则需投、停整套制粉系统来完成给煤量的调节。

(2) 风量的调节。

风量的调节是维持炉内正常燃烧工况的重要手段。当锅炉负荷改变时，改变炉内燃料量的同时应及时调整送风机、引风机的风量，以维持正常的炉膛负压及最佳的炉膛出口过量空气系数。

锅炉送风量的调节是以维持炉内最佳过量空气系数为标准的，一般情况下，过量空气系数随锅炉负荷的增大而增大。在锅炉的风量调节中，除改变总风量外，一、二次风的配合调节也是非常重要的。一次风量应以能满足进入炉膛的风粉混合物挥发分燃烧及焦炭氧化需要为原则。二次风量及风速不仅应能满足燃料燃烧的需要，还应能与进入炉膛的可燃物充分混合。

锅炉引风量的调节是保证合理炉膛压力的重要手段。炉膛压力是反映炉内燃烧工况是否正常的重要参数。当锅炉燃烧系统发生故障或出现异常情况时，最先反映出的是炉膛负压的变化，然后才是蒸汽参数的改变。因此，监视和控制炉膛压力，对于保证炉内燃烧工况的稳定具有极其重要的意义。炉膛负压的大小，取决于进、出炉膛介质流量的平衡，并与燃料是否着火有关。为避免炉膛出现正压，在增加负荷时应先增加引风量，然后在增加送风量和燃料量；减少负荷时，则先减少燃料量和送风量，然后再减少引风量。

第4章 汽轮机设备及运行

4.1 汽轮机概述

汽轮机是以蒸汽为工质，将热能转化为机械能的旋转式原动机。与其他原动机（如燃气轮机、柴油机等）相比，汽轮机具有单机功率大、效率高、运转平稳、单位功率制造成本低和使用寿命长等特点，因而得到广泛应用。汽轮机不仅是现代火电厂和核电站中普遍采用的发动机，而且还广泛用于冶金、化工、船运等部门用来直接驱动各种从动机械，如各种泵、风机、压缩机和传动螺旋桨等。在使用化石燃料的现代常规火电厂、核电站以及地热发电站中，汽轮机是用来驱动发电机生产电能的，故汽轮机与发电机的组合称为汽轮发电机组。

汽轮机设备是火电厂的三大主要设备之一。在火力发电厂，锅炉将燃料的化学能转变为蒸汽的热能，汽轮机将蒸汽的热能转变为机械能，发电机将轴传递来的机械能转换为电能。

汽轮机设备及系统包括汽轮机本体、调节保护系统、辅助设备及系统等，如图4.1所示。汽轮机本体由转动部分和静止部分组成；调节保护系统包括主汽阀、调节汽阀、执行机构、计算机控制系统、安全保护装置等；辅助设备包括凝汽器、抽气器（或水环真空泵）、高低压加热器、除氧器、给水泵、凝结水泵、循环水泵等。汽轮机的主要系统包括主蒸汽及再热蒸汽系统、凝汽系统、给水回热系统、油系统等。

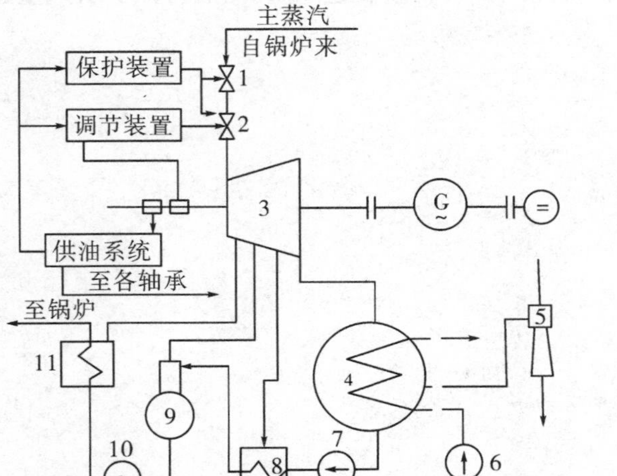

图 4.1 汽轮机设备组合示意图

1—主汽阀；2—调节汽阀；3—汽轮机本体；4—凝汽器；5—抽气器；6—循环水泵；7—凝结水泵；8—低压加热器；9—除氧器；10—给水泵；11—高压加热器

4.1.1　汽轮机的分类

1. 按工作原理分类

1）冲动式汽轮机

冲动式汽轮机主要由冲动级组成，蒸汽主要在喷嘴叶栅（或静叶栅）中膨胀。在动叶栅中只有少量膨胀。

2）反动式汽轮机

反动式汽轮机主要由反动级组成，蒸汽在喷嘴叶栅（或静叶栅）和动叶栅内均进行膨胀，且膨胀程度大致相同。

2. 按热力特性分类

1）凝汽式汽轮机

凝汽式汽轮机蒸汽在汽轮机中膨胀做功后，进入高度真空状态的凝汽器，凝结成水。

2）背压式汽轮机

背压式汽轮机排汽压力高于大气压力。排汽直接用于供热，无凝汽器。当排汽作为其他中、低压汽轮机的工作蒸汽时，称为前置式汽轮机。

3）调整抽汽式汽轮机

调整抽汽式汽轮机在汽轮机中间某级后抽出一定参数、一定流量的蒸汽（在规定的压力下）对外供热，其余蒸汽在汽轮机中做完功后进入凝汽器。根据供热的需要，有一次调整抽汽和二次调整抽汽之分。

4）中间再热式汽轮机

中间再热式汽轮机蒸汽在汽轮机内膨胀做功到某一压力后，被全部引出送往锅炉的再热器加热，再热后的蒸汽重新返回汽轮机继续膨胀做功。

3. 按主蒸汽压力分类

1）低压汽轮机

低压汽轮机是指主蒸汽压力低于 1.5 MPa 的汽轮机。

2）中压汽轮机

中压汽轮机是指主蒸汽压力为 2～4 MPa 的汽轮机。

3）高压汽轮机

高压汽轮机是指主蒸汽压力为 6～10 MPa 的汽轮机。

4）超高压汽轮机

超高压汽轮机是指主蒸汽压力为 12～14 MPa 的汽轮机。

5）亚临界压力汽轮机

亚临界压力汽轮机是指主蒸汽压力为 16～18 MPa 的汽轮机。

6）超临界压力汽轮机

超临界压力汽轮机是指主蒸汽压力高于 22.2 MPa 的汽轮机。

7）超超临界压力汽轮机

超超临界压力汽轮机是指主蒸汽压力不低于 25 MPa 的汽轮机。

4. 按蒸汽在汽轮机内的流动方向分类

1）轴流式汽轮机

轴流式汽轮机是指蒸汽流动的总体方向大致与轴平行的汽轮机。

2）辐流式汽轮机

辐流式汽轮机是指蒸汽流动的总体方向大致与轴垂直的汽轮机。

此外，按汽缸数目分为单缸汽轮机、双缸汽轮机及多缸汽轮机；按机组转轴数目分为单轴汽轮机、双轴汽轮机；按用途分为发电用汽轮机、工业用汽轮机、船用汽轮机等。

4.1.2　汽轮机的型号

为了便于识别汽轮机的类别，每台汽轮机都有产品型号。不同国家汽轮机产品型号的组成方式不同。但是一般都包含了汽轮机的功率、类型、新蒸汽参数和再热蒸汽参数等信息，供热汽轮机型号还包括供热蒸汽参数。我国生产的汽轮机所采用的系列标准及型号已经统一，表示方法如图 4.2 所示。

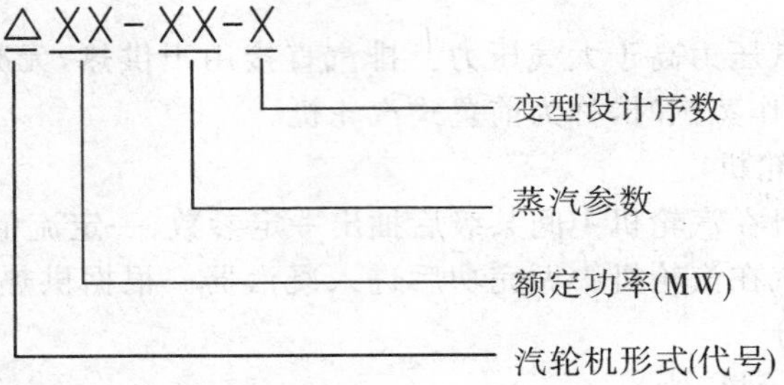

图 4.2　汽轮机产品型号的表示方法

汽轮机形式代号如表 4.1 所示。汽轮机蒸汽参数表示方式如表 4.2 所示，表内示例中功率的单位是 MW，蒸汽压力的单位为 MPa，蒸汽温度的单位为℃。

表 4.1　汽轮机形式代号

代号	形　式	代 号	形　式	代 号	形　式
N	凝汽式	CC	二次调整抽汽式	Y	移动式
B	背压式	CB	抽汽背压式	HN	核电汽轮机
C	一次调整抽汽式	CY	船用		

表 4.2　蒸汽参数表示方式

汽轮机类型	蒸汽参数表示方法	示　例
凝汽式	新蒸汽压力/新蒸汽温度	N100-8.82/535
中间再热式	新蒸汽压力/新蒸汽温度/中间再热温度	N300-16.7/537/537
背压式	新蒸汽压力/背压	B50-8.82/0.98
一次调整抽汽式	新蒸汽压力/调节抽汽压力	C50-8.82/0.118
二次调整抽汽式	新蒸汽压力/高压抽汽压力/低压抽汽压力	CC12-3.43/0.98/0.118
抽汽背压式	新蒸汽压力/抽汽压力/背压	CB25-8.82/1.47/0.49

国外汽轮机的型号表示有所不同。例如，俄罗斯 K-800-23.5-5 型汽轮机型号中，K 表示凝汽式汽轮机，800 表示额定功率为 800 MW，23.5 表示新蒸汽压力 23.5 MPa，5 是变型设计次序；日本 TC4F-31 型汽轮机型号中，T 表示单轴，C 表示双缸，4F 表示四排汽，31 表示末级叶片长度是 31 in(787 mm)；法国阿尔斯通(Alstom)T2A330-30-2F1044 型号中，T 表示汽轮机，2 表示二次过热，A 表示对称布置，330 表示额定功率为 330 MW，30 表示转速为 3000 r/min，2F 表示双排汽，1044 表示末级叶片长度，实际上为 1080 mm，但仍标注 1044。

4.2　汽轮机的基本工作原理

4.2.1　蒸汽的冲动作用原理和反动作用原理

在汽轮机中，级是最基本的工作单元，在结构上它是由一列喷嘴叶栅和其后紧邻的一列动叶栅所组成，如图 4.3、图 4.4 所示。蒸汽的热能转变成机械能的能量转换过程就是在级内进行的，可以分为两个过程：一是在喷嘴中，进行降压膨胀，将蒸汽的热能转换为动能，形成高速汽流；二是在动叶中，将蒸汽的动能转换为旋转的机械能。

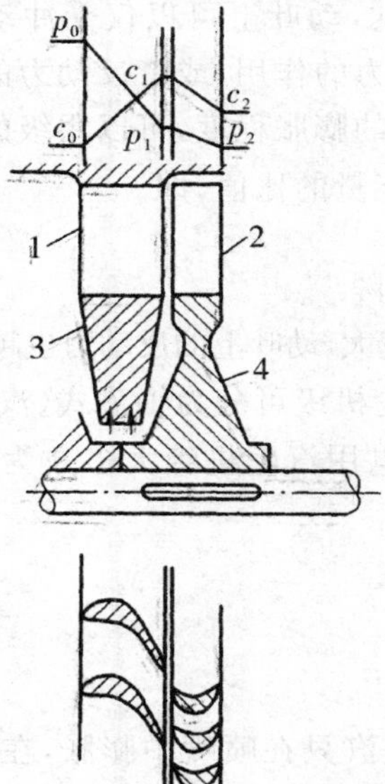

图 4.3　汽轮机级的示意

1—静叶；2—动叶；3—隔板；4—叶轮

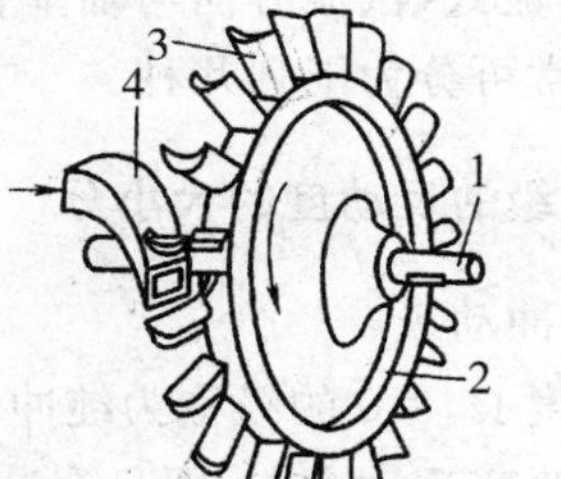

图 4.4　汽轮机级的立体示意

1—轴；2—叶轮；3—动叶；4—喷嘴

在汽轮机的级中能量的转换是通过冲动作用原理和反动作用原理两种方式实现的。

1. 冲动作用原理

由力学可知，当一运动的物体碰到另一静止的或运动速度较低的物体时，就会受到阻碍而改变其速度的大小和方向，同时给阻碍它的物体一个作用力，这个力称为冲动力。冲动力的大小取决于运动物体的质量以及速度的变化。质量越大，冲动力就越大；速度变化越大，冲动力也越大。利用冲动力做功的原理就是冲动作用原理。

在汽轮机中，具有一定压力和温度的蒸汽进入喷嘴膨胀，压力、温度降低，流速增加，将蒸汽的热能转换为动能。具有较高速度的蒸汽由喷嘴喷出，进入弯曲的动叶流道，受到动叶的阻碍，而改变其速度的大小和方向，同时汽流给动叶施加了一个冲动力，产生了使叶轮旋转的力矩，带动主轴旋转，输出机械功。冲动力的大小主要取决于单位时间内通过动叶通道的蒸汽流量及其速度的变化。蒸汽流量越大，速度变化越大，冲动力就越大。

2. 反动作用原理

反动力是由原来静止或运动速度较小的物体，在离开或通过另一物体时，骤然获得一个较大的速度增量而产生的。例如，火箭内燃料燃烧而产生的高压气体以很高的速度从火箭尾部排出。这时从火箭尾部喷出的高速气流就给火箭一个与气流流动方向相反的作用力，在此力的推动下火箭就向上运动，这个反作用力称为反动力。

在汽轮机中，当蒸汽在动叶片构成的汽道内膨胀加速时，汽流必然对动叶作用一个反动力，推动叶片运动，做机械功，这种做功原理称为汽轮机的反动作用原理。

4.2.2 级的反动度和级的类型

蒸汽在级的动叶栅中可以膨胀，也可以不膨胀。因此，动叶上可以仅受冲动力的作用，也可以同时受到冲动力和反动力的作用。判别有无反动力的作用，或者反动力的大小，是根据蒸汽在动叶栅中的膨胀程度来决定的。而动叶中蒸汽的膨胀程度，可以用级的反动度 Ω_m 来衡量，它等于蒸汽在动叶栅中膨胀的能量与级的全部能量的比值，即

$$\Omega_m = \frac{\text{动叶的理想比焓降}}{\text{级的滞止理想比焓降}} \tag{4-1}$$

由式(4-1)可知，Ω_m 越大，蒸汽在动叶栅中的膨胀程度越大，动叶上的反动力也越大。

根据蒸汽在汽轮机级的通流部分中的流动方向，汽轮机级可分为轴流式（汽流方向与轴平行）和辐流式（汽流方向与轴垂直）两种。目前国内发电用汽轮机绝大多数为轴流式。轴流式级通常可分为下列几种。

1. 按级的反动度的大小分

1）纯冲动级

反动度 $\Omega_m = 0$ 的级称为纯冲动级。其工作特点是蒸汽只在喷嘴中膨胀，在动叶栅中不膨胀而只改变流动方向，即只有冲动力做功。因此，动叶进出口压力相等，动叶叶形近乎对称弯曲。纯冲动级做功能力大，但效率比较低，现代汽轮机很少采用。

2）反动级

反动度力 $\Omega_m \approx 0.5$ 的级称为反动级。其工作特点是蒸汽的膨胀约一半在喷嘴叶栅进行，另一半在动叶栅中进行，即冲动力与反动力做功基本相等。其结构特点是，动叶叶形与喷嘴叶形相同。反动级的效率比冲动级高，但做功能力比较小。

3）带反动度的冲动级

一般反动度 $\Omega_m = 0.05 \sim 0.2$ 的级称为带反动度的冲动级。其工作特点是蒸汽的膨胀大部分在喷嘴中进行，只有小部分在动叶栅中进行，即除了少量反动力做功外，其余都是冲动力做功。它的做功能力比反动级的大，效率又比纯冲动级的高，在汽轮机中得到广泛应用。

2. 按蒸汽在级内的能量转换次数分

1）压力级

蒸汽的能量转换在级内只进行一次，这样的级称为压力级。压力级可以是冲动级，也可以是反动级。

2）速度级

蒸汽的能量转换在级内进行二次及以上的级称为速度级。速度级是单列冲动级的延伸。若同一个叶轮上有两列动叶栅则为双列速度级，又称复速级；若同一个叶轮上有三列动叶栅则为三列速度级。

3. 按通流面积是否随负荷大小变化分

1）调节级

通流面积随负荷变化而改变的级称为调节级。如喷嘴调节汽轮机的第一级，随着汽轮机负荷的变化，调节汽阀开启的个数不同，从而引起其通流面积也发生变化。

2）非调节级

通流面积不随负荷变化而改变的级称为非调节级。非调节级可以是全周进汽，也可以是部分进汽。

4.2.3　多级汽轮机

现代发电用汽轮机初参数高、功率大，单级汽轮机已无法满足这些要求，因此都设计成多级汽轮机。多级汽轮机是由若干个级，按压力高低顺序依次排列组成的。图 4.5 所示为一台四级冲动式汽轮机结构示意图。它由顺序排列的四级组成，其中第一级喷嘴叶栅分段装在汽缸上为调节级，该级在机组负荷变化时，是通过改变进汽段数来调节汽轮机负荷的。其他各级统称为非调节级或压力级。

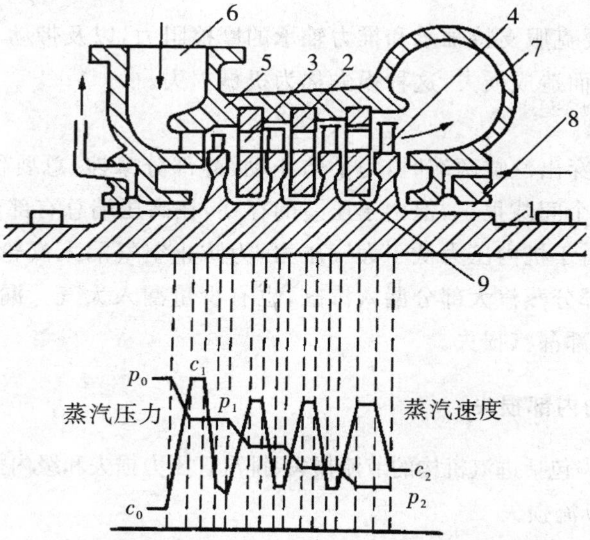

图 4.5　冲动式多级汽轮机结构示意图

1—转子；2—隔板；3—喷嘴；4—动叶片；5—汽缸；6—蒸汽室；7—排汽管；8—轴封；9—隔板汽封

新蒸汽由蒸汽室进入第一级喷嘴并在其中进行膨胀，压力由 p_0 降至 p_1，速度由 c_0 增至 c_1。随后进入第一级动叶片做功，蒸汽速度降至 c_2，而压力保持不变。第二级喷嘴叶栅分别装在上、下两半组成的隔板上，上、下两半隔板又分别装在上、下汽缸中。蒸汽在第二级中的做功过程与第一级的相同。随后蒸汽进入第三级、第四级，最后进入凝汽器。多级汽轮机的功率等于各级功率的总和。所以，多级汽轮机的功率可以很大。

在多级汽轮机中，由于蒸汽压力逐级下降，比体积逐级增大，故蒸汽体积流量也逐渐增大。为使蒸汽能顺利地流过汽轮机，各级的通流面积也应逐级增大，因此喷嘴叶栅和动叶片的高度逐级增高。此外，由于隔板两侧有压力差存在，为防止隔板与轴之间的间隙漏汽，隔板上装有隔板汽封。同样，为了防止高压端汽缸与轴之间的间隙向外漏蒸汽和通过低压端汽缸与轴之间的间隙向汽缸内漏入空气，在轴的高、低压端分别装有轴封。

反动式多级汽轮机由若干个反动级串联构成，其结构特点是喷嘴直接固定在汽缸上，动叶直接固定在转鼓上。反动式多级汽轮机工作过程与冲动式多级汽轮机的基本相同，只是反动力作用相对大一些。另外，由于叶片前后存在压差，将产生一个从高压端向低压端方向的轴向推力，故装设有平衡活塞。我国于 20 世纪 80 年代引进美国西屋公司 300 MW、600 MW机组技术，开始生产反动式汽轮机，并于 1987 年正式投入使用。

4.2.4 汽轮机的损失

多级汽轮机的损失分为两大类，一类是指不直接影响蒸汽状态的损失，称为外部损失；另一类是直接影响蒸汽状态的损失，称为内部损失。

1. 多级汽轮机的外部损失

外部损失包括机械损失和外部漏汽损失两种。

1）机械损失

汽轮机运行时，要克服支持轴承和推力轴承的摩擦阻力，以及带动主油泵、调速器等，都将消耗一部分有用功而造成损失，这种损失称为机械损失。

2）外部漏汽损失

汽轮机的主轴在穿出汽缸两端时，为了防止动、静部分摩擦，总要留有一定的间隙。虽然装上轴端汽封后这个间隙很小，但由于压差的存在，在高压端总有部分蒸汽向外漏出。在汽轮机低压汽封处，由于机内压力低于大气压力，为防止空气漏入汽轮机内，均向低压汽封处通入蒸汽密封，这部分蒸汽大部分漏入汽缸，也有少量漏入大气。漏出的蒸汽不做功，其所造成的损失称为外部漏汽损失。

2. 多级汽轮机的内部损失

汽轮机的内部损失包括进汽机构的节流损失、排汽管压力损失和级内损失三部分。

1）进汽机构的节流损失

蒸汽通过主汽阀和调节汽阀时，受阀门的节流作用，压力下降，使得汽轮机的理想焓降减小，造成损失，这种损失称为进汽机构的节流损失。

2）排汽管压力损失

汽轮机内做完功的乏汽从最末级动叶片排出后，经排汽管引至凝汽器。排汽在排汽管中流动时，会因摩擦和涡流而造成压力降低，这部分压力降用于克服排汽管的阻力而没有做功，故称为排汽管压力损失。

3）汽轮机的级内损失

在汽轮机通流部分中与流动、能量转换有直接联系的损失称为汽轮机的级内损失。级内损失主要有喷嘴损失、动叶损失、余速损失、叶高损失、扇形损失、叶轮摩擦损失、部分进汽损失、漏汽损失、湿汽损失等。

应注意，并不是每一级都同时存在这些损失，要根据实际情况来定。

4.3　汽轮机本体的结构

汽轮机本体由转动部分（又称转子）和静止部分（又称静子）两大部分组成，如图 4.6 所示。

冲动式汽轮机的转动部分主要包括动叶栅、主轴、叶轮、联轴器、盘车装置等；静止部分主要包括汽缸、喷嘴、隔板、汽封、轴承等。反动式汽轮机由于其结构比较特殊，其静止部分主要有汽缸、静叶环与静叶持环、汽封和轴承等部件；转动部分主要有主轴、转鼓、动叶栅、联轴器、盘车装置和其他转动部件。

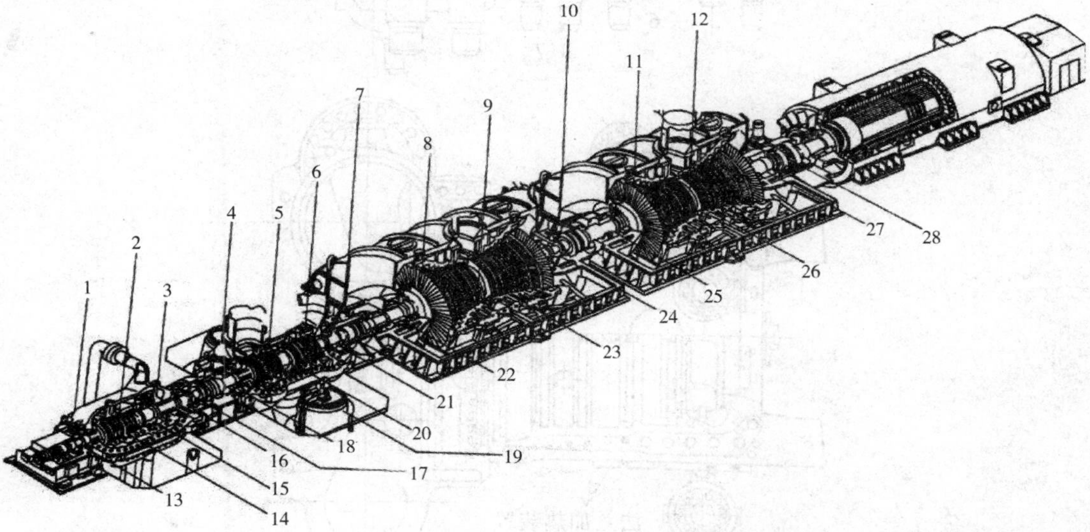

图 4.6　1000 MW **超超临界压力汽轮发电机本体**

1—高压外缸；2—高压转子；3—高压内缸；4—中压外缸；5—中压内缸；
6—中压转子；7—B 低压外缸；8—B 低压内缸；9—B 低压转子；10—A 低压外缸；
11—A 低压内缸；12—A 低压转子；13—1 号轴承；14—高压隔板；15—高压双流喷嘴；
16—2 号轴承；17—推力轴承；18—3 号轴承；19—中压联合汽阀；20—中压隔板；
21—4 号轴承；22—5 号轴承；23—A 低压隔板；24—6 号轴承；25—7 号轴承；
26—B 低压隔板；27—8 号轴承；28—盘车装置

4.3.1 静止部分

1. 汽缸

汽缸即汽轮机的外壳，是汽轮机静止部分的主要部件之一，如图 4.7 所示。它的作用是将汽轮机的通流部分与大气隔绝，以形成蒸汽能量转换的封闭空间，以及支承汽轮机其他静止部件（如隔板、隔板套、喷嘴室等）。为了制造和安装上的方便，汽缸大多做成上下对分的两半，分别称为上汽缸和下汽缸。上、下汽缸之间的接合面称为水平中分面，绕中分面一周伸出的凸缘称为水平法兰，上、下汽缸就是通过水平法兰用法兰螺栓连接在一起的。为了减小汽缸应力，现代汽轮机也有采用无水平接合面的汽缸。

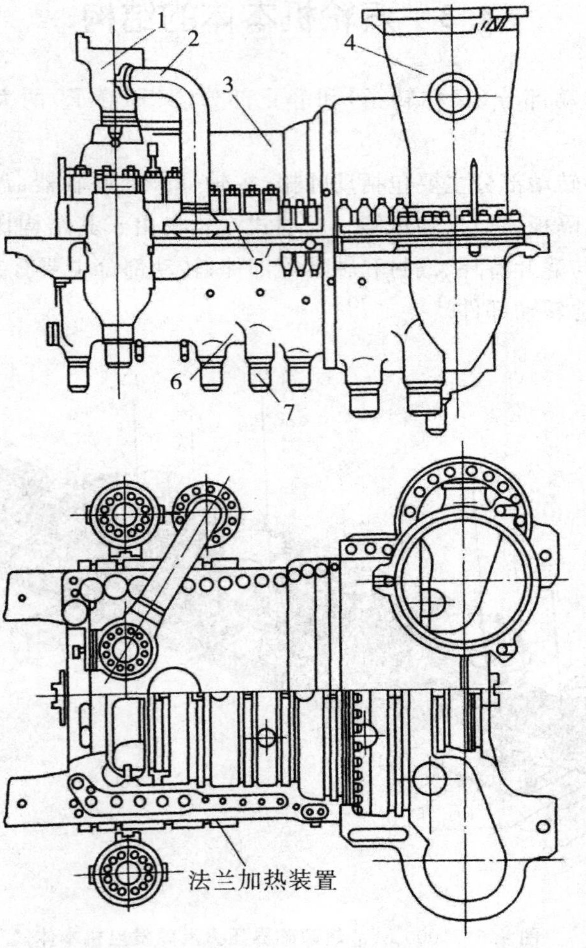

图 4.7 汽轮机高压缸外形

1—蒸汽室；2—导汽管；3—上汽缸；4—排汽管口；5—法兰；6—下汽缸；7—抽汽管口

大型汽轮机蒸汽参数高、级数多，通常根据工作压力的高低，将汽缸分成高压缸、中压缸和低压缸。汽轮机高、中压缸的布置方式有两种，一种是高、中压合缸，即高、中压外缸合并成一个汽缸；另一种是高、中压缸分缸，即分成两个缸。对于超高参数以上的汽轮机，由于汽缸内外压差很大，一般采用双层缸、甚至三层缸的结构。采用双层缸后，可以在内、外缸之间的夹层中通入一定压力和温度的蒸汽，使每层缸承受的压差和温差减少，汽缸壁和法兰的厚度减薄，从而减小了启、停及工况变化时的热应力，加快了启、停速度，有利于改善机组变工况运行的适应性，具有较强的调峰能力。同时由于外缸受到夹层蒸汽的冷却影响，工作温度较低，可采用比内缸低一个等级的材料，节约了优质耐热合金钢。另外，外缸的内、外压差较小，减少了漏汽的可能性，能更好地保证汽缸接合面的严密性。

汽轮机运行时，从锅炉来的过热蒸汽通过控制阀门进入高压缸，逐级做功后排出，送入锅炉再热器；再热蒸汽通过中压控制阀门进入中压缸继续膨胀做功，然后从中压缸排出；中压缸排汽由连通管送到低压缸继续做功，最后一级的排汽进入凝汽器。

低压缸包括低压通流部分和排汽室。大功率汽轮机不仅排汽口数目多，而且低压排汽容积流量很大，使低压缸尺寸很大，是汽轮机中最庞大的部件。低压缸的进汽压力低，蒸汽体积大，另外，虽然流入低压缸蒸汽的温度不高，但进汽、排汽间的温差大（如在引进型 300 MW 汽轮机在额定工况下，低压缸进汽温度为 337 ℃，排汽温度为 32.5 ℃，两者温差为 304.5 ℃）。为此，低压缸一般采用钢板焊接结构和对称分流，并用加强筋加固，来满足大排汽通道的要求；排汽室采用径向扩压结构，并将排汽动能转换成压力能，降低排气压力，提高蒸汽做功能力，同时保证有良好的流动性；为了使低压缸巨大的外壳温度分布均匀，不致产生变形而影响动、静部分间隙，低压缸采用双层或三层结构，使内缸承受高温，外缸接触较低的排汽温度，满足排汽缸的膨胀需求。

另外，在低压缸排汽区装有喷水减温装置。以便在启动或低负荷（小于额定工况的15%）时，因蒸汽流量过小，不足以将摩擦等损失生成的热量带走，致使排汽温度升高至80℃以上时，自动投入喷水减温装置以降低排汽温度，保证设备的安全。

2. 喷嘴与隔板

喷嘴是相邻两片静叶栅构成的蒸汽通道，是汽轮机通流部分的重要部件，用于完成蒸汽热能到机械动能的转换。压力级喷嘴（即静叶栅）是通过隔板固定在汽缸上的，但调节级有所不同，调节级的喷嘴通常根据调节汽阀的个数成组固定在喷嘴室上。

隔板是冲动式汽轮机的主要静止部件之一，它的作用是将汽缸内部沿轴向分割成若干个汽室，并用来固定喷嘴。冲动级的隔板主要由喷嘴、隔板体和隔板外缘组成，主要有焊接隔板和铸造隔板两种。

焊接隔板的工艺是先将已成形的喷嘴叶片焊接在内、外围带之间，组成喷嘴弧，然后再焊上隔板外缘和隔板体。焊接隔板具有较高的强度和刚度，较好的汽密性，加工较方便，因此，广泛应用于中、高参数汽轮机的高、中压部分。

铸造隔板的工艺是先用铣制或冷拉、模压、爆炸成形等方法将喷嘴叶片做好，然后在浇铸隔板体时将叶片放入其中一体铸出。铸造隔板加工比较容易，成本低，但表面光洁度较差，使用温度也不能太高，一般低于 300℃，因此用于汽轮机的低压部分。

3. 静叶环与静叶持环

反动式汽轮机为了减小转子上的轴向推力，各压力级一般都不设置叶轮，转子为鼓形转子，动叶片直接装在直径较大的转鼓外缘上，这样，由于喷嘴弧段的内径也较靠近转鼓表面，与冲动式汽轮机隔板相比，隔板内径增加了，没有了隔板体这部分，因此又称为静叶环。

图 4.8 所示为国产引进型 300 MW 汽轮机高压部分静叶环示意图。该机组各级的静叶环由外缘、喷嘴叶片和内环三部分组成。它是由方钢整体加工成带偏心叶根和叶顶的喷嘴叶片，再将其叶根和叶顶合成圈，焊接在一起构成一块具有水平中分面的静叶环。

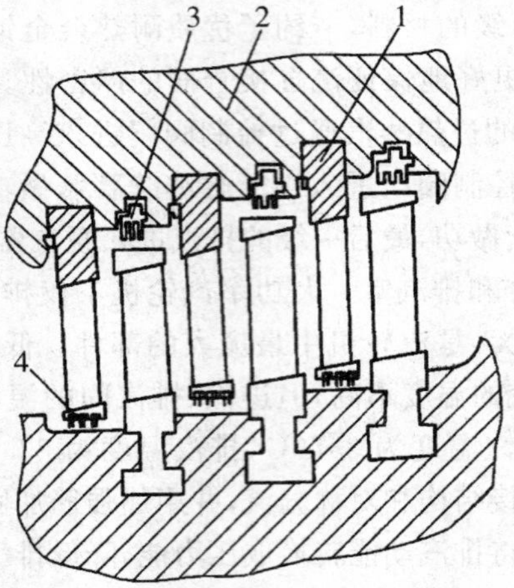

图 4.8 国产引进型 300 MW 汽轮机高压部分静叶环示意图

1—静叶环；2—静叶持环；3—动叶顶部径向汽封；4—静叶环汽封

反动式汽轮机的静叶环可以直接固定在汽缸内壁上，也可以固定在静叶持环上，静叶持环再固定在汽缸内壁上。

4. 汽封

为保证汽轮机工作的安全，其动、静部分之间必须留有一定的间隙，避免相互碰撞或摩擦。由于间隙两侧一般都存在压差，这样，部分蒸汽就会在压力差的作用下从间隙中漏过，造成能量损失，使汽轮机效率降低。为了减小漏汽损失，在汽轮机的相应部位设置了汽封。常用的梳齿形汽封的结构如图 4.9 所示。

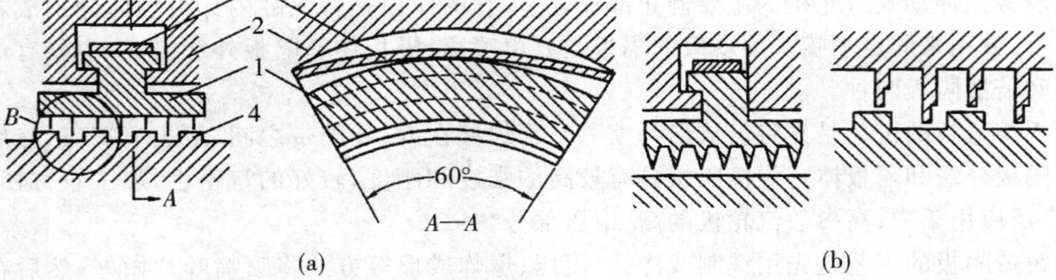

图 4.9 梳齿形汽封

(a)高低齿梳齿形汽封；(b)平齿梳齿形汽封

1—汽封环；2—汽封体；3—弹簧片；4—环形凸台或有凸环的汽封套

根据在汽轮机上装设位置的不同，汽封可分为隔板汽封和通流部分汽封（见图 4.10(a)）、轴端汽封（见图 4.10(b)）。在汽轮机主轴穿出汽缸两端处的汽封称为轴端汽封，简称轴封。轴封又分为高压轴封和低压轴封。高压轴封用来防止蒸汽漏出汽缸而造成能量损失及恶化运行环境；低压轴封用来防止空气漏入汽缸使凝汽器的真空降低而减小蒸汽的做功能力。隔板内圆与转子轴径之间的汽封称为隔板汽封，用来阻止蒸汽经隔板内圆绕过喷嘴流到隔板后而造成能量损失。通流部分汽封包括叶片顶部和叶片根部的汽封，用来阻止动叶顶部和根部处的漏汽。

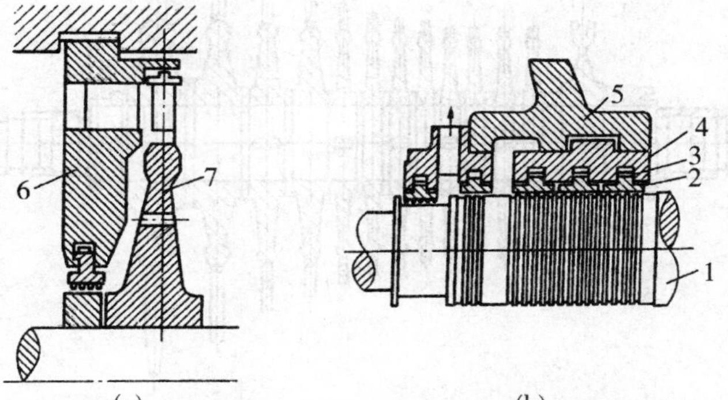

图 4.10　汽封图

(a)隔板和通流部分汽封；(b)轴端汽封

1—轴；2—汽封；3—弹簧片；4—轴封套；5—汽缸；6—隔板；7—叶轮

5. 轴承

汽轮机的轴承分为支持轴承和推力轴承两种。

支持轴承又称为主轴承，位于转子的两端。支持轴承主要有圆柱形轴承、椭圆形轴承、三油楔轴承和可倾瓦轴承等。它的作用是承担转子的重量及不平衡质量产生的离心力，并确定转子的径向位置，以保证转子中心与汽缸中心一致。推力轴承的作用是承担汽轮机转子的轴向推力并保持转子确定的轴向位置。

由于汽轮机轴承是在高转速、大载荷的条件下工作的，因此，要求轴承工作必须安全可靠，摩擦力尽可能小。为了满足这一要求，汽轮机轴承都采用液体摩擦的滑动轴承。工作时，在轴颈和轴瓦之间形成油膜，建立液体摩擦，以保证机组安全平稳地工作。因此，这种轴承采用循环供油方式，由润滑供油系统连续不断地向轴承提供压力、温度合乎要求的润滑油。

4.3.2　转动部分

1. 转子

转子是汽轮机所有转动部件的组合，其作用是汇集各级动叶栅所得到的机械能并传递给发电机。汽轮机转子可分为轮式转子和鼓式转子两种基本类型。冲动式汽轮机大都采用轮式转子。反动式汽轮机为了减小转子上的轴向推力，采用没有叶轮(或有叶轮但其径向尺寸很小)的鼓式转子。

按照转轴上各部件组合方式不同，轮式转子可分为套装转子、整锻转子、焊接转子和组合转子四大类。

套装转子的结构如图 4.11 所示。叶轮和主轴是分别制造的，装配时将叶轮热套在主轴上。这种转子虽然具有加工方便、能合理利用材料等优点，但在高温下叶轮容易松动，所以套装转子只适用于中压汽轮机和高压以上汽轮机的低压部分。

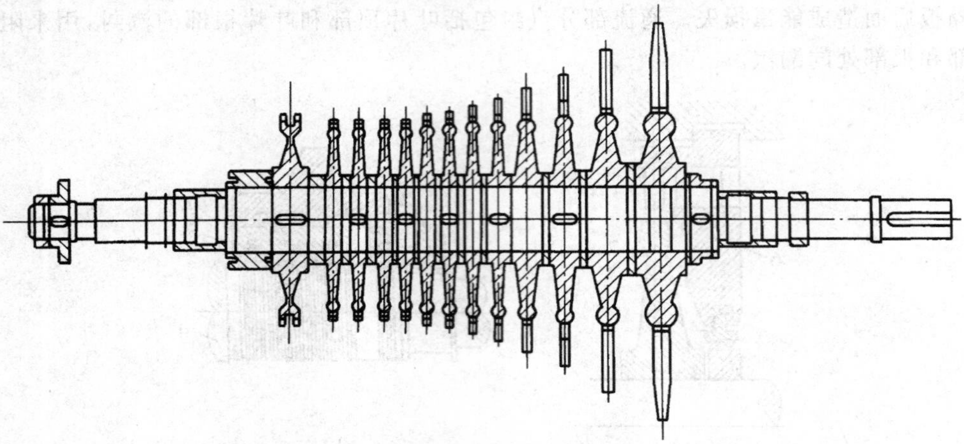

图 4.11　套装转子

整锻转子的结构如图 4.12 所示，它是由整体锻件加工而成，叶轮、联轴器、推力盘与主轴为一整体，不会产生叶轮松动的问题，而且结构紧凑，强度和刚度较高。虽然对生产设备和加工工艺要求较高，锻件尺寸大，贵重材料消耗量大，但依然广泛用于大容量汽轮机中。

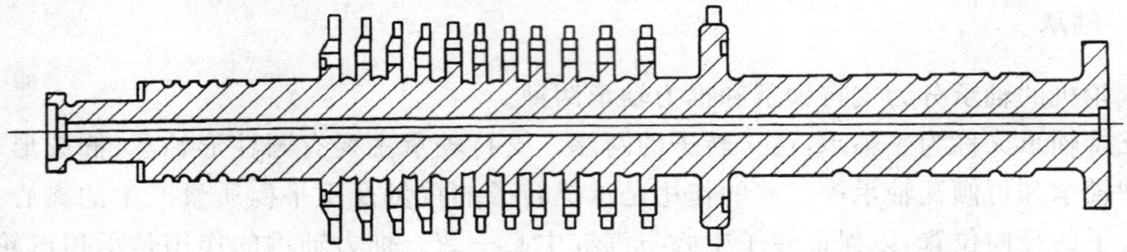

图 4.12　整锻转子

焊接转子分为鼓式和轮式两种，图 4.13 所示为轮式焊接转子，它是由若干个实心轮盘和两个端轴拼焊而成，这种转子的优点是强度高、相对重量轻、结构紧凑、刚度大，而且能适应低压部分需要大直径的要求，因而常用于大型汽轮机的低压转子。但焊接转子要求材料有很好的焊接性能，对焊接工艺的要求也很高，随着冶金和焊接技术的不断发展，焊接转子的应用必将日益广泛。

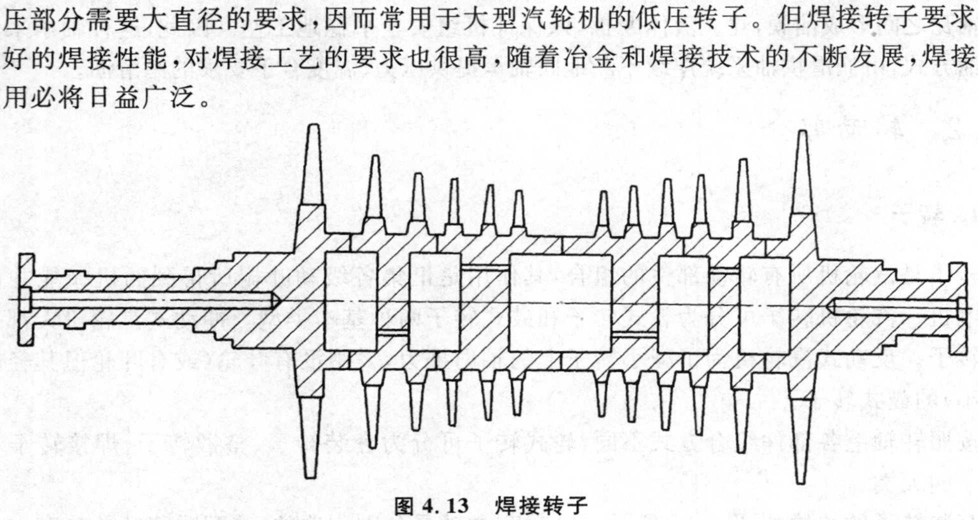

图 4.13　焊接转子

组合转子是由整锻和套装两部分组合而成，图 4.14 所示为其中的一种形式。它是对高温区域工作的级采用叶轮与主轴整体锻造的结构，而在低温区域工作的级采用叶轮套装结构。这样，既保证了高温区各级叶轮工作的可靠性，又避免采用尺寸过大的锻件及节约耐高温的金属材料，降低了制造成本。

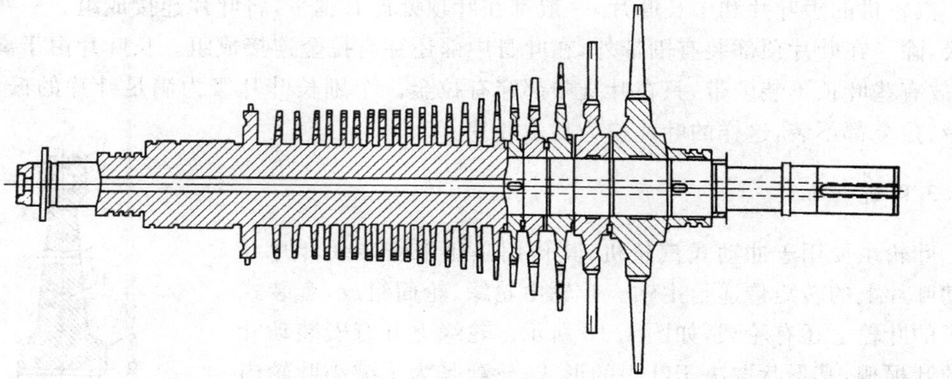

图 4.14　组合转子

2. 动叶片

安装在叶轮(或轮毂)上的动叶片是汽轮机的重要工作部件之一，它承受着从喷嘴射出的高速汽流产生的冲击力和蒸汽在其中膨胀产生的反动力，推动转子旋转，把蒸汽的动能和热力势能转换成机械能。

动叶片由叶根、叶型和叶顶(围带或拉筋)组成，如图 4.15 所示。叶型是叶片的工作部分，相邻叶片的叶型部分构成汽流通道。按叶型沿叶高的变化规律，叶片可分为等截面直叶片和变截面扭曲叶片两种。高压级动叶片较短，所受到的离心力不大，故一般采用直叶片。末几级动叶片较长，所受到的离心力较大，且处于湿蒸汽区而不断受到水滴的冲击力等，因此为保证动叶强度及蒸汽沿叶高各处良好的流动，末几级叶片设计成扭叶片。

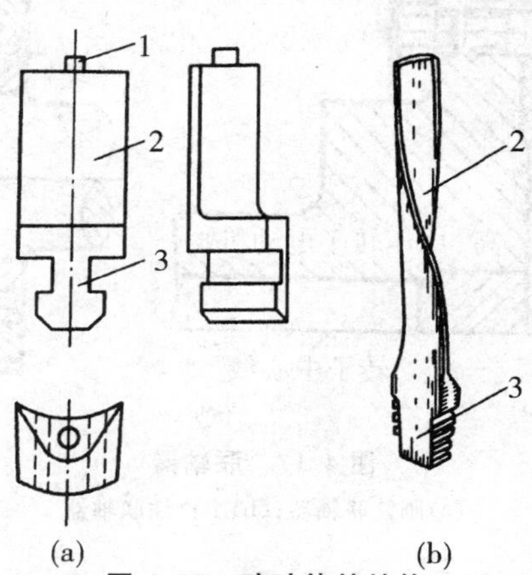

图 4.15　动叶片的结构

(a)等截面直叶片；(b)变截面扭叶片

1—叶顶；2—叶型；3—叶根

叶片通过叶根安装在叶轮轮缘上。叶根的形状决定了其连接的牢固程度。常用的叶根形式有T形叶根、叉形叶根和枞树形叶根。大功率汽轮机的高压级叶片短，所受到的离心力不大，一般采用形状简单的T形叶根；而对于较长的中、低压级叶片，因受到的离心力较大，则采用形状复杂的其他叶根形式。如菌形叶根、叉形叶根和枞树形叶根等。

汽轮机的短叶片和中长叶片，一般都在叶顶处设有围带，将叶片连接成组。一些中长叶片级，除了在叶片顶部装有围带外，在叶身中部还穿有拉金连接成组。长叶片由于离心力太大，故有些叶顶不装围带，只在叶身中部穿有拉金。个别长叶片级为满足叶片的振动特性，围带、拉金都不装，这样的叶片称为自由叶片。

3. 叶轮

叶轮主要用于冲动式汽轮机，其作用是用来安装动叶片并将动叶片上的转矩传递给主轴。叶轮由轮缘、轮面组成，套装式转子的叶轮上还有轮毂，如图4.16所示。轮缘上开有安装动叶片的叶根槽，其形状取决于叶根的形式；轮毂是为了减小叶轮内孔应力的加厚部分；轮面将轮缘和轮毂或主轴连成一体，轮面上通常开有5～7个平衡孔。为了避免在同一直径上有两个平衡孔，叶轮上的平衡孔都是奇数且均匀分布。

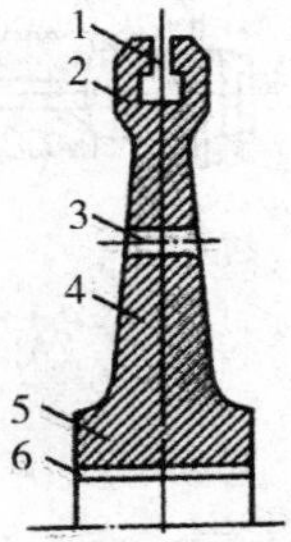

图4.16　叶轮的结构

1—叶根槽；2—轮缘；3—平衡孔；4—轮面；5—轮毂；6—键槽

4. 联轴器

联轴器俗称靠背轮，其作用是连接汽轮机的高、中、低压转子及汽轮机与发电机转子。现代大功率汽轮机的各转子之间一般采用刚性联轴器连接，即两转子轴端的联轴器法兰直接用螺栓连接。如图4.17(a)所示为国产300 MW汽轮机高、中压转子及低压转子的刚性联轴器，联轴器法兰与其转子为整体锻造结构，组成联轴器的两法兰用螺栓刚性连接。半挠性联轴器常用于连接汽轮机低压转了与发电机转子，如图4.17(b)所示。

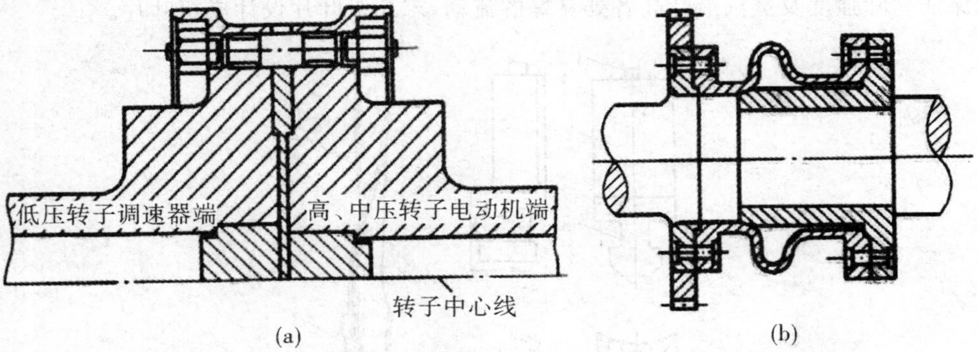

图4.17　联轴器

(a)刚性联轴器；(b)半挠性联轴器

5. 盘车装置

在汽轮机不进蒸汽时拖动汽轮机转子转动的机构称为盘车装置。其作用是在汽轮机冲转前和停机后使转子以一定转速连续转动，以保证转子均匀受热和冷却，避免转子因受热或冷却不均而产生过大热弯曲。另外，盘车装置还可以在启动前检查汽轮机的动、静部件是否存在碰撞和摩擦，主轴弯曲度是否正常等。

按动力来源的不同，盘车装置可分为电动盘车、液动盘车、手动盘车等；按结构特点，盘车装置可分为具有螺旋轴的电动盘车、具有摆动轮的电动盘车等；按盘车转速的高低，盘车装置可分为高速盘车(40～70 r/min)和低速盘车(2～5 r/min)等。多数机组都采用电动低速盘车装置。

4.4　汽轮机辅助设备及系统

为了保证发电厂能够安全稳定、连续不断地工作，保证热力系统的经济性，汽轮机还需要配置许多辅助设备，如凝汽器、抽气器(或水环真空泵)、高低压加热器、除氧器、给水泵、凝结水泵、循环水泵、疏水泵等。

4.4.1　凝汽器

凝汽设备是凝汽式汽轮机装置的一个重要组成部分，它是由凝汽器、抽气器、凝结水泵、循环水泵以及这些部件之间的连接管道和附件组成。凝汽设备的作用有两个，一是在汽轮机排汽口建立并保持规定的真空，以提高循环热效率；二是将汽轮机排汽凝结成洁净的凝结水作为锅炉给水，重新送回锅炉。

图 4.18 所示为凝汽设备的原则性热力系统图。汽轮机排汽进入凝汽器，在其中凝结成水并流入凝汽器底部的热水井，排汽凝结时放出的热量，由循环水泵不断打入的冷却水(也称循环水)带走，凝结水由凝结水泵抽出，经过加热器、除氧器，送入锅炉循环使用。因为凝汽设备是在高度真空下工作，所以空气会从不严密处漏入凝汽器空间，为了避免不凝结的空气在凝汽器中越积越多，使凝汽器压力升高、真空降低，所以设置了抽气器(或真空泵)，及时把空气抽出，以维持凝汽器的真空。

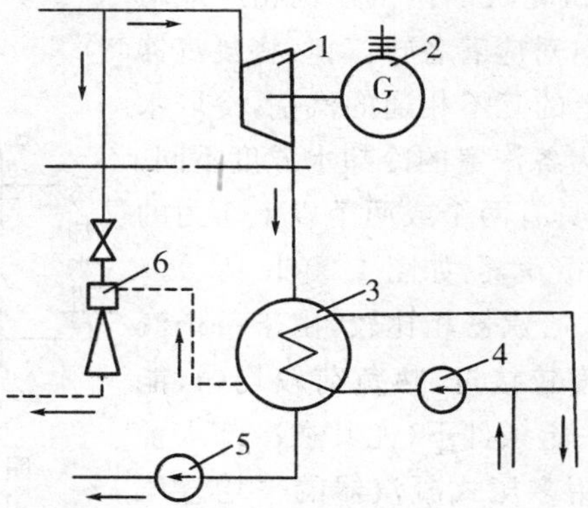

图 4.18　凝汽设备的原则性系统图

1—汽轮机；2—发电机；3—凝汽器；4—循环水泵；5—凝结水泵；6—抽气器

现代汽轮机的凝汽器都采用表面式凝汽器。在表面式凝汽器中，蒸汽与冷却工质通过金属隔开而互不接触。根据所用的冷却工质不同(分为空气冷却和水冷却两种)，凝汽器分为空冷式凝汽器和水冷式凝汽器。水冷式凝汽器是最常用的一种，由于水作冷却工质时，凝汽器的传热系数高，能获得并保持高真空，因此，它是现代汽轮机装置中采用的主要形式，只有在严重缺水的地区，才采用空冷式凝汽器。水冷式凝汽器外壳的形状有圆筒形、椭圆形、矩形和方柱形等，现代大型机组通常采用方柱形外壳。

如图 4.19 所示，方柱形凝汽器主要由方柱形外壳、管板、端盖、冷却水管、冷却水进口、冷却水出口、热井、除氧装置、空气冷却区、排气口等组成。冷却水从进水口引入进水室，经管板流入冷却水管，沿箭头所示方向流动，经管板到出水室，从冷却水出口流出。汽轮机的排汽由乏汽进口进入凝汽器，蒸汽和冷却水管的外壁接触凝结成水并聚集于热井中，由凝结水泵抽出。不凝结的气体经空气冷却区冷却后，从排气口抽出。在热井水位上方还安装有除氧装置，对凝结水进行初步除氧，防止低压设备和管道的氧腐蚀。

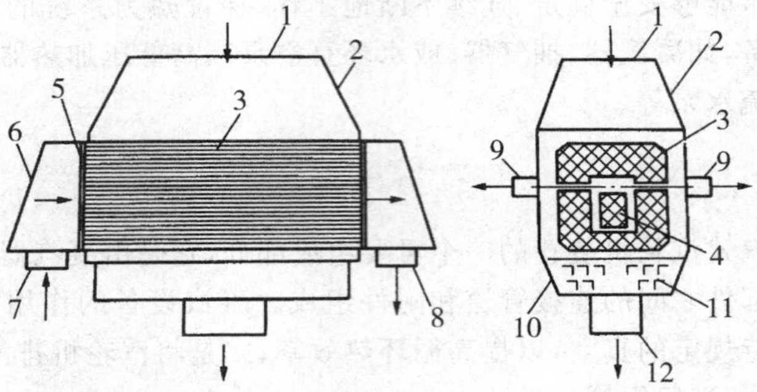

图 4.19　方柱形凝汽器结构示意

1—乏汽进口；2—外壳；3—冷却水管；4—空气冷却区；5—管板；6—端盖；
7—冷却水进口；8—冷却水出口；9—排气口；10—热井；11—除氧装置；12—出水箱

凝汽器按其汽侧压力分为单压式凝汽器和多压式凝汽器。所谓单压式就是汽轮机的排汽口（不论有几个排汽口）都在一个相同的凝汽器压力下运行，如图 4.20(a)所示。中小容量汽轮机组较多采用单压式凝汽器。

随着单机容量的增加，汽轮机的排汽口也相应地增多。为了提高凝汽器的效率，对应着各排汽口，将凝汽器汽侧分隔成两个或两个以上的互不相通的汽室，冷取水串行通过各汽室的管束，因为各汽室的冷却水温度不同，所形成的压力也不同，故把具有两个或两个以上压力的凝汽器称为双压式或多压式凝汽器，如图 4.20(b)所示。

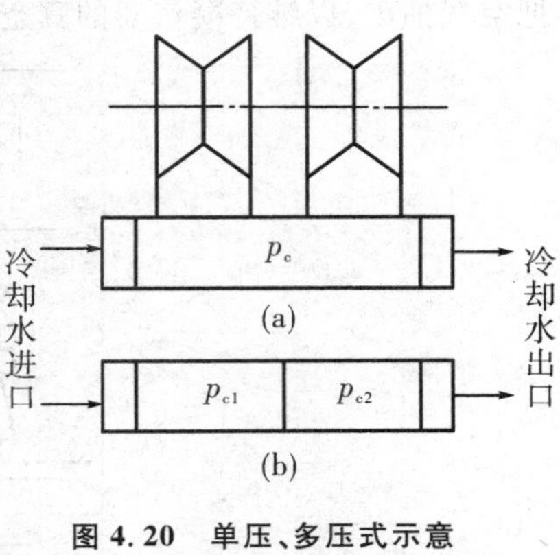

图 4.20　单压、多压式示意

(a)单压式；(b)双压式

双压式凝汽器与单压式凝汽器相比较，由于每个汽室的吸热和放热的平均温度较接近，热负荷较均匀，能有效地利用冷却面积。在一定条件下（尤其在冷却水稀少且温度较高的地区），采用多压式凝汽器的平均背压可以低于单压式凝汽器的背压，还可以使凝结水温度高于单压式凝汽器的凝结水温度，提高设备的热经济性。

4.4.2　回热加热器

将汽轮机中间级后做过部分功的蒸汽引来加热凝结水或给水，称为回热加热。实现回热加热的设备称为回热加热器。回热加热的目的是减少排汽在凝汽器中的冷源损失，提高循环的热效率。

回热加热器有两种基本形式，即混合式加热器和表面式加热器。目前火力发电厂的回热加热设备有低压加热器、高压加热器和除氧器，回热加热系统如图 4.21 所示，其中除了一台除氧器是混合式加热器外，其余的均为表面式加热器。低压加热器位于除氧器之前，它承受凝结水泵的出口压力；高压加热器位于除氧器之后，它承受给水泵的出口压力，给水泵的出口压力远远高于凝结水泵的出口压力。300 MW 以上的机组一般采用八级回热，即三台高压加热器、四台低压加热器和一台除氧器，简称三高、四低、一除氧。

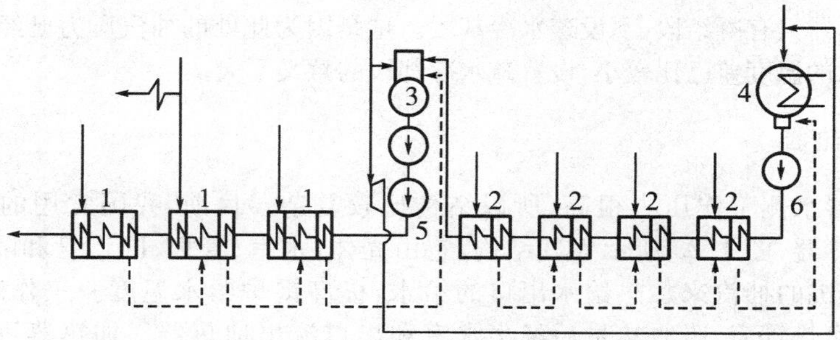

图 4.21　回热加热系统示意

1—高压加热器；2—低压加热器；3—除氧器；4—凝汽器；5—给水泵；6—凝结水泵

1. 低压加热器

低压加热器的布置有立式和卧式两种。前者是国内中小型机组的传统布置方式，近年来的大型机组绝大多数采用卧式加热器。卧式低压加热器的结构如图 4.22 所示，主要由水室、U 形管束和壳体构成。由铜管或不锈钢管制成的 U 形管束焊接在左端的管板上，沿管束长度有若干块分隔板，以防止管束在运行中振动。

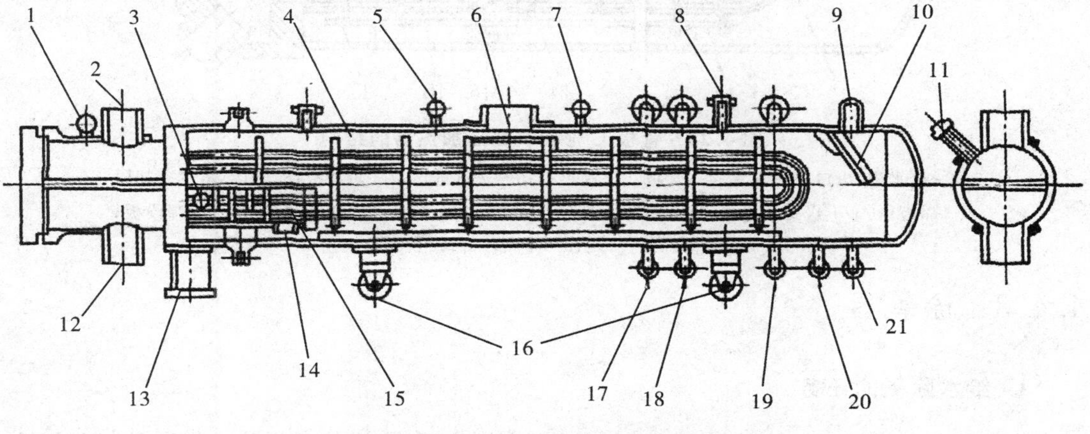

图 4.22　卧式低压加热器的结构

1—压力表；2—主凝结水出口；3—本级疏水出口；4—凝结段；5—压力表；6—蒸汽进口；7—温度计；8—安全阀接口；9—上一级来疏水进口；10—防冲板；11—安全阀接口；12—主凝结水进口；13—固定支座；14—疏水冷却段进口；15—疏水冷却段；16—活动支座滚轮；17—水位控制器接口；18—水位开关接口；19—水位变送器接口；20—水位警报器接口；21—水位指示器接口

由凝汽器或前一级低压加热器进来的主凝结水，经左端的下水室进入U形管束在管内流动。沿程受到蒸汽的加热后，从上水室流出。汽轮机中间级的抽汽由蒸汽进口进入加热器的汽侧放热，汽侧分为蒸汽凝结段和疏水冷却段。蒸汽在凝结段放热后变成凝结水(称为疏水)，疏水与前一级(汽侧压力较高级)加热器的疏水一起进入疏水冷却段继续被冷却。因疏水冷却段处于主凝结水的进口段，凝结水的温度最低。故可使疏水温度低于本级抽汽压力下的饱和温度，这样，当疏水排入下一级汽侧压力较低级的加热器时，可减少对低压抽汽的排挤，使冷源损失减少。疏水在疏水冷却段经中间折流板呈左右蛇形流动，最后经疏水出口引入下一级低压加热器或凝汽器热井。

需要指出的是，并不是所有的低压加热器都设有疏水冷却段。例如，有的600 MW机组的最后两个低压加热器只有凝结段，不设疏水冷却段。这是因为此处的抽汽压力已经较低，其疏水的温度与主凝结水的温度差已比较小，设置疏水冷却段的意义不大。

2. 高压加热器

高压加热器水侧工作压力很高，所以结构比较复杂。目前，我国常用的主要是管板U形管式高压加热器，图4.23所示为其结构，它由壳体、水室、管板、U形管和隔板等主要部件组成，利用汽轮机的抽汽来加热给水出口的给水，提高锅炉给水温度。工作时，给水从进口经进水室流经换热管束，吸收热量后经出水室和出口流出加热器。加热蒸汽经蒸汽进口进入加热器内，依次经过蒸汽冷却段、冷凝段和疏水冷却段放出热量后，经出口流出加热器。被加热水和加热蒸汽采用逆流的方式进行换热。

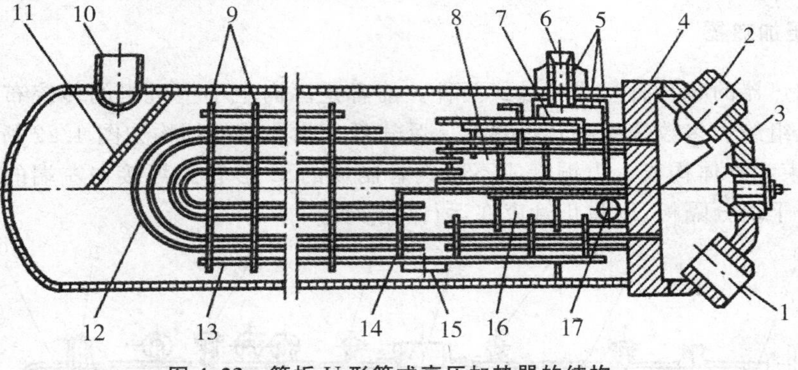

图4.23 管板U形管式高压加热器的结构

1、2—给水进、出口；3—水室；4—管板；5—遮热板；6—蒸汽进口；7—防冲板；8—过热蒸汽冷却段；9—隔板；10—上级疏水进口；11—防冲板；12—U形管；13—拉杆和定距管；14—疏水冷却段板；15—疏水冷却段进口；16—疏水冷却段；17—疏水出口

4.4.3 除氧器

1. 给水除氧的任务

在锅炉的给水中，一般都存在溶解空气，这会加速锅炉、汽轮机等热力设备的氧化腐蚀，而且不凝结气体附着在传热面上，以及氧化物沉积形成的盐垢，会增大传热热阻，使热力设备传热恶化。同时，氧化物沉积在汽轮机叶片上，会导致汽轮机出力下降和轴向推力增加。因此，除氧器的主要任务是除去水中的氧气和其他不凝结气体，防止热力设备腐蚀和传热恶化，保证热力设备的安全经济运行。

2. 热力除氧的原理

给水除氧有化学除氧和热力除氧两种方式，但实际发电厂普遍采用热力除氧方式，即在回热系统中设置除氧器，利用抽汽加热给水至沸点来除去给水中的氧气等气体。因此除氧器兼有对给水回热加热和除氧的双重功能。

热力除氧原理是建立在亨利定理和道尔顿分压定律基础上的。按照亨利定律，当水与水面上的气体处于平衡状态时，单位体积水中溶有的某种气体量与液面上该气体的分压力呈正比。据此，如果保持水面上总压力不变而加热给水，水面上水蒸气的分压力就会不断增大，其他气体的分压力则相应减小。当把水加热到沸点时，蒸汽的分压力就会接近或等于水面上的总压力，而水面上其他气体的分压力将趋于零。这样，溶解于水中的其他气体就会全部逸出而被除掉。

3. 除氧器的结构

根据除氧器内部工作压力不同，可把除氧器分为真空式除氧器、大气式除氧器和高压式除氧器；根据除氧器的结构不同，可把除氧器分为淋水盘式除氧器、喷雾填料式除氧器和内置式除氧器；根据除氧器的布置方式不同，可把除氧器分为立式除氧器和卧式除氧器两种。除氧设备的主要部件是除氧器和除氧水箱。

图 4.24 所示为淋水盘式除氧器的结构。在除氧器壳体内交替地装有若干层环形滴水盘和圆形滴水盘，各盘底部开有许多小孔。工作时，需要除氧的凝结水从上端引入环形滴水盘后，通过盘底小孔和盘边齿形缺口，落到下面各层，与逆向流动的加热蒸汽相遇，把水加热至饱和温度进行除氧。

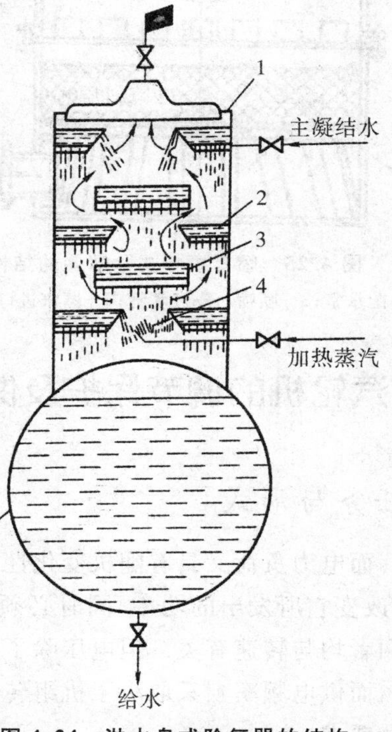

图 4.24　淋水盘式除氧器的结构

1—除氧塔；2—环形滴水盘；3—圆形滴水盘；4—蒸汽分配器；5—给水箱

图 4.25 所示为喷雾填料式除氧器的结构。工作时，需要除氧的水进入除氧器上部后，由若干个喷嘴把水喷成雾状，与上部进入的蒸汽接触，将水加热到或接近于除氧器工作压力下的饱和温度，除去大部分氧气和不凝结气体；初步除氧后的凝结水向下流动，经淋水盘上的小孔呈淋雨状淋到由许多不锈钢短管组成的填料层，增加了水与加热蒸汽的接触面积，以保证将水加热到工作压力下的饱和温度，氧气和其他不凝结气体能充分逸出。这一阶段为深度除氧阶段。

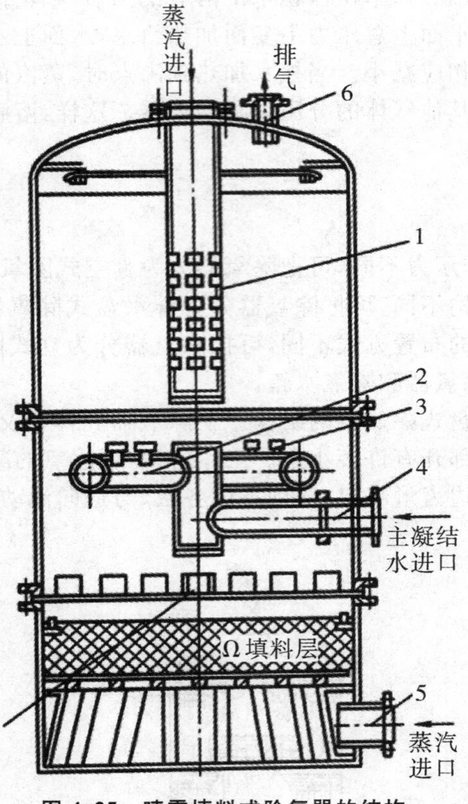

图 4.25　喷雾填料式除氧器的结构

1—进汽管；2—环形配水室；3—喷嘴；4—进水管；5—蒸汽进口；6—排气管；7—淋水盘

4.5　汽轮机的调节保护及供油系统

4.5.1　调节系统的任务与形式

因为电能不能大量储存，而电力负荷又具有随机变化性，因此要求汽轮发电机组的负荷必须随外界负荷的需要随时改变它所发出的功率，同时必须保证供电质量。衡量供电质量好坏的标准是电压和频率，两者均与转速有关。但电压除了与机组转速有关外，还可通过发电机励磁电流的大小来调节，而供电频率则只取决于机组转速。为此，在运行中必须控制转速为额定值，以保证供电质量要求。

汽轮机调节的任务具体表现为：根据电负荷的大小自动改变进汽量，使蒸汽主动力矩随时与发电机的电磁阻力力矩相平衡，以满足外界电负荷的需要，并维持转子在额定转速下稳定运行。

汽轮机调节系统按其结构特点，可划分为液压调节系统和电液调节系统两种形式，常用的是数字电液调节系统。

4.5.2　数字电液调节系统

数字电液调节系统（digital electro-hydraulic control system，DEH）也可简称为数字电调系统或 DEH 系统。DEH 系统由以计算机为主体的数字系统和采用了高压抗燃油的液压执行机构两大部分组成，数字的输出经转换和放大后，由电液转换器去控制各执行机构，从而完成对汽轮机的调节和保护。

1. DEH 系统的组成

1）电子控制器

电子控制器主要包括数字计算机、混合数模插件、接口和电源设备等，主要用于给定和接受反馈信号，进行逻辑运算并发出指令进行控制等。

2）操作和监视系统

操作和监视系统主要是图像站，包括操作盘、独立的计算机、显示器和打印机等，为运行人员提供运行信息，进行人机对话、操作和监督等服务。

3）油系统

油系统主要是指高压控制油系统与润滑油系统，它们通常分开各自采用不同的工作介质。高压控制油系统为调节系统提供控制的动力用油和安全用油，系统设两台油泵，一台运行，另一台备用。润滑油系统主油泵由主机拖动，为润滑油系统的正常工作提供工作用油，同时与机械保护装置有联系。

4）转换、放大和执行机构

转换、放大和执行机构主要由滤网、电液转换器和具有快关、隔离功能的单侧进油往复式油动机、试验电磁阀、快速卸荷阀和线性位移差压变送器等组成，负责带动高压主汽阀、中压主汽阀的开关以及改变高压调节汽阀、中压调节汽阀的开度。

5）保护系统

保护系统用于机组参数超标或严重超标而危及机组安全时的情况，可紧急关闭多个主汽阀和调节汽阀，立即停机。

2. DEH 系统的功能

从整体看，DEH 系统具有四大功能。

1）汽轮机的自动程序控制功能

该功能是通过状态监测，计算转子的应力，并在机组应力允许的范围内，优化启动程序，用最大的速率与最短的时间实现机组启动过程的全部自动化。

2）汽轮机的负荷自动调节功能

该功能有冷态启动和热态启动两种情况。冷态启动时，机组并网带初负荷，开始进行暖机，达到一定时间实现进汽方式切换，切换完成后，负荷由高压调节汽阀进行控制；热态启动时，在机组负荷未达到规定的负荷以前，由高、中压调节汽阀控制，以后，中压调节汽阀全开，负荷只由高压调节汽阀进行控制。

3）汽轮机的自动保护功能

为了避免机组因超速或其他原因遭受破坏，DEH 系统的保护系统有三种保护功能：电超速保护、危急遮断保护、机械超速保护和手动脱扣。

机械超速保护用于机组正常运行时的超速保护，即当转速达到额定转速的 110%～112%时，实现紧急停机；手动脱扣为保护系统不起作用时进行手动停机，以保障人身和设备的安全。

电超速保护只涉及调节汽阀，即转速达到额定转速的 103%时，快关调节汽阀，当机组转速降到 3000 r/min 时，重新开启维持空转，从而实现对机组的超速保护。

危急遮断保护是在其检测到机组转速达到额定转速的 110%或其他安全指标达到安全界限后，通过跳闸电磁阀关闭所有的主汽阀和调节汽阀，实现紧急停机。

4）机组和 DEH 系统的监控功能

该监控功能在启停和运行过程中对机组和 DEH 系统两部分的运行状况进行监督，包括操作按钮指示、状态指示和显示画面，其中对 DEH 系统监控的内容包括重要通道、电源和内部程序的运行情况等；显示画面包括机组和系统的重要参数、运行曲线、潮流趋势和故障显示等。

3. DEH 系统的运行方式

为了确保控制的可靠，DEH 系统为：设有四种运行方式，机组可在其中任何一种方式下运行，其顺序和关系为：二级手动、一级手动、操作员自动、汽轮机自动。相邻的运行方式之间可相互跟踪，并可做到自动切换。此外，比二级手动运行方式级别更低的还有一种硬手操作，作为二级手动的备用，但两者无跟踪，需对位操作后才能切换。

二级手动是 DEH 系统中最低级的运行方式，仅作为备用运行方式。该运行方式全部由成熟的常规模拟原件组成，以便系统故障时，自动转入模拟系统控制，确保机组的安全可靠。

一级手动是一种开环运行方式，运行人员在操作盘上使用按键就可以控制各阀门的开度，使各按钮之间逻辑互锁，同时具有操作超速保护控制器、主汽阀压力控制器、外部触电返回和脱扣等保护功能，该方式作为汽轮机自动运行方式的备用。

操作员自动是 DEH 系统最基本的运行方式，用这种方式可实现汽轮机转速及负荷的闭环控制，并具有各种保护功能。该方式设有完全相同的 A 和 B 双机系统，具有跟踪和自动切换功能，也可以强迫切换。在该方式下，目标转速和目标负荷及其速率，均由操作员给定。

汽轮机自动是最高一级的运行方式，包括汽轮机的转速和负荷的速率都不是来自操作员，而是由计算机程序或外部设备进行控制。

4.5.3 供油系统

汽轮发电机组的供油系统是保证机组安全稳定运行的重要系统。供油系统的主要作用有以下两个方面：①供给润滑油系统用油；②供给调节系统用油。

1. 润滑油系统

图 4.26 所示为汽轮机润滑油系统，它主要由主油泵、主油箱、启停及事故油泵、射油器、冷油器、排油烟风机及净化装置等组成。在机组正常运行时，主油泵出口油流主要分向三路：一路为发电机氢密封系统（密封油）；二路为保安系统的机械超速保护及手动脱扣保护装置（动作油）；三路为经射油器、冷油器后去冷却、润滑各轴承及盘车齿轮等。

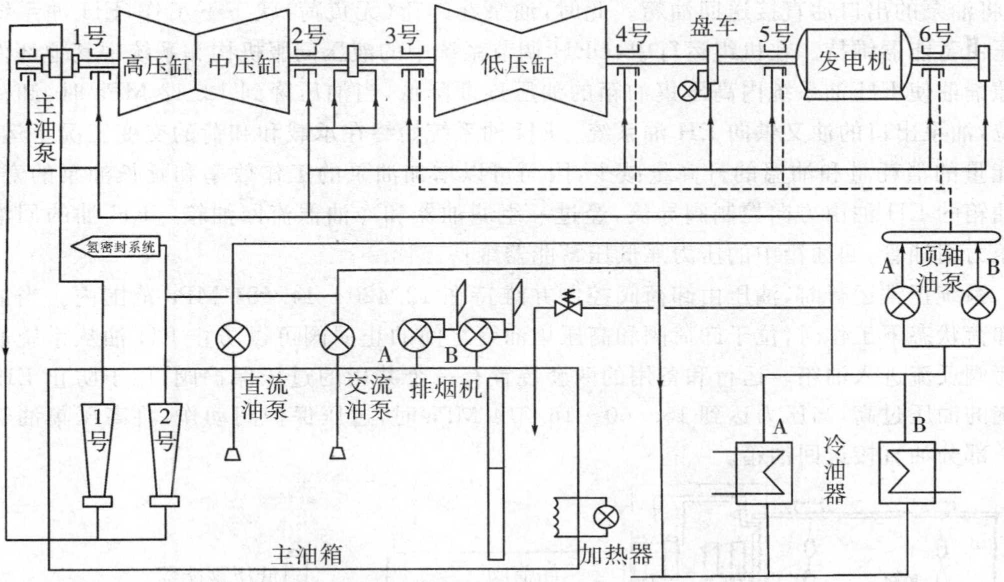

图 4.26　典型的汽轮机润滑油系统

主油泵装在汽轮机前端的伸长轴上，由主轴直接带动，在汽轮机启停及事故情况下应开启备用油泵（包括轴承油泵、密封油备用泵及事故直流油泵），以保证上述油路的正常供油。

主油箱一般为圆筒卧式油箱，安装在厂房汽轮发电机组前端。油箱顶部焊有圆形顶板，其上装有各备用油泵及排油烟风机等。油箱内装有射油器、电加热器及其连接管道、阀门等，油箱底部设有排油孔，与主油泵进口管相连接。

射油器是将小流量的高压油转化为大流量低压油的装置，主要由喷嘴、混合室及扩压管组成。喷嘴进口与主油泵的出口管相连。油通过喷嘴时加速，在喷嘴出口的混合室中形成低压，将油箱中的油吸入混合室。混合后的油流经扩压管后油速降低、油压提高。油经过射油器出口后分成两路：一路经表面式冷油器冷却后去润滑油母管；另一路向主油泵进口管供油。

2. 高压抗燃油系统

高参数大容量机组中，为了提高调节系统的工作性能，增加其可靠性、灵敏度，改善调节响应的品质，需要采用很高的工作油压，以减小调节系统执行机构的尺寸，降低机械惯性和摩擦的影响，减少耗油量。为了避免油压提高可能会引起更多的漏油，调节系统的用油均采用了高压抗燃油（EH 油）。

国产引进型 300 MW 机组的 EH 油系统如图 4.27 所示。它主要由 EH 油箱、油泵、蓄能器、滤油装置、冷油装置、阀门及管路组成。系统的基本功能是提供电液控制部分所需要的压力油，驱动液压伺服执行机构，同时保证油质完好。整个 EH 油系统由功能相同的两套设备组成，当一套投运时，另一套作为备用，如果需要则立即自动投入运行。

系统工作时，油箱中 EH 油经过滤网进入交流电动机的油泵，其出口的高压油经过控制单元的滤油器、卸荷阀、止回阀和过压保护阀，进入高压集油箱和蓄能器，建立液压伺服系统需要的油压。当油压达到 14.484 MPa 时，卸荷阀动作，切断油泵出口与高压集油箱的联系，将油泵的出口油直接送回油箱。此时，油泵在卸荷(无负荷)状态下工作，EH 油系统的油压由蓄能器维持。在机组运行中，DEH 调节系统中的液压伺服机构和系统中其他部件的间隙漏油使 EH 油系统内高压集油箱的油压逐渐降低，当油压降到 12.42 MPa 时，卸荷阀复位，油泵出口的油又供向 EH 油系统。EH 油系统始终在承载和卸荷的交变工况下运行，使能量的消耗量和油温的升高量减少，因而可以增加油泵的工作效率和延长油泵的寿命。回油箱的 EH 油由方向控制阀导流，经过一组滤油器和冷油器流回油箱。EH 油的回油箱是压力回油管，回油箱中的压力靠低压蓄能器维持。

系统正常运行时，油压由卸荷阀控制并维持在 12.420～14.484 MPa 范围内。当油泵在卸荷状态下工作时，位于卸荷阀和高压集油管之间的止回阀可以防止 EH 油从系统通过卸荷阀反流进入油箱。运行和备用的两套装置有一个共用的过压保护阀，用于防止 EH 油系统的油压过高，当压力达到 15.860～16.214 MPa 时，过压保护阀动作，将高压集油管中的一部分油直接送回油箱。

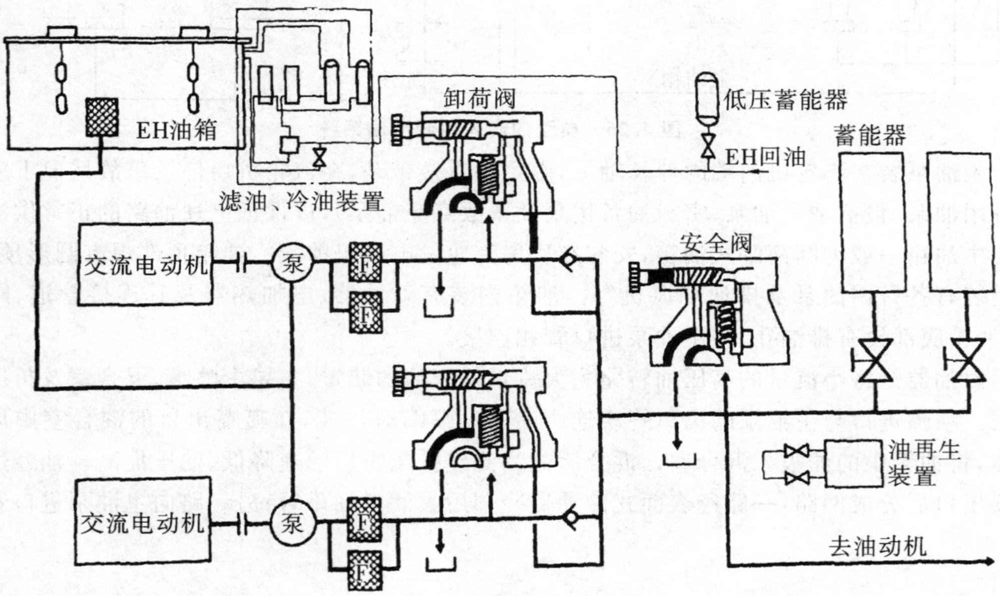

图 4.27　EH 油系统

4.6　汽轮机运行的基本知识

汽轮机运行人员的任务是严格遵守操作规程，在保证设备安全的前提下。尽可能提高设备运行的经济性。汽轮机运行包括启动、停机、正常运行和事故处理等工作。

4.6.1 启动

汽轮机转子由静止或盘车状态加速到额定转速，并将负荷由零逐步加至额定负荷的过程，称为汽轮机的启动。汽轮机的启动方式大致按以下方式分类。

1. 按启动过程中主蒸汽参数分

1）额定参数启动

在整个启动过程中，电动主汽阀前的主蒸汽参数始终保持额定值。由于冲转参数高，冲转时蒸汽流量小，使得受热不均，温差大，汽水损失大，启动时间长，故目前只用于母管制的汽轮机。

2）滑参数启动

在启动过程中，电动主汽阀的主蒸汽参数随机组转速或负荷的变化而滑升。对喷管配汽的汽轮机，定速后调节汽阀保持全开，无节流损失；汽轮机的启动与锅炉启动同时进行，可以缩短启动时间，且蒸汽与金属的温差较小，流量较大，使得汽缸与转子受热均匀，热应力小。因此，在现代大机组启动中得到广泛应用。

2. 按启动前汽轮机金属(调节级处高压内缸或转子表面)温度水平分或停机时数分

1）冷态启动。

金属温度低于 150～180 ℃(或停机一周以上)。

2）温态启动。

金属温度在 180～350 ℃之间(或停机 48 h)。

3）热态启动。

金属温度在 350～450 ℃之间(或停机 8 h)。

4）极热态启动。

金属温度在 450 ℃以上(或停机 2 h)。

3. 按冲转时汽轮机的进汽方式分

1）高中压缸启动

冲转时高中压缸同时进汽，对高中压合缸的机组，这种方式可以使分缸处均匀加热，减少热应力，并能缩短启动时间。

2）中压缸启动

冲转时高压缸不进汽，只有中压缸进汽冲动转子，待转速升至 2300～2500 r/min 后或并网后，高压缸才进汽。

4. 按控制汽轮机进汽流量的阀门分

1）调节阀启动

汽轮机冲转前，电动主汽阀和自动主汽阀全开。进入汽轮机的蒸汽流量由调节阀控制。

2）自动主汽阀或电动主汽阀启动

启动前调节阀全开，由自动主汽阀或电动主汽阀控制进汽。

汽轮机启动过程实质上是将转子和静子温度由启动前的状态加热到额定负荷所对应的温度水平的加热过程。显然，从减小启动损耗考虑，应尽量缩短启动时间，但从设备的安全出发，则应慢些为妥。为此，应正确组织启动工作。合理地控制各种温差，使汽轮机的热应力、热变形、胀差和振动等不超过允许值，做到既安全又经济。

4.6.2 正常运行

汽轮机启动过程结束后，就进入了正常运行状态。汽轮机的正常运行管理工作包括两个方面，即正常运行监视和变负荷运行。

1. 正常运行监视

汽轮机带负荷(额定负荷或指定负荷)正常运行，是机组在工作状态下持续时间最长的运行方式。在该方式下，运行人员的主要职责是做好汽轮机的监视和某些调整，以维持汽轮机的安全运行。

大型汽轮机正常运行中主要的监视项目有主蒸汽及再热蒸汽压力和温度，高压缸排汽压力和温度，各汽缸的胀差、轴向位移、振动、应力裕度、频率、负荷。其他如润滑油压力和温度、轴承金属温度、除氧器水位、各辅机运行电流等。

2. 变负荷运行

根据电网需求的变化，通过某种手段调整汽轮机的出力，以及时满足负荷需求的操作过程，称为汽轮机组的变负荷运行。变负荷运行是机组(尤其是调峰机组)在正常运行中所经常遇到的操作方式。

要使汽轮机的出力适应电网负荷变化的需求，传统的方法是通过改变新蒸汽流量达到调整机组出力的目的。而改变新蒸汽流量的一般方法是采用喷嘴调节(调节阀顺序开启)或节流调节(单阀式)，这两种方法的共同特点是负荷变化时，新蒸汽的压力和温度都保持不变，因此统称为定压运行方式。

与定压运行方式相对应，国内近年来发展了变压运行(或称滑压运行)方式。所谓变压运行，是指汽轮机在负荷变动时，保持调节阀全开(或固定于某一位置不变)，而采用改变炉膛内的燃烧强度来改变主汽门前的新蒸汽压力，以达到调节机组出力的目的。但在整个调整过程中，新蒸汽温度始终保持额定值不变。

与定压运行方式相比，变压运行主要具有下述优点：能够适应负荷的迅速变化和快速启停要求，提高了机组的热经济性；使汽缸均匀加热或冷却，减小了温差和热应力；延长了主蒸汽管道的使用寿命。

4.6.3 停机

汽轮机的停机过程是指机组由带负荷运行状态到卸去全部负荷、发电机从电网中解列，汽轮发电机转子由转动到静止的过程。停机过程是启动过程的逆过程，一般经历降负荷、解列、惰走(降速)、停机后的处理等四个阶段。

机组的停机分为正常停机和事故停机两种。

1. 正常停机

正常停机是根据电网或机组的需要主动进行的停机。正常停机又分为调峰停机和维修停机。调峰停机是指在电网低负荷时按需要进行的短时停机，当电网负荷增加时，机组很快再启动带负荷。为实现调峰机组快速再启动，多采用滑压停机。滑压停机是在停机过程中逐步降低进汽压力，尽可能维持蒸汽温度不变，以使机组金属温度在停机后保持较高的水平。维修停机是机组需进行大修或小修而进行的停机，多采用滑参数停机。滑参数停机是指在停机过程中逐步降低进汽压力和温度，以尽量降低汽轮机高温部件的金属温度，使机组尽快冷却，以便缩短检修的等待时间。

2. 事故停机

事故停机是指机组监视参数超限。保护装置动作或手动打闸，机组从运行负荷瞬间降至零负荷，发电机与电网解列，汽轮机转子进入惰走阶段的停机过程。事故停机根据事故的严重程度又分为一般事故停机和紧急事故停机，其主要区别在于机组解列时是否立即打开真空破坏阀。紧急事故停机在停机信号发出后立即破坏真空。

汽轮机的停机过程是机组从热态到冷态，从额定转速到零转速的动态过程。在这个过程中，如果运行操作不当，就会造成设备的损坏，所以必须给予足够的重视。在停机过程中，应严密监视机组的各种参数，如蒸汽参数、转子的胀差（转子与汽缸的膨胀差）、轴向位移、振动和热应力、轴承金属温度和油温、油压等。不同的停机过程停机的操作也不同。汽轮机停机后，汽缸和转子的金属温度还较高，需要一个逐渐冷却的过程，此时必须保持盘车装置连续运行，一直到金属温度冷却到 120～150℃后才允许停盘车。盘车运行时，润滑油系统和顶轴油泵必须维持运行。

4.7　凝汽式发电厂的热力系统

火力发电厂的任务是将燃料的化学能转变成电能，而这种转变是由一系列热力设备来完成的。将发电厂主、辅热力设备之间的特定联系的系统称为发电厂热力系统。发电厂热力系统按其应用的目的和编制方法不同，分为原则性热力系统和全面性热力系统。

表示热力设备间的本质联系，按照工质热力循环顺序所绘制的系统称为发电厂原则性热力系统，其实质是表明工质的能量转换及其热量利用的过程，从而反映出电厂能量转换过程的技术完善程度和热经济性的高低等。其绘制原则为：只表示出工质流动过程发生压力和温度变化时所必需的各种热力设备，设备之间的联系以单线表示，相同设备只表示一次，备用的设备和管道不予绘出，附件一般均不表示。

发电厂全面性热力系统是全厂的所有热力设备及其汽水管道和附件连接的总系统，是发电厂进行设计、施工及运行工作的指导性系统之一。全面性热力系统明确地反映了电厂在各种工况及事故时的运行方式。它既要按设备的实有数量表示出全部主要热力设备和辅助设备，还必须表示出管道系统中的一切操作部件及保护部件，如阀门、减温装置、流量测量孔板等，从而了解全厂热力设备的配置情况和各种工况的运行方式。

4.7.1 发电厂的局部热力系统

局部热力系统表示火电厂某一个热力设备同其他设备之间或几个热力设备相互之间的特定联系，主要有主蒸汽系统及再热蒸汽系统、汽轮机旁路系统、给水管道系统、回热加热器系统、凝结水系统等。

1. 主蒸汽及再热蒸汽系统

主蒸汽及再热蒸汽系统是指锅炉与汽轮机各汽缸入口之间的连接管路。目前，发电厂常用的主蒸汽系统有单元制和母管制两种。

1）母管制系统

母管制系统是指所有锅炉生产的蒸汽全部送入母管，再由母管送至各汽轮机，如图4.28所示。以往的中小型凝汽式发电厂应用母管制系统较多。这种连接方式的主要优点是机炉可交叉运行，增加了运行的灵活性。对热电厂来说，这种交叉方式可提高供热的可靠性。

2）单元制系统

单元制系统是指每台锅炉和与之相对应的汽轮机组成一个运行单元，各单元之间无横向联系，如图 4.29 所示。随着机组容量的增大，特别是再热机组的使用，使得母管制连接已成为不可能，大容量中间再热机组都采用单元制主蒸汽系统。

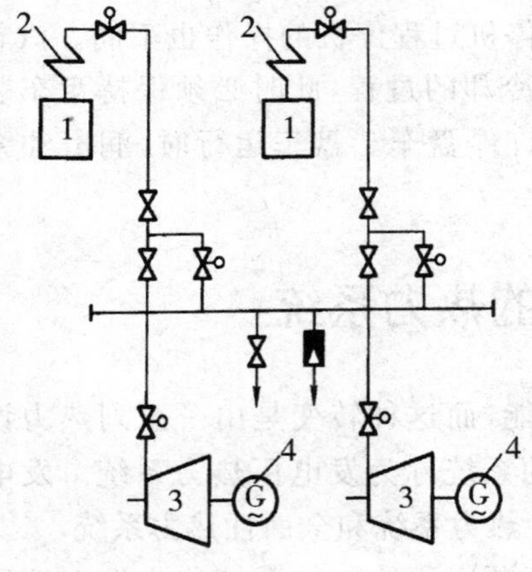

图 4.28 母管制系统

1—锅炉；2—过热器；3—汽轮机；4—发电机

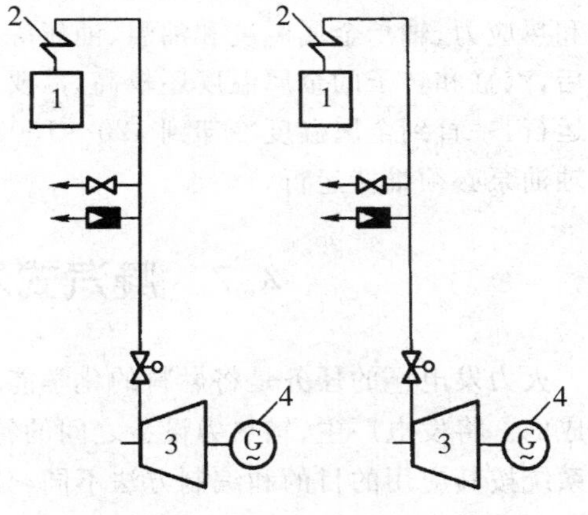

图 4.29 单元制系统

1—锅炉；2—过热器；3—汽轮机；4—发电机

2. 汽轮机旁路系统

中间再热机组一般设有汽轮机旁路系统。汽轮机旁路系统是指高参数蒸汽在某些特定情况下，不进入汽轮机做功，而是经过与汽轮机并列的减温减压器后，进入参数较低的蒸汽管道或凝汽器。从锅炉来的新蒸汽绕过汽轮机高压缸，称为高压旁路（或Ⅰ级旁路）；再热后的蒸汽绕过汽轮机中、低压缸的，称为低压旁路（或Ⅱ级旁路）；新蒸汽绕过整个汽轮机直接排入凝汽器的称为整机旁路（或Ⅲ旁路）。

1）中间再热机组旁路系统的作用

（1）保护再热器。正常工况时，汽轮机高压缸的排汽通过再热器将蒸汽再热至额定温度，并使再热器得以冷却保护。由于再热器不可以干烧，在机组停机不停炉、电网事故甩负荷等工况时，汽轮机高压缸没有排汽冷却再热器，则由旁路将降压减温后的蒸汽引入再热器使其得以保护。

（2）加快机组启动速度，改善机组启动条件。单元机组常采用滑参数启动方式，因此必须在整个启动过程中不断地调整锅炉的汽压、汽温、蒸汽量，以满足汽轮机启动过程中冲转、升速、带负荷、增负荷等阶段的不同要求。从而加快启动速度，缩短并网时间。

（3）回收工质、降低噪声。机组在启停过程中，锅炉的蒸发量大于汽轮机的汽耗量，因而会有大量多余的蒸汽，若直接将这些蒸汽排入大气，不仅会造成大量工质和热量的损失，而且产生排汽噪声，污染环境，这都是不允许的。设置旁路系统既可回收其工质入凝汽器，又可降低其排汽噪声。在甩负荷时，有旁路系统可及时排走多余蒸汽，减少安全阀的启闭次数，有助于保证安全阀的严密性，延长其使用寿命。

2）中间再热机组旁路系统的形式

（1）两级串联旁路系统。由锅炉来的新蒸汽绕过汽轮机高压缸，经高压旁路减温减压后进入锅炉再热器，由再热器出来的再热蒸汽绕过汽轮机中、低压缸，经低压旁路减温减压后进入凝汽器。

（2）整机旁路系统。当新蒸汽绕过整个汽轮机，经减温减压后直接排入凝汽器，称为整机旁路（或大旁路）。这种系统较为简单，操作方便.但不能保护再热器。

（3）三级旁路系统。这种旁路系统是由高压旁路、低压旁路和整机旁路系统组成。具有系统复杂、设备附件多等缺点，现已很少采用。

3. 给水系统

给水系统是指除氧器与锅炉省煤器之间的设备、管道及附件等所组成的系统。其主要作用是在机组各种工况下，对给水进行除氧、升压和加热，为锅炉省煤器提供数量和质量都满足要求的给水。

4. 回热抽汽系统

回热抽汽系统是指汽轮机各级抽汽口至相对应的各高、低压加热器之间的连接管道和阀门所组成的系统。汽轮机采用回热循环的主要目的是提高锅炉的给水温度，以提机组的热经济性。

图 4.30 所示为国产某 600 MW 机组配套的回热抽汽系统。该机组具有八段非调整抽汽。一段抽汽从高压缸的Ⅰ段抽汽口抽出，引至 J1 高压加热器；二段抽汽从再热蒸汽冷段引出，进入 J2 高压加热器供汽；三段抽汽从中压缸Ⅲ段抽汽口抽出，供给 J3 号高压加热器；四段抽汽从中压缸Ⅳ段抽汽口至抽汽总管，然后再由总管引出分别供给 J4 除氧器和给水泵驱动汽轮机；五、六、七、八段抽汽分别供汽至 J5～J8 台低压加热器。

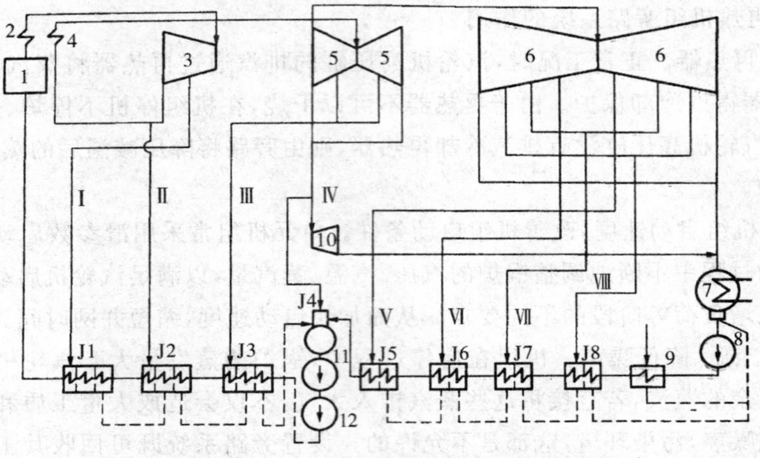

图 4.30　国产某 600 MW 机组配套的回热抽汽系统

1—锅炉；2—过热器；3—汽轮机高压缸；4—再热器；5—中压缸；6—低压缸；7—凝汽器；8—凝结水泵；9—轴封冷却器；10—给水泵汽轮机；11—前置泵；12—给水泵；J1、J2、J3—高压加热器；J4—除氧器；J5、J6、J7、J8—低压加热器

5. 凝结水系统

凝结水系统是指从凝汽器热井出口至除氧器之间的设备和管道连接系统。凝结水系统的主要作用是加热凝结水，并将凝结水从凝汽器热井送至除氧器。由于亚临界和超临界压力以上的机组，对锅炉给水的品质要求很高，因此，凝结水系统还要进行除盐净化。

图 4.31 所示为某大型机组主凝结水系统，系统包括高低压凝汽器、两台凝结水泵、一台化学精处理装置、一台轴封冷却器、四台低压加热器（末两级低压加热器分别置于凝汽器颈部）。

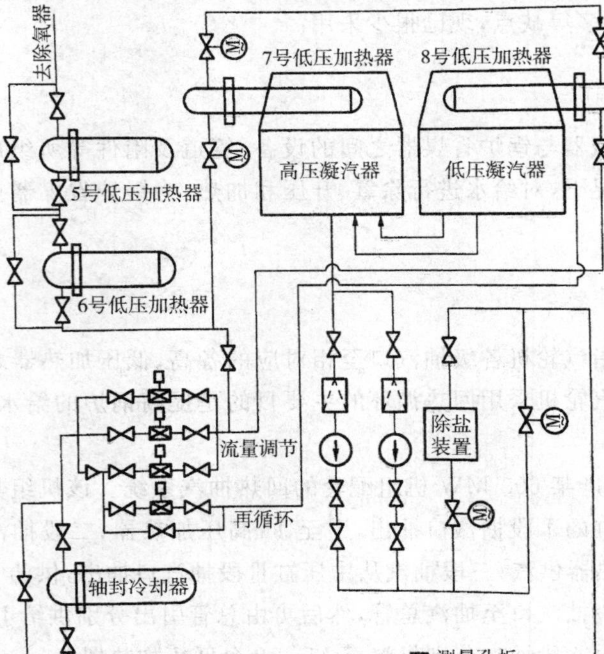

图 4.31　凝结水系统

凝结水的流程是：凝结水由高压凝汽器的热井经一根总管引出，然后分两路接至两台凝结水泵，经化学精处理装置后相继进入轴封冷却器和各级低压加热器，最后送至除氧器。

4.7.2　发电厂原则性热力系统举例

1. N600-16.7/537/537 **型机组的发电厂原则性热力系统**

图 4.32 所示为引进美国技术国产的 N600-16.7/537/537 型机组，配 HG2008/186M 强制循环汽包炉的发电厂原则性热力系统图。其汽轮机组为单轴、四缸、四排汽、反动式汽轮机。该机组有八级不可调整抽汽，回热系统为三高、四低、一除氧，除氧器为滑压运行（范围是 0.147～0.882 MPa）。高、低压加热器均有内置式疏水冷却段。高压加热器还均设置了内置式蒸汽冷却段。系统采用疏水逐级自流方式，有除盐装置 DE、一台轴封冷却器 SC、配有前置泵 TP 的给水泵 FP。给水泵汽轮机 TD 为凝汽式，正常运行其汽源取自主汽轮机的第四级抽汽（中压缸排汽），其排汽引入凝汽器。最末两级低压加热器 H7、H8 位于凝汽器颈部。

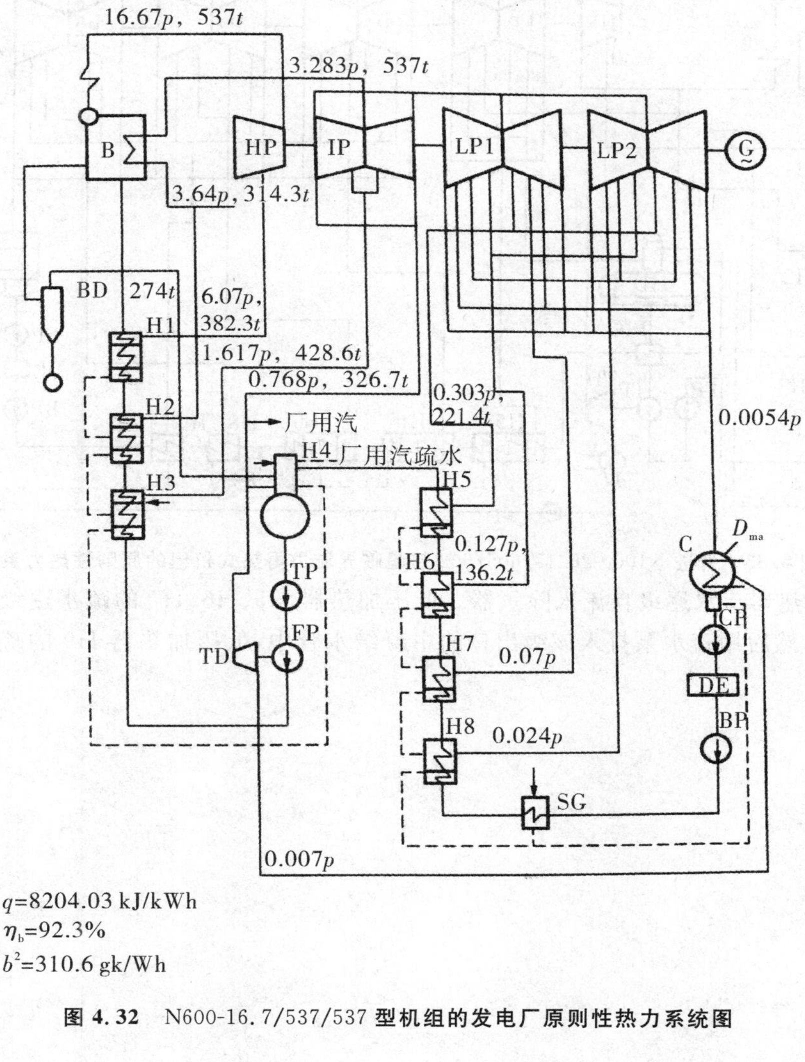

图 4.32　N600-16.7/537/537 **型机组的发电厂原则性热力系统图**

2. 引进型 N1000-26.15/605/602 超超临界压力再热式机组的原则性热力系统

图 4.33 所示为引进型 N1000-26.15/605/602 超超临界压力再热式机组的原则性热力系统。该机组配用超超临界压力蒸发量为 3030 t/h 的变压运行的直流锅炉，锅炉设计效率为 93.8%。汽轮机为单轴、五缸六排汽、冲动凝汽式汽轮机。该机组有九级不调整抽汽，回热系统为三高、五低、一除氧。由锅炉过热器送来的 26.15 MPa、605 ℃的蒸汽，进入高压缸膨胀做功。高压缸排汽（参数为 4.52 MPa、308 ℃）送到再热器，经过再热器加热温度升到 602 ℃的过热蒸汽。再送到分流式中压缸膨胀做功。中压缸做功后的蒸汽进入分流式低压缸做功，乏汽排入凝汽器凝结成水。凝汽器中的凝结水，经凝结水泵 CP 和除盐设备 DE，再由凝结水升压泵 BP 送至低压加热器 H9、H8、H7、H6 和 H5，经高压除氧器 HD 充分除氧后由汽动给水泵依次打入 H3、H2、H1 高压加热器进行加热，将给水温度提高到 287 ℃，再送入到锅炉省煤器。

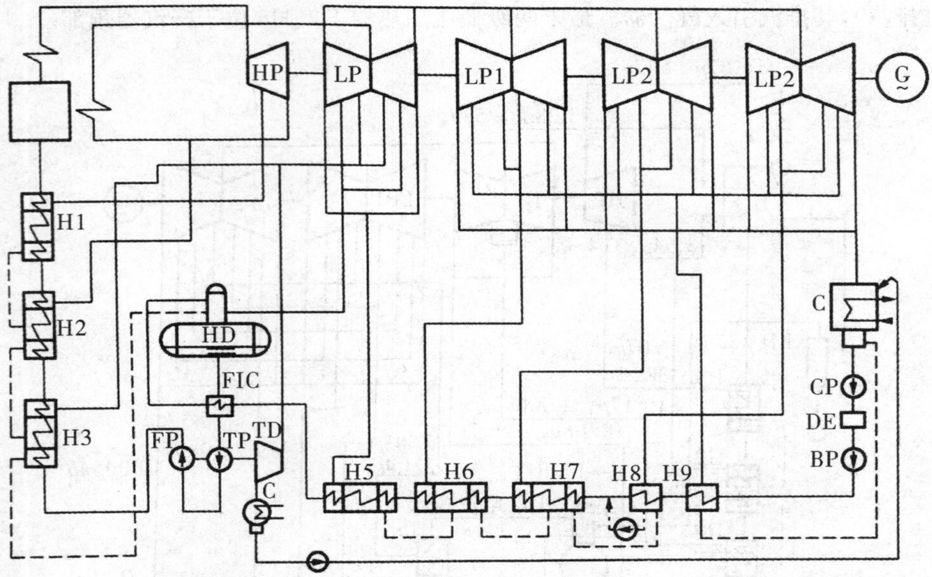

图 4.33 引进 N1000-26.15/605/602 超超临界压力再热式机组的原则性热力系统

高压加热器疏水逐级自流入除氧器。低压加热器 H5、H6、H7 的疏水逐级自流入低压加热器 H8，然后用疏水泵打入该级出口的主凝结水管中，低压加热器 H9 的疏水自流入凝汽器的热井。

第二篇
电力运行设备

2

电力运行设备的正常运行是整个电力系统的重要环节。由于电力生产和使用的重要和特殊性，本篇重点从发电机组的结构、工作原理、特性、参数、应用、检测、状态判断、常见故障处理，以及变电站主要电气设备(如高压断路器、高压隔离开关、电流电压互感器设备)的结构、工作原理、运行规范等来进行介绍和分析。

第5章 电力发电机

5.1 同步发电机的基本原理

5.1.1 发电机的工作原理

由电磁感应定律得知，导体切割磁力线就能感应电动势。将这一导体闭合，就有电流通过。同步发电机就是基于这个基本原理而工作的。

同步发电机与其他发电机一样，由定子和转子两部分所组成。它的定子是将三相交流绕组嵌置于由硅钢片叠压而成的铁芯里，且在空间相隔120°。它的转子通常由磁铁芯及励磁绕组构成，四极同步发电机的原理示意图如图5.1所示。

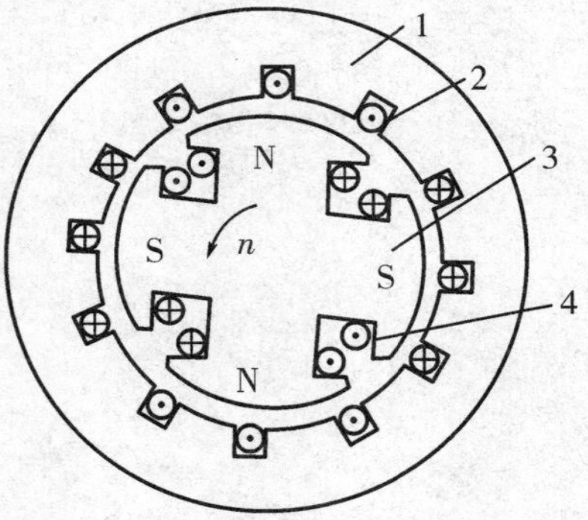

图5.1 四极同步发电机的原理示意图

1—定子铁芯；2—定子绕组；3—转子磁极；4—励磁绕组

如果用原动机拖动同步发电机的转子，以每分钟 n 转的速度旋转，当励磁绕组通以直流电流后，转子磁极建立的磁场就会不断切割定子三相电枢绕组，在定子电枢绕组中感应出三相交变电动势。感应电动势方向可用“右手发电机定则”确定。

1. 感应电动势的波形

设主磁极磁场在空间为正弦波形分布，即

$$B_x = B_1 \sin\alpha \tag{5-1}$$

式中：B_1——气隙磁通密度的幅值；

α——距离坐标原点口处的电角度。

当导体位于两个磁极之间，以进入 N 极作为时间的起点，即 $t=0$ 点，转子的转速用每秒钟内转过的电弧度 ω 表示，ω 称为角频率，则当时间为 t 时，导体从 $\alpha=0$ 处移到 α 处，移过的距离用电角度表示时为 α，$\alpha=\omega t$。导体中的感应电动势为

$$e=B_x l v \sin\omega t=\sqrt{2}E\sin\omega t \tag{5-2}$$

式中：E——导体中感应电动势的有效值；

$\sqrt{2}E$——感应电动势的最大值，$\sqrt{2}E=B_1 l v$。

由此可见，若磁场为正弦分布，主极为恒速旋转，则定子绕组导体中感应电动势在时间上也按正弦规律变化。

由于在制造时，把转子磁极的极弧制造成特定的形状，使它产生的磁场在气隙空间按正弦规律分布，电枢绕组便能得到正弦波的感应电动势，在定子绕组的引出端可以得到交流电动势。如果定子是三相绕组，那么就可以得到三相正弦交流电动势。

2. 导体电动势的有效值

导体电动势的有效值为

$$E=\frac{B_1 l v}{\sqrt{2}} \tag{5-3}$$

$$v=\pi D\frac{n}{60}=2p\tau\frac{n}{60} \tag{5-4}$$

式中：v——转子线速度；

p——极对数；

n——每分钟转数；

τ——极距。

则

$$E=\frac{B_1 l}{\sqrt{2}}\times\frac{2p\tau n}{60}=\sqrt{2}fB_1 l\tau \tag{5-5}$$

考虑到磁场在空间是正弦分布的，一个极距下的平均磁密度为

$$B_{av}=\frac{2}{\pi}B_1 \tag{5-6}$$

一个极下的磁通量等于平均磁密度乘以每极下的面积，即

$$\Phi_1=\frac{2}{\pi}B_1\tau l \tag{5-7}$$

于是导体电动势的有效值可进一步改写为

$$E=\frac{\pi\sqrt{2}}{2}f\Phi_1=2.22f\Phi_1 \tag{5-8}$$

3. 三相电动势的相序

定子三相绕组的匝数相等，在空间分布上互差 120 电角度（即三相对称绕组），故在三相绕组中感应电动势的大小相等，而在时间相位上互差 120°（即三相对称电动势）。

转子旋转时，其磁场切割定子三相绕组在时间上有先后顺序。如将转子磁场先切割的那一相绕组定为 A 相，则后切割的便是 B 相、C 相，故三相电动势的相序与转子的转向一致。

发电机定子绕组相序由转子的转向决定。

4. 感应电动势频率

当转子转过一对磁极，电动势就经历了一个周期的变化，故感应电动势的频率与磁极对数 p 成正比。若转子有 p 对磁极，转子以每分钟 n 转的转速转动，则每分钟内感应电动势变化 pn 个周期。电动势在 1 s 内所交变的周期称为频率，其单位为 Hz，故感应电动势的频率 f 为

$$f=\frac{pn}{60} \tag{5-9}$$

我国电网的标准频率 $f=50$ Hz，是一个固定的数值。因此同步发电机的转速与极对数 p 成反比例关系。当 $p=1$（两极发电机）时，$n=3000$ r/min；$p=2$（四极发电机）时，$n=1500$ r/min；$p=3$（六极发电机）时，$n=1000$ r/min；$p=4$（八极发电机）时，$n=750$ r/min。它们之间的关系如表 5.1 所示。

表 5.1 磁极对数和转速间的关系（$f=50$ Hz）

p	1	2	3	4	5
n/(r/min)	3000	1500	1000	750	600

同步发电机的特点与其他异步发电机显著区别是：当磁极对数一定时（已制造好的同步发电机），$f \propto n$，即频率与转速之间保持严格不变的关系。

在火力发电厂中，应用汽轮机作为原动机，拖动同步发电机。该同步发电机成为汽轮发电机组。由于汽轮机在高速时较为经济，所以汽轮发电机应有尽可能高的转速，现在的汽轮发电机都是两极或四极的，其转速为 3000 r/min 或 1500 r/min，绝大多数为 3000 r/min。

5.1.2 汽轮发电机的构造

汽轮发电机在结构上主要分为静止部分与转动部分。静止部分由机座、端盖、轴承座、定子铁芯、定子绕组及出线装配等部件组成；转动部分则由转子本体、转子绕组、护环及中心环等组成。

汽轮发电机的结构如图 5.2 所示。

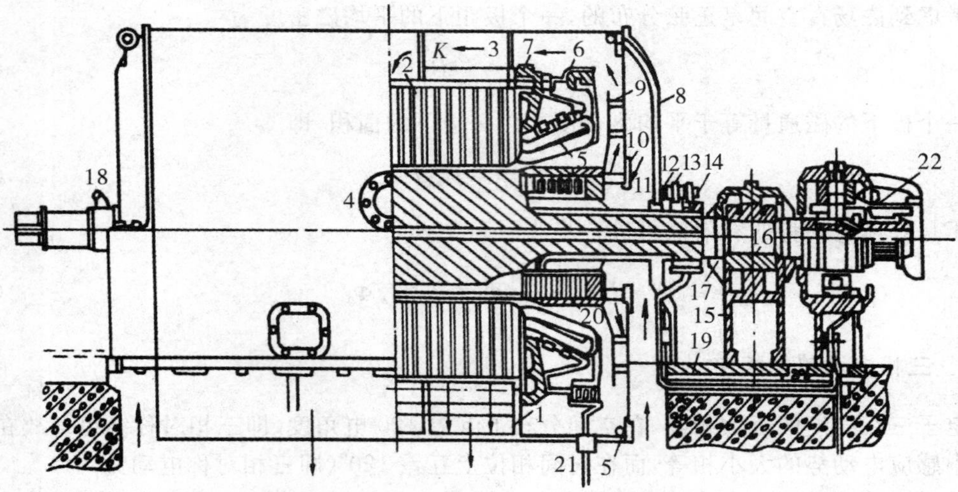

图 5.2 汽轮发电机的结构

1—定子机座；2—定子铁芯；3—外壳；4—吊起定子的设备；5—防水导水管；6—定子绕组；7—定子压紧环；8—外护板；9—里护板；10—通风壁；11—导风屏；12—电刷架；13—电刷握柄；14—电刷；15—轴承；16—轴承衬；17—油封口；18—汽轮机边的油封口；19—基础板；20—转子；21—端线；22—励磁机

1. 转子

转子由励磁绕组、槽楔、集电环、滑环、励磁绕组、风扇等部分组成，如图 5.3 所示。转子圆周线速度极高，使转子本体及转子各部件都承受着巨大的离心力，故对构成转子的材料提出了极高的要求。由于转子的直径受到离心力的限制，故增大容量只能增加转子的长度。但转子长度的增加亦受到转子刚度和振动等影响而有一定的限制，且转子长度增加后，因励磁绕组损耗产生的热量要散出去比较困难，因而在制造发电机转子时工艺要求越来越高。转子本体材料选用高导磁性能和高机械强度的优质合金钢，如镍铬钼钒(NiCrMoV)、铬钼钒(CrMoV)、镍镉钼(34CrNi34Mo)等合金钢。经真空浇铸和复杂的热加工和冷加工，锻压成带轴的毛坯子，再加工成单一锻成体转子。目前汽轮发电机转子都做成细长的圆柱体，其外形如图 5.4 所示。

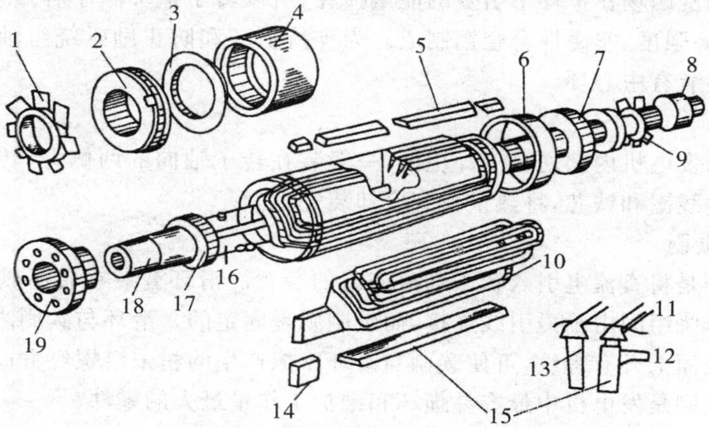

图 5.3　转子的结构

1—轴向风扇；2—径向风扇；3—中心环；4—护环；5—槽楔；6—集电环；7,17—滑环；8—电枢；9—风扇；10—励磁绕组；11—槽楔；12—转子绕组；13—转子槽；14—绝缘槽；15—槽口保护套；16—励磁引线；18—抽头；19—联轴器

1) 铁芯

转子铁芯既是发电机磁路的一部分，又是固定励磁绕组的部件，大型汽轮发电机的转子一般采用导磁性能好、机械强度高的合金钢锻成，并和轴锻成一个整体。沿转子铁芯轴向，铁芯表面 2/3 的部分对称地铣有凹槽。槽的排列形式有两种，一种是辐射排列，一种是平行排列。我国生产的发电机都采用辐射排列形槽，如图 5.5 所示。

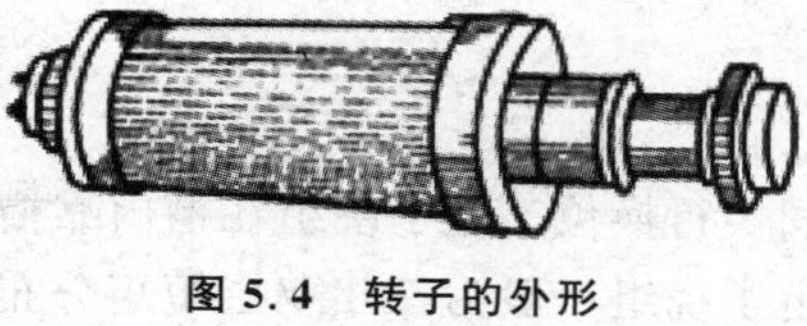

图 5.4　转子的外形

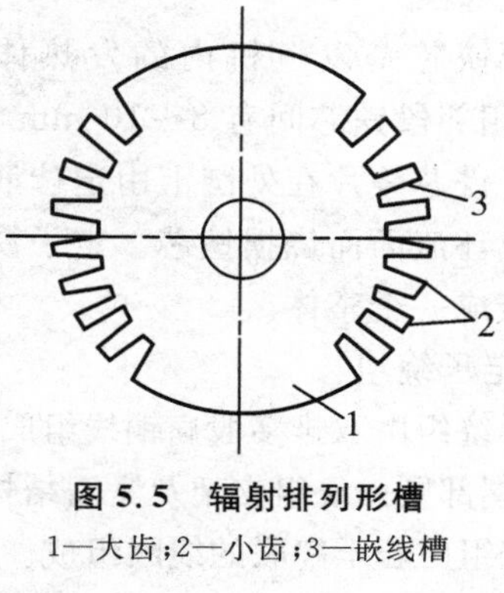

图 5.5　辐射排列形槽

1—大齿；2—小齿；3—嵌线槽

2）励磁绕组

励磁绕组由矩形的扁铜线绕成同心式绕组，嵌放在铁芯槽中，所有绕组串联组成励磁绕组。直流励磁电流一般通过电刷和集电环引入转子励磁绕组，形成转子的直流电路。励磁绕组各匝间相互绝缘，各匝和铁芯间也有可靠的绝缘。

3）护环

护环套装在转子绕组端部外圆表面，用来紧固和保护转子绕组的端部，俗称套箍。转子绕组的槽内部分用槽楔来压紧固定。汽轮发电机的转速高、离心力大，对槽楔的材料要求很高，而且要求不导磁，因此槽楔一般采用铝青铜及硬质铝合金制成。护环在运行中所受的离心力是很大的，一方面要承受本身重量所产生的离心力和绕组端部离心力。同时还要考虑发电机端部受杂乱磁场在护环中引发的能量损耗，所以转子护环除小容量发电机采用磁性钢外，大都采用高强度、非磁性合金钢制成。为支持护环和防止励磁绕组轴向移动，在励磁绕组端部外侧还装有中心环。

4）风扇

风扇是供给发电机内部通风冷却用的，一般装在转子轴向的两侧，当转子转动时，风扇使冷却空气吹过线圈和铁芯，将热量带到冷却装置。

5）滑环和碳刷

滑环和碳刷是将直流电引入转子励磁绕组的装置。滑环套装在转子轴上，与转子一起转动。它与励磁绕组间由励磁引线连接，而碳刷则是固定的。滑环与碳刷之间为滑动接触。在滑环的圆周表面上开有螺纹，可使碳刷与滑环摩擦产生的粉末沿螺纹方向排出，同时还可以帮助散热。碳刷是发电机中最容易损坏和维护工作量最大的零件。

2. 定子

汽轮发电机的定子由导磁的定子铁芯、导电的定子绕组及用于固定定子铁芯和绕组的一些部件所组成，这些部件包括机座、铁芯压板、绕组支架和槽楔等。

1）定子铁芯

汽轮发电机的定子铁芯是构成发电机磁回路和固定定子绕组的重要部件。为了减少磁滞与涡流损耗，它采用磁导率高、损耗小、厚度为 0.5 mm 或 0.35 mm 的硅钢片叠压而成。现代大容量汽轮发电机为有效地降低铁芯轴部损耗、节约硅钢片和减少发电机的尺寸，多采用有方向型冷轧硅钢片，由若干扇形片组成整圆。为减少涡流损耗，发电机铁芯冲片的表面必须涂绝缘漆。

定子铁芯是发电机内的发热体。为了冷却，铁芯沿轴向分段。中间段厚度为30～50 mm，相邻段铁芯间有 8～10 mm 宽的径向风道，风道内装有点焊在冲片上的通风槽隔板。定子铁芯叠片在外圆上由定位筋固定，呈短路状态，故铁芯内圆不允许再出现短路点，以免形成环流面而烧损铁芯。定子铁芯轴向两端靠齿压指和压圈固定，经压紧后将铁芯和机座连接成一个整体。

2）定子绕组

定子绕组由双排多股扁铜线组成，并在股线间实行换位。定子绕组在槽内靠槽楔压紧来固定，在端部则由绕组支架及紧固结构来固定。定子绕组一般为三相双层短矩分布绕组。定子每相绕组由若干串联的线圈组成。根据发电机的容量，三相绕组可接成单 Y 型、双 Y 型或

3Y 型，引出线为 6 根、9 根或 12 根。定子绕组采用杆式线棒，槽内线棒数为 2(上层及下层)。如果每相支路数为 a，串联匝数为 W，定子槽数为 Z，则 $Z=3Wa$，其互相关系如表 5.2 所示。

表 5.2　实际使用中定子槽数、每相支路数和串联匝数间的对应关系

定子槽数(Z)	36	42	48	54	60	66	72
每相支路数(a)	1	2	2	2 或 3	2	2	2 或 3
串联匝数(W)	12	7	8	9 或 6	10	11	12 或 8

我国在 20 世纪 60 年代生产的中小容量发电机，定子线棒采用片状云母带包扎和沥青浸漆处理的 A 级绝缘，又称沥青云母绝缘或黑绝缘，耐热温度 105 ℃。自 20 世纪 60 年代初开始采用桐油酸酐(TOA)环氧树脂粉云母绝缘及改性环氧(ETOA)粉云母绝缘，又称黄绝缘，属 B 级绝缘，耐热温度为 130 ℃。现在，国内及国外大型发电机普遍采用的定子线棒绝缘是以环氧树脂为浸渍剂或黏合剂的粉云母带作为主绝缘。

3) 机座

机座的作用主要是用来固定定子铁芯，因此要求具有足够的强度和刚度，以承受在加工、运输以及运行过程中的各种作用力，另外还要能满足通风散热的要求。机座一般由钢板焊接而成。

3. 其他部件

汽轮发电机除了上述一些主要部件外，还有轴承、轴承座、端盖、冷却设备、灭火装置、测温装置及水、氢、油系统等。

5.1.3　汽轮发电机的冷却方式

发电机在运行中会产生热能，这些热能将会使发电机的各部分温度升高。为降低发电机的各部分温度，发电机加装相应的冷却装置，从而改善发电机的运行条件，提高发电机的运行能力。

1. 冷却方式的分类

汽轮发电机的冷却方式按冷却介质不同，分为空气冷却、氢气冷却和水冷却。按冷却介质与导线接触方式不同，又有外冷、内冷之分。冷却系统中，按照介质的组合方式不同，大中型发电机有如下几种冷却方式。

(1) 定、转子绕组和定子铁芯都采用氢表面冷却，即氢外冷却。

(2) 定子绕组和铁芯采用氢表面冷却，转子绕组采用氢直接冷却，即氢内冷却。

(3) 定子绕组采用氢内冷却，转子绕组及定子铁芯采用氢表面冷却，即氢内氢外冷却。

(4) 定子绕组采用水内冷却，转子绕组采用氢气内冷却，定子铁芯采用氢外冷却，即水氢氢冷却。

(5) 定、转子绕组采用水内冷却，定子铁芯采用空气冷却，即水水空冷却。

2. 冷却方式简介

1) 空气冷却

小容量发电机采用的是开敞式通风冷却方式。

采用空气冷却的发电机，冷却空气从两端风路进口进入发电机的汽、励两侧后，每侧又分为两路：其中一路直接送到定子铁芯的背后，通过发电机中部的若干径向通风沟进入气隙，从而冷却定子中部铁芯、绕组及转子表面，然后又从另外若干径向通风沟进入排气室；另一路经过定子绕组的端部后进入气隙，冷却定子及转子表面的端部，然后通过定子两端的径向通风沟进入排气室。

2）氢气冷却

氢气冷却方式应用在50 MW以上的发电机组。氢气比空气轻14倍，并且风损小，冷却效率比空气冷却方式的提高0.7%～1%，氢气的导热性比空气高6倍，并且流动性强，发电机各部分温度比空气冷却方式的降低15～20 ℃，大大改善了绝缘工作条件，且不易受氧化和电晕的损害。

氢气冷却分为氢外冷却（表面冷却）和氢内冷却（直接冷却）两种。100 MW以下发电机组一般采用氢外冷却，即氢气不能直接接触铜导线，而只能冷却铁芯和线圈的外表。100 MW以上的发电机则采用氢内冷却，在发电机转子两侧加装的风扇中，一侧为高压头风机，可把冷风直接通入转子及定子绕组内部，提高冷却效率。

大型氢气冷却发电机的通风系统中，一般将整台发电机沿轴向划分为“几进几出”的进出风区。同时定、转子风区相互匹配，实现气隙取气通风，收到了冷却比较均匀的效果。以“二进三出”为例，沿轴向将定子和转子相应地分为两个进风区和三个出风区。经转轴两端的风扇将氢气打入发电机后，经定子铁芯背部的风道进入进风区的风量最多，沿径向通风沟冷却铁芯后吹入发电机的气隙，其中一部分经转子槽楔的进风孔进入转子线圈内部，沿线圈斜面风沟对铜线直接冷却后至出风区逸出；另外一小部分则直接从气隙折至出风口出去；另一路风较少，它从定子线圈端部空间直接进入定、转子间的气隙，至出风区逸出；还有一路风量最少，由转子中心环下的气隙进入转子绕组的端部，冷却端部导线后，至槽内沿风沟从转子逸出。

这几路冷风在三出风区汇合逸出后已形成热风。然后经气体冷却器冷却，再又由风扇打入，形成密闭式通风系统。

3）水水空冷却

水水空冷却方式即定、转子绕组采用空心导线通水冷却，而定子铁芯采用空气冷却的方式。水具有较高的导热性能，它的冷却能力比空气高125倍，比氢气高40倍。水的化学性能稳定、不燃烧，而且价格低廉。水水空冷却一般用在100 MW以上的发电机组。

定子绕组及转子绕组将水直接通入空心绕组内进行冷却。定子铁芯则用空气冷却，转子两端装有旋桨式风扇。水冷却器由许多带圆形散热片的铜管、隔板和外壳组成。发电机冷却水（热水）在管外流动，循环水用的冷却水在铜管内流动，形成系统循环。水管及水管连接附件均需采取绝缘措施。发电机外部水系统中的管道、阀门、水泵等部件，还应有防腐措施。

4）水氢氢冷却

随着汽轮发电机的容量不断增大、电压增高、电磁密度增大，需要散发的热量也越来越多，所以散热和冷却是大型汽轮发电机的一个突出问题。目前发电机制造行业普遍认为水氢氢冷却是比较理想的冷却方式。所谓水氢氢冷却方式，就是定子绕组采用水内冷却、转子绕组采用氢内冷却、定子铁芯采用氢气冷却的系统。定子绕组有两个水回路，即现圈内水回路和端部水回路。冷却水经过连接法兰进入环形进水汇流总管，然后分成很多支路，经过聚四氟乙烯定子绝缘引水管流到各线圈的空心铜管中，通过线棒后，又以同样的方式流到出水汇流总管，最后通过法兰及管道流回发电机外部冷却水系统。

由于定子绕组通过绝缘水管与进出水汇流管连接，故其绝缘电阻实际上主要由塑料管内冷却水的电阻值决定，而冷却水电阻值又是由水质决定的。一般情况下，定子绕组通水后的绝缘电阻仅数十千欧。排除水路后，定子绕组的真实绝缘电阻可采用 ZC-37 型 2500 V 水冷发电机绝缘电阻测量仪表进行测量。正常的绝缘电阻值应大于 1000 MΩ。

3. 冷却方式实例

现以某厂 QSQF-200-2 型汽轮发电机为例，介绍“四进五出”的氢气冷却系统。

安装在转子两端的轴流风扇压入定子铁芯背部的冷风区（共有四个冷风区，轴向位置与转子进风区对应），经过铁芯通风道进入气隙，再进入进风区的转子风斗，冷却转子绕组后，从转子出风区的风斗排出，经气隙进入定子铁芯通风道，被排至铁芯背部的热风区（共有五个风区，轴向位置与转子出风区对应）。热风区内氢气经过冷却器（共有四组冷却器，布置于机座的四角）冷却后再次进入轴流风扇。为避免冷热氢气混合，在气隙两端装有气隙隔板。

冷却气体在转子内循环的压力主要来自转子本身的离心力，进入转子本身的压力来自转子两端的风扇。

4. 各冷却方式的优缺点

(1) 空气冷却方式的缺点是，对于大容量的机组，冷却转子相对困难，而采用敞开式通风冷却空气又太脏，严重影响机组的工作条件。容量较大的发电机都采用密闭循环，加装了风扇和冷却器。由于冷却的能力较小，而摩擦损耗又大，空气冷却一般用于 50 000 kW 及以下的发电机。

(2) 氢气冷却方式的缺点是，要增加一套制氢设备和控制系统，还要有一套密封油设备及净油设备，不仅增加了安装投资及运行、维护工作量，而且氢气和空气混合体在一定条件下有爆炸的可能性。

(3) 水冷却方式的缺点是，要经常监视水质，水质不良会腐蚀铜导线。如维护不当，密闭性能受到破坏，会发生漏水，从而降低发电机运行的可靠性。

5.2　发电机的励磁系统

同步发电机的励磁系统是同步发电机的重要组成部分。励磁系统的特性对电力系统及同步发电机的运行性能具有十分重要的意义。发电机的励磁系统是由励磁机或励磁电源、励磁控制系统（调节器、控制回路），以及相应的操作设备组成的。励磁控制的工作原理是根据发电机的运行工况自动调节励磁电流，以维持端电压和系统电压保持水平。励磁系统的自动励磁调节对提高发电机稳定性有很大作用。同步发电机的运行中，励磁系统的作用有以下几方面。

(1) 调节系统无功功率，维持电压恒定。

(2) 使各台机组间无功功率合理分配。

(3) 采用完善的励磁系统及其自动调节装置，可以提高输送功率极限，扩大静态稳定运行的范围。

(4) 在发生短路时，具有强励功能，有利于提高动态稳定能力。

(5) 在暂态过程中，同步发电机的行为在很大程度上取决于励磁系统的性能。

励磁系统对同步发电机具有很大稳定作用，从保证电力系统安全的角度出发，对励磁系统提出了一定要求，发电机在运行中对励磁系统有如下几点要求。

① 在负载的可能变化范围内，励磁系统的容量应能保证调节的需要，且在整个工作范围内，调整应是稳定的。

② 电力系统有故障，发电机电压下降时，励磁系统应能迅速提高励磁到顶值。要求励磁顶值大，励磁上升速度快。

③ 励磁系统的电源应尽量不受电力系统事故的影响。

④ 当发电机内部或出线端发生故障时，能快速、安全地灭磁。

⑤ 励磁系统本身工作应该可靠。

5.2.1 常见的励磁电源供给方式

1. 直流励磁机系统

直流励磁机系统是过去常用的一种励磁系统，它的能源来自于原动机。因此，它具有简单可靠、不受发电机端电压和与发电机相连的电力网络故障影响的优点。在发电机失步、短路等暂态情况下，当转子励磁电流反向时，励磁机的电枢向发电机励磁绕组提供一个低阻值的环流回路，并与极性无关，使发电机励磁绕组的感应电压保持最小值。由于直流励磁机是靠机械整流子换向整流的，当励磁电流过大时，换向就很困难，所以这种励磁方式只能在中小容量机组中采用。直流励磁机大多与发电机同轴，它是靠剩磁来建立电压的。按励磁机的励磁绕组供电方式的不同，直流励磁机系统可分为自励式和他励式两种。

1) 自励式直流励磁机系统

自励式直流励磁机系统原理接线图如图 5.6 所示。发电机转子绕组由专用的直流励磁机 GE 供电。调整变阻器 R_P 可改变励磁机励磁电流中的 I_{RP}，从而达到调整发电机转子电流的目的。图 5.6 中还表示了励磁调节器与自励式直流励磁机的一种连接方式。在正常工作时，I_{ZTL}、I_{RP} 共同担负励磁机励磁绕组的功率，这样可以减少励磁调节器的容量，这对于输出功率较小的励磁调节器来说是很必要的。

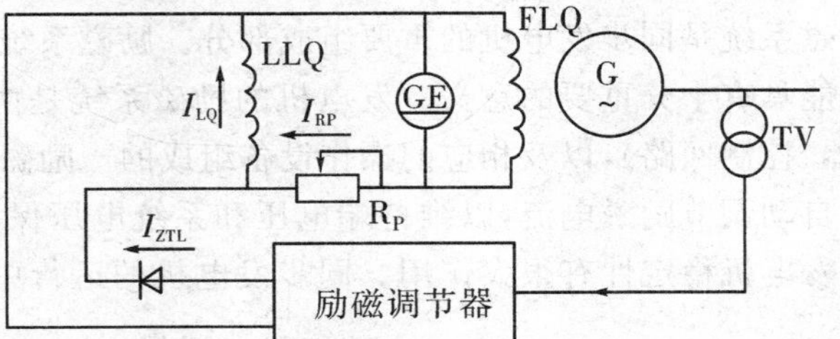

图 5.6 自励式直流励磁机系统原理接线图

2）他励式直流励磁机系统

他励式直流励磁机的励磁绕组由副励磁机供电，副励磁机一般是自励式的，如图 5.7 所示。副励磁机 GE_1 和主励磁 GE 都与发电机同轴。他励励磁机 GE 的励磁电流除有自动调整的 I_{ZTL} 外，还有与发电机 G、主励磁机 GE 同轴的副励磁机 GE_1 供给的他励电流，后者可以通过手动调整磁场变阻器 R_P 来改变。由于他励方式取消了励磁机的自并励，励磁单位的时间常数就是励磁机励磁绕组的时间常数，与自并励方式相比，时间常数小了，提高了励磁系统的励磁电压增长速度。一般发电厂的备用励磁机属于这种方式。

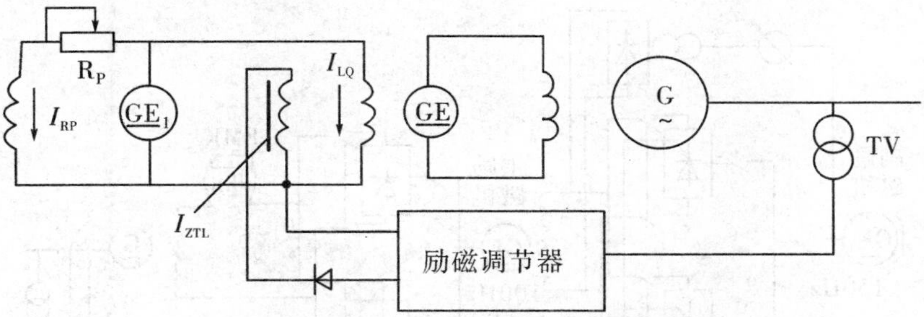

图 5.7　他励式直流励磁机系统原理接线图

2. 交流励磁机带静止整流器励磁系统

由于直流励磁机的容量受到换向整流和整流子片间允许电压等条件的限制，不能满足大机组励磁的需要。一般 200 MW 及以上的汽轮发电机已不可能采用同轴直流励磁机励磁。实际上，容量在 100 MW 以上的同步发电机已普遍采用交流励磁机系统。交流励磁机系统的核心设备是交流励磁发电机。

1）交流励磁机二极管整流励磁系统

交流主励磁机输出的交流电经二极管整流桥整流后向发电机励磁绕组供电。主励磁机的励磁电流由交流副励磁机输出的交流电经晶闸管整流后供给。副励磁机有永磁发电机和自励恒压式发电机两种形式。主励磁机的频率一般为 100～150 Hz，副励磁机的频率一般为 400～500 Hz。交流励磁机二极管整流器励磁系统原理接线如图 5.8 所示。

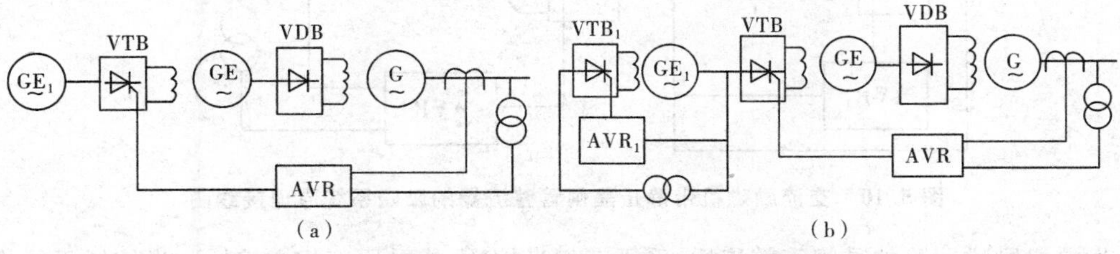

图 5.8　交流励磁机二极管整流器励磁系统原理接线图

(a)永磁发电机接线；(b)自励恒压接线

采用永磁发电机做副励磁机，结构简单，运行可靠，检修及维护方便，实际系统中的发电机励磁系统大多采用这种副励磁机。图 5.9 所示为汽轮发电机三机励磁系统原理接线图。

采用自励恒压式副励磁机，由自动恒压调节器控制它的励磁，使其成为一个恒压源。由于励磁机的启动电压高，不能像直流励磁机那样依靠剩磁启动，所以在机组启动时必须外加起励电源。大容量发电机励磁系统的三组整流桥，每臂均由多个支路并联而成，每一支路由几个二极管串联而成,每臂分支均设有保护。这种励磁结构的接线形式多种多样,如主交流励磁机励磁由机端自励供给,也可取自发电机电流的无功分量,使之具有复励的性质。但这些形式一般用于中小型发电机。此外,我国的交流励磁机也有采用高频感应式发电机的,主励磁机的磁场主要部分由和发电机转子绕组串联的励磁绕组供电,另有两个他励绕组由一高频永磁机供电。励磁调节器控制他励绕组,以实现发电机励磁的自动调节。由于串励绕组的存在,可大大减小永磁机的功率,并在短路时利用转子电流的自由分量加快强励过程,但串励绕组的存在增大了励磁系统的时间常数。

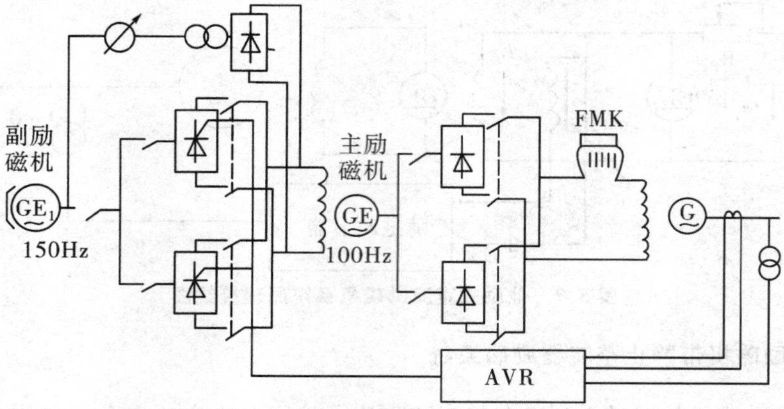

图 5.9 汽轮发电机励磁系统原理接线图

2) 交流励磁机带静止晶闸管整流器的励磁系统

这种励磁系统以三相晶闸管代替上述的二极管,励磁调节器通过改变晶闸管导通角直接调节发电机的励磁。一般交流励磁机采用自励接线,由自励恒压调节器 AVR 控制它的励磁,维持励磁机端电压,其原理接线如图 5.10 所示。

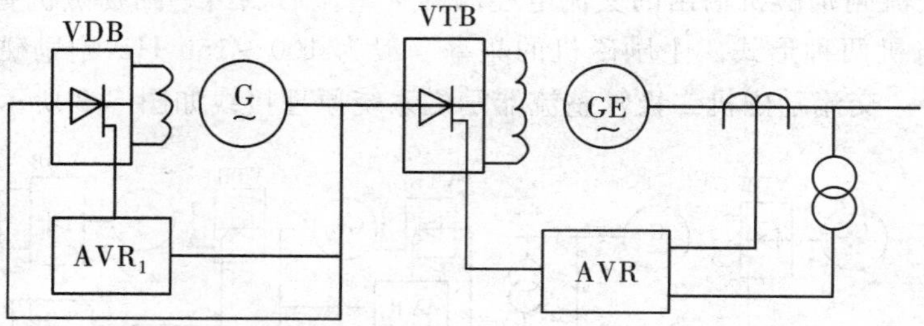

图 5.10 交流励磁机带静止晶闸管整流器的励磁系统原理接线图

发电机励磁回路的晶闸管整流桥,采用三相半控桥,或采用三相全控桥。半控桥只能作整流用。全控桥除正常作整流用外,还用于实现逆变,在逆变情况下,晶闸管整流桥输出电压为负的最大值。当励磁回路出现过电压时,立即转为逆变方式运行,能迅速抑制过电压。当发电机故障跳闸时,可控桥立即转为逆变运行方式,可实现逆变灭磁,从而代替灭磁开关,实现无触头灭磁。全控桥的另一优点是在降低励磁时的速度也比半控桥快。也有的机组采用逆变器和灭磁断路器联合灭磁的灭磁方式。目前大容量机组多采用这种全控桥式接线。汽轮发电机组励磁系统原理接线图如图 5.11 所示。

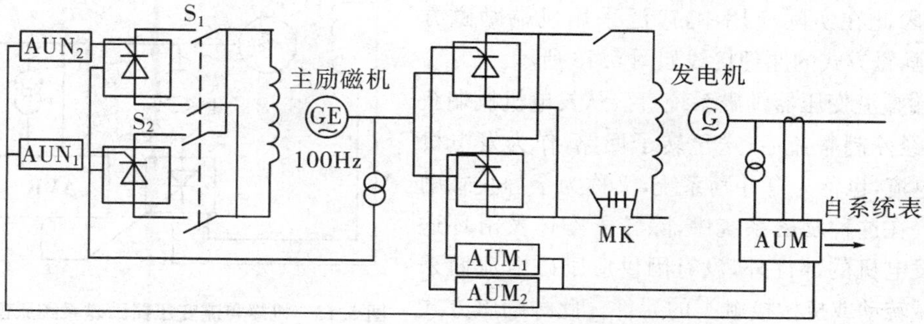

图5.11　汽轮机发电机组励磁系统原理接线图

3. 交流励磁机带旋转整流器的无刷励磁系统

这类励磁系统是将交流励磁机制成旋转电枢式的，励磁绕组是静止的。旋转电枢输出的多相交流电压与装在同轴上的整流器直接相连接，这样整流电流可不经转子的滑环和电刷而直接接到发电机的励磁绕组中，免除了滑环极限容量的限制，也省掉了这一不可靠和维护量大的设备，因此这种励磁系统又称为无刷励磁系统。这种励磁系统适用于特大容量的发电机，是最有前途的励磁方式。目前应用的几乎都是旋转二极管无刷励磁系统。旋转晶闸管励磁系统还在试验研究阶段，关键是如何将励磁调节器触发信号引到相应的旋转晶闸管的控制极上。

旋转二极管无刷励磁系统的主励磁机一般采用150 Hz旋转电枢式交流发电机，副励磁机一般采用中频500 Hz的永磁发电机，其原理接线图如图5.12所示。励磁调节器通过小型可控桥控制主励磁机的励磁。

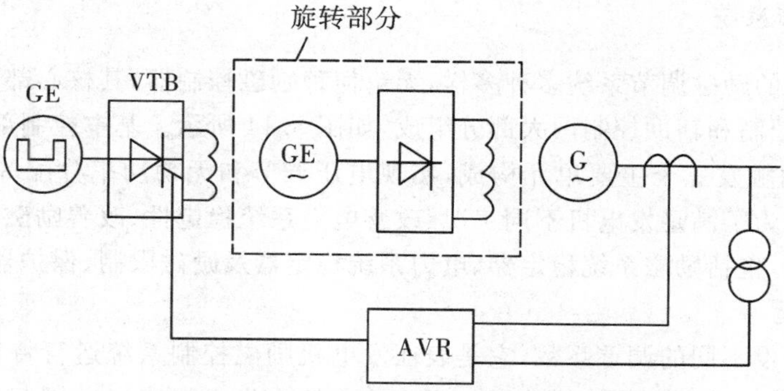

图5.12　无刷二极管励磁系统原理接线图

无刷励磁系统取消了电刷滑环，也带来了一些新的问题，即无法用常规方法测量转子电流、电压，监视转子温度，监视发电机励磁绕组回路的绝缘，监视整流桥上熔断器的熔断等，以致需采取特殊的测量和监视手段。另外，发电机励磁回路也装不上快速灭磁开关，只能在交流励磁中灭磁，因此延长了灭磁时间。

由于旋转晶闸管无刷励磁系统目前还没有正式投入运行，故在此不介绍。

4. 无励磁机的晶闸管励磁系统

无励磁机的晶闸管励磁系统可采用两种供电方式，一种是采用机端整流变压器供电，另一种是由发电机厂用母线引出的整流变压器供电。当励磁电源取自厂用电源时，虽然提高了供电可靠性，但是厂用电源易受到干扰而影响机组运行；而采用机端整流变压器供电时，受干扰和故障影响小,因此在实际应用中,广泛采用机端励磁方式,这种励磁方式的原理接线如图5.13所示。

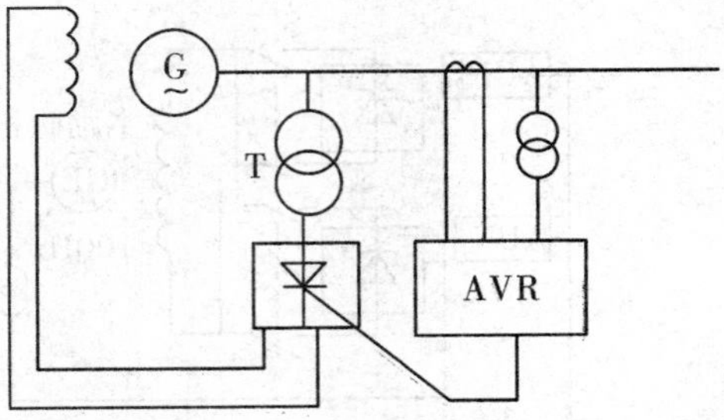

图5.13 机端整流变压器励磁系统原理接线图

机端整流变压器励磁系统直接从发电机机端获取电源,经控制整流后,送至转子回路,作为发电机的励磁电流,也称为自并励系统,又称为全静止式励磁系统。在这种励磁系统中,除转子本体及滑环这些属于发电机的部件外,没有因供应励磁电流而采用有机械转动或机械接触类的元件。此种励磁方式的主要优点是运行可靠性高,使用的元件数目少。

在图5.13所示励磁系统中,励磁调节器所用的电压互感器与励磁电源必须分开设置,否则变压器难以稳定工作。整流变压器的容量取决于励磁电流、顶值励磁电压、整流器的连接和励磁回路的电压降落。当强励倍数为1.8和三相桥式连接时,整流变压器的计算容量近似为额定励磁功率的2倍。

5.2.2 自动励磁调节

自动励磁调节是一种控制系统,控制同步发电机发出的电动势,也就是控制发电机的端电压和发电机的无功功率、功率因数、电流等参数。由于发电机的这些参数直接影响着发电机的运行状态,因此也可以说,励磁控制系统控制着系统的运行状态,系统的运行稳定与励磁控制方式有着密切关系,励磁控制对发电机的运行至关重要。

1. 励磁调节系统

同步发电机的励磁调节系统多种多样,无论何种励磁控制器,其核心部分的构成是很相似的,它由基本控制和辅助控制两大部分组成,如图5.14所示。基本控制部分由测量比较、综合放大和移相触发三个主要单元构成,实现电压调节和无功功率分配等基本调节功能。辅助控制部分是为了满足发电机不同工况、改善电力系统稳定性、改善励磁控制系统动态性能而设置的单元,包括励磁系统稳定器、电力系统稳定器及励磁限制、保护器等。

1) 调差单元

调差单元可设不同的调差系数,它是表征发电机励磁控制系统运行特性的一个重要参数,是用来表示发电机无功调节特性的。调差单元接在发电机出口电压互感器TV和电流互感器TA的二次侧,其接线方式使调差单元输出电压幅值只反映电流的无功分量,其电压输出接到测量比较单元。

2) 测量比较单元

测量比较单元的作用是测量发电机的端电压,综合无功调差信号后与给定的基准电压相比较,得出电压的偏差信号,供后级环节使用。测量比较电路应具有足够高的灵敏度与优良的动态性能,即要求测量精确、反应迅速、电路的时间常数要小。测量比较单元的性能将直接影响到发电机电压调节精度与励磁系统的动态性能。

3) 综合放大单元

综合放大单元对测量单元输出的电压偏差信号起综合和放大的作用。为了得到调节系统良好的静态和动态性能,除了由电压测量比较单元来的电压偏差信号外,有时还根据要求

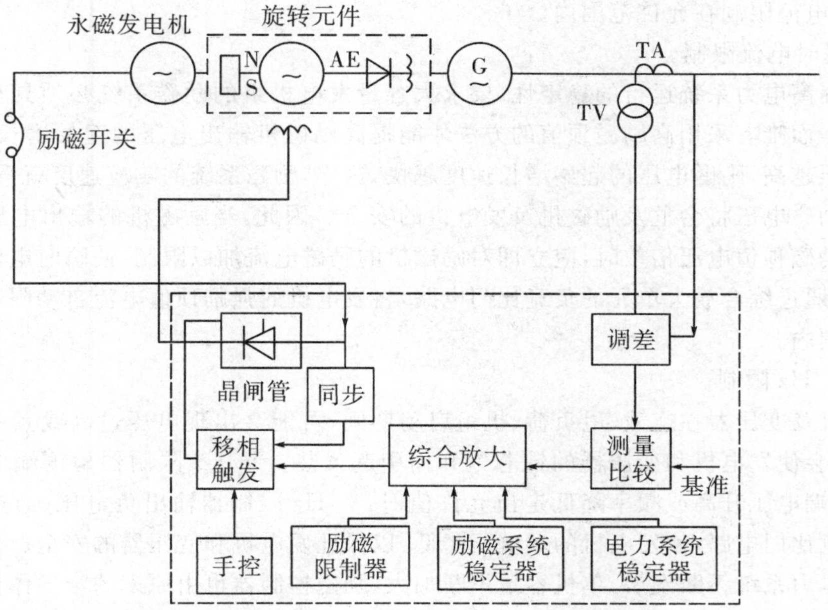

图 5.14　半导体励磁调节器框图

综合来自其他装置的信号，如励磁系统稳定器信号，最大、最小励磁限制信号等。放大的作用是为了消除电压的静态偏差，改善励磁系统的动态性能。综合放大后的控制信号输出到移相触发单元。

4）移相触发单元（输出部分）

移相触发单元主要根据前面的测量结果进行比较放大，通过装置改变励磁电流大小，从而改变发电机的运行工况。移相触发单元包括同步、移相、脉冲形成和脉冲放大等环节。移相触发单元根据输入控制信号的大小，改变输送到晶闸管的触发脉冲相位，即改变控制角α，以控制晶闸管整流电路的输出，从而调节发电机的励磁电流。

5）励磁调节器的辅助控制单元

励磁调节器的辅助控制单元由励磁限制器、励磁系统稳定器和电力系统稳定器组成，现将其功能简述如下。

（1）最小励磁限制。

当发电机进相运行时，其安全运行范围受静稳定极限和定子端部漏磁发热的限制。为确保发电机进相时的安全运行，在励磁调节中设置了最小励磁限制器。若发电机运行状态超出了限制范围，最小励磁限制器就输出正电压，通过综合放大单元的正竞比门电路，自动维持励磁电流大于最小励磁电流。

（2）最大励磁限制。

最大励磁限制是为了防止发电机励磁绕组长时间过励磁而采取的安全措施。当系统发生短路故障使端电压下降到80%～85%的额定电压时，发电机的强励单元动作，使励磁电流迅速上升到顶值电流，一般为1.6～2倍的额定励磁电流。由于受发电机励磁绕组发热的限制，强励时间不允许超过允许值。为确保机组的安全运行，当强励时间超出允许时间，而励磁电流仍未能减小时，最大励磁限制器按照反时限特性，通过综合放大单元的负竞比门电路，将励磁电流限制在允许范围内。

(3) 瞬时电流限制。

为了提高电力系统运行的稳定性，要求大容量发电机组的励磁系统必须具有高起始响应的性能。而唯有采用高励磁顶值的方法才能提高励磁机输出电压的起始增长速度，即励磁顶值电压越高，励磁电压的起始增长速度越快，这样，励磁系统的响应速度就得到了改善。但高顶值励磁电压将会危及励磁机及发电机的安全。因此，当励磁机的输出电压达到发电机允许的励磁顶值电压倍数时，应立即对励磁机的励磁电流加以限制，使瞬时电流限制器输出负电压，通过综合放大单元的负竞比门电路，将发电机的强励顶值电流自动限制在发电机的允许范围内。

(4) V/Hz 限制。

发电机及变压器在空载、甩负荷、机组启动期间，可能会出现电压过高或频率过低的现象，二者均会使发电机和变压器的铁芯饱和而引起发热。V/Hz 限制器检测端电压与频率的比值，当端电压升高或频率降低走出允许值时，V/Hz 限制器输出负电压，通过综合放大单元的负竞比门电路，使发电机的端电压降低，以保证发电机和变压器的安全。

随着电力系统不断发展，单机容量不断加大，励磁控制器也由原来的半导体控制器逐步发展到现有的微机控制器。微机控制器也是由上面介绍的基本单元组成的，对于微机控制励磁调节器来说，其中大部分功能都实现了软件化，由微机来实现。微机励磁控制系统主要由微机控制器和受控对象(发电机)构成微机工控系统，微机工控系统主要由受控对象(发电机)、传感器、执行机构和工业控制计算机组成，如图 5.15 所示。

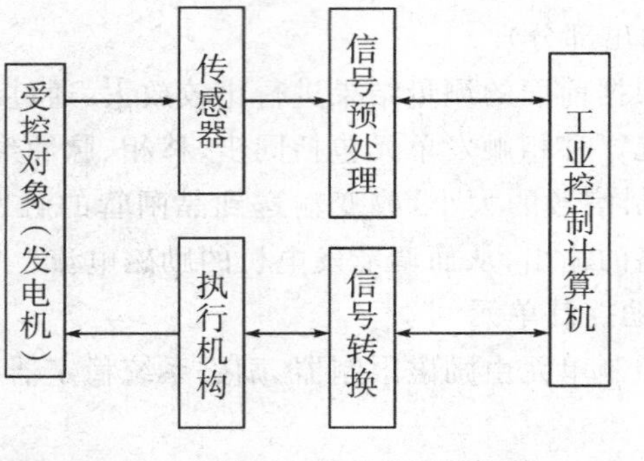

图 5.15　微机工控系统原理框图

传感器的作用是感知受控对象的状态，并将之转换成微处理机易于处理的电信号；工业控制计算机是工控系统的核心，完成信号的采集、控制策略的计算及送出相应的控制量；执行机构完成信号的转换及功率放大，作用于受控对象，改变受控对象的固有特性，以满足各种性能指标的要求。电压互感器、电流互感器及相应的变换、隔离电路是微机励磁的传感器部分，而脉冲放大、晶闸管整流电路则是执行单元。

2. 相位复式自动调节励磁装置

目前在中、小型发电机中广泛应用相位复式自动调节励磁装置，它具有快速、稳定、强励能力高和结构简单等优点。相位复式自动调节励磁装置种类很多，但原理大体相同。现以 KFD-3 型为例，对相位复式自动调节励磁装置做一简单介绍，其原理接线如图 5.16 所示。

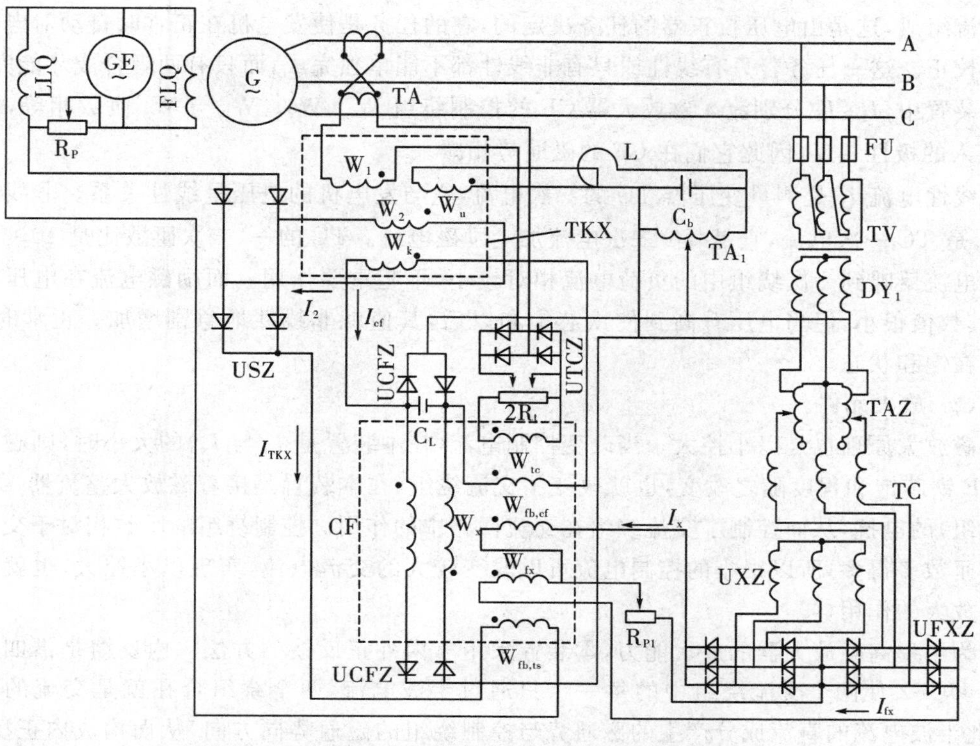

图 5.16　KFD-3 型相位复式自动调节励磁装置原理图

LLQ—励磁机构励磁线圈；GE—励磁机；FLQ—发电机励磁线圈；G—发电机；TA—电流互感器；
TV—电压互感器；TKX—相位复式励磁变压器；L—电抗器；TA_1—自由变压器；USZ—输出整流器；
CF—磁放大器；UCFZ—磁放大整流器；UXZ—线性整流器；UFXZ—非线性整流器；
TC—测量变压器；TAZ—调整自耦变压器；UTCZ—调节整流器

它主要由相位复式励磁装置和电压校正器两部分组成。

1）相位复式励磁装置

相位复式励磁装置主要由电抗器 L、补偿电容 C_b、升压自耦变输出整流器组成。由于电抗器 L 的电抗比 W_u 的阻抗大得多，电抗器 L 除了具有相位补偿作用，还限制 W 中的电流，这一点尤其在系统发生短路时，可使 W_u 回路中的短路电流大部分转送到 W_1 回路里，从而提离相位复式励磁的强励性能。补偿电容器 C_b 是补偿 L 的感抗，以降低电压互感器的二次负载，升压自耦变压器 TA_1 的作用是提高 W_u 回路电压，保证即使在发电机空载时，TKX 也能提供足够大的输出电流，同时升压也可减小 C_b 的电容量值，输出整流器 USZ 用于向励磁机励磁绕组提供直流电流 I_{TKX}。

2）电压校正器

电压校正器由测量元件、放大元件、调整元件三部分组成。电压校正是指在发电机额定电压附近的校正，即在发电机正常运行时产生电压波动时的校正。

(1) 测量元件。

测量元件由自耦变压器 TAZ、测量变压器 TC、线性整流器 UXZ、非线性整流器 UFXZ 和整定调整电阻 R_{P1} 组成。它的作用是根据发电机电压的变化给出相应信号，用于控制放大元件的输出，达到按电压偏差自动调节励磁的目的。测量元件的电流由线性电流与非线性电流组成，这是由电压校正器的任务决定的，它的任务是使发电机在正常时自动对电压波动作校正。这一任务若只有线性或只有非线性都不能单独完成，而只有两者合成才能完成。在本装置中，I_{fx}、I_x 分别流入磁放大器 CF 的控制绕组 W_{fx}、W_x。W_{fx} 与 W_x 匝数相等，I_{fx} 与 I_x 流入的极性相反，因此它们在 CF 的磁通势相减。

线性电流 I_x 是测量变压器 TC 的二次电流，它与发电机的电压呈线性关系。非线性电流 I_{fx} 是 TC 一次电流，它是 TC 二次电流加上励磁电流。TC 的一、二次匝数比是 10∶1，故二次电流反映到一次绕组中的负荷电流相对较小，不起重要作用。而励磁电流在电压较低时，其数值很小，但当电压升高到使铁芯饱和以后，其值就非线性地急剧增加。正常时 TC 工作在饱和状态。

(2) 放大元件。

磁放大原理也是以小控大。当改变控制电流(在本装置是 I_{fx} 与 I_x)的大小时，则磁放大器 CF 铁芯饱和程度随之改变，也就改变了交流绕组(在本装置是接着磁放大整流器 UCFZ 的绕组)的电抗，从而控制了交流绕组在交流回路中的作用。控制绕组的匝数相对于交流绕组的匝数多得多，所以很小的控制电流可以改变较大的交流电流，实现以小控大，也就达到了磁放大的作用。

为了提高磁放大器的放大能力，本装置采用了内外正反馈的方法。内反馈是借四个二极管 UCFZ 使两个交流绕组中的每一个只通过半波电流，两个绕组合在就是交流的全波形，此半波电流的直流成分产生的磁通势与控制绕组的磁通势同方向，从而构成内正反馈。外反馈的绕组有三个，它们是定子电流反馈绕组 W_{tc}、磁放大反馈绕组 $W_{fb,cf}$、调节器电流反馈绕组 $W_{fb,tz}$，所以装置的放大系数是很大的。

磁放大输出供给相复励变压器的控制绕组 W_k，控制绕组需要直流电流，UCFZ 对输出供给 W_k 来说，也就起着全波桥式整流作用，电容器 C_L 起着滤波器功能。

(3) 调整元件(输出部分)。

调整元件是自耦变压器 TA_1。它的电压调节范围是发电机额定电压的±10%。它的作用是确定装置要维持的电压水平或改变发电机的无功负荷。例如，使 TA_1 的输出电压降低，则测量变压器 TC 的输入电压也降低，对 TC 就好像收到发电机电压降低信号一样，使校正器输出降低，从而使相复励变压器 TKX 的输出增加，发电机的励磁电流增加，发电机(单机运行)电压升高或者发电机(并列运行)无功输出增加。反之，使 TA_1 的输出电压升高，其过程与上述相反。

3. 微机励磁调节器

下面以 HWJT 型微机励磁调节器为例介绍调节器的原理，如图 5.17 所示。

硬件电路由测量电路、同步电路(交流励磁机)、脉冲输出电路、显示键盘电路、开关量输入电路、信号输出电路、主控电路、开关电源电路等部分组成。

1) 测量电路

发电机电压 U_F、系统电压 U_S、发电机电流 I_F 和励磁电流 I_L 四路模拟量经 10 位 A/D 进入 8098CPU。功率因数 φ 角的测量电路与同步电路相间，是将 A 相电压、B 相电压转换成脉冲信号送入 HSI.1。

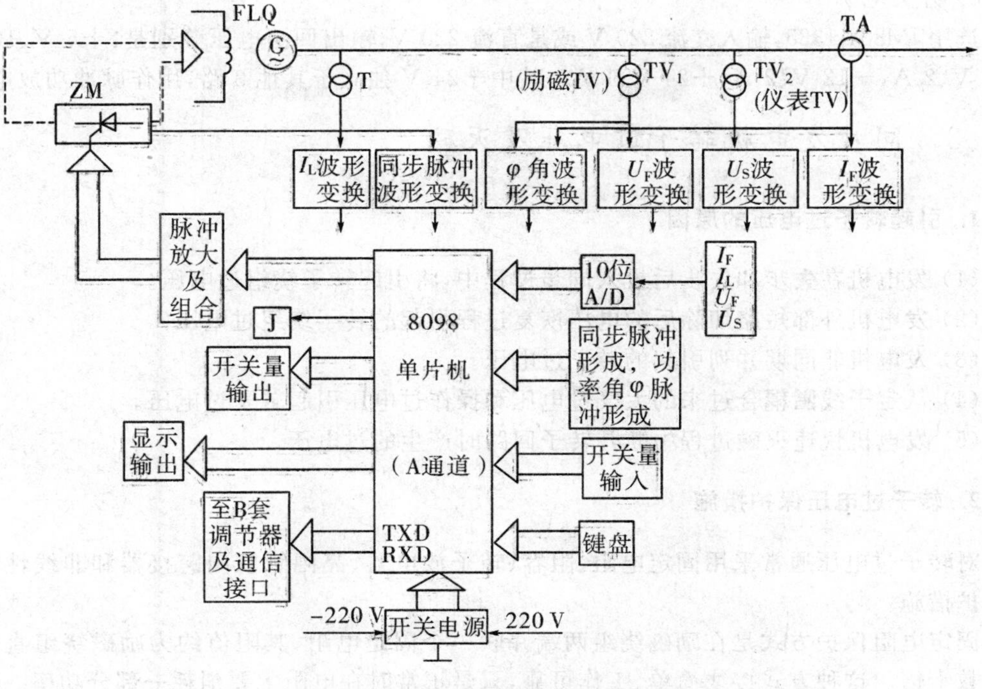

图 5.17　HWJT 型微机励磁调节器框图

2）同步电路(对交流励磁机)

来自发电机机端励磁变压器的三相电压经同步变压器隔离、降压、滤波后，由比较、微分电路及三相同步脉冲信号，进入 8098 的高速入口 HSI. 0。

3）方波输出电路

由 8098 单片机的高速输出口 HSO 输出多路脉冲，经光电耦合器隔离，再通过功率模块的光电隔离触发晶闸管。

4）显示键盘电路

12 位显示分别组成三个 4 位显示表头，分别显示为 TV 电压、励磁电流及综合输出。其中综合输出可以显示开关量状态、PID 变量及频率、顶值、过励限制、有功功率、无功功率等 16 个参量。选择由键盘数值决定。

5）开关量输入电路

共有 8 路开关量输入，均经光耦合器隔离。16 路开关量分别是增加励磁触头、减小励磁触头、手动触头、油开关位置触头、关机触头、开机触头等。

6）信号输出电路

有 16 路信号输出对应 12 只发光二极管指示，其中有 3 路触头输出，限制动作接点包括故障接点、发光字牌信号(可接中控室)、保护触头、切换触头。输出信号有模块故障、手动运行、油断路器状态、低频、过励、低励、TV 断线等信号。

7）主控电路

由 8098 单片机、74B373 锁存器、2764EPROM 程序存储器、2817AE^{2}PROM 断电数据保存、译码器及石英晶体等组成。

8）开关电源

选用 IM804-1335，输入交流 220 V 或是直流 220 V，输出回路电压分别是：+5 V、10 A，+12 V、2 A，−12 V、2 A，+24 V、1 A。其中+24 V 独立于其他 3 路，用作脉冲功放电源。

5.2.3 同步发电机转子过电压及灭磁

1. 引起转子过电压的原因

(1) 发电机在失步和失步后投入同步过程中，将引起转子绕组过电压。

(2) 发电机外部短路切除后的电压恢复过程引起的转子绕组过电压。

(3) 发电机非同期并列引起的转子过电压。

(4) 从定子线圈耦合过来的大气过电压和操作过电压引起转子过电压。

(5) 发电机快速灭磁过程中断开转子回路时产生的过电压。

2. 转子过电压保护措施

对转子过电压通常采用固定电阻、阻容、转子放电器、晶闸管双向跨接器和非线性电阻等保护措施。

固定电阻保护方式是在励磁绕组两端并联一个固定电阻，其阻值约为励磁绕组直流电阻的数十倍。这种方式接线简单、工作可靠，只是正常时在电阻上要消耗一部分功率。

阻容保护方式是利用电容器两端电压不能突变，但能储存电能的基本特性，可以吸收瞬间的浪涌能量限制过电压。为避免电容与回电感产生振荡，通常在电容回路中串入适当的电阻，构成阻容吸收保护。正常时，电阻会因励磁电压纹波的影响消耗一些功率。

转子放电器保护方式是采用具有磁吹熄弧间隙放电特性的放电器作为转子过电压保护，其结构简单，正常时不消耗功率。转子放电器限制过电压的原理是：当转子过电压超过放电器的放电电压时，放电间隙被击穿，放电电流通过放电间隙和限流电阻 R_{at} 流通，从而将转子过电压限制在允许范围内。R_{at} 可利用自同期电阻。调整放电间隙，即可改变放大器的放电电压。固定电阻、阻容保护方式和转子放电器三种过电压保护方式如图 5.18 所示。

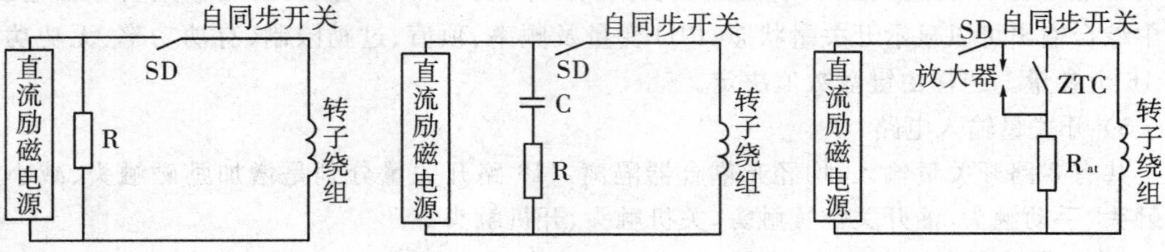

图 5.18 固定电阻、阻容和转子放电器的过电压保护方式

(a)固定电阻过电压保护方式；(b)阻容过电压保护方式；(c)转子放电器过电压保护方式

晶闸管双向跨接器是一种转子回路过电压自投放电电阻的保护，其保护原理如图5.19所示，正常运行时，晶闸管 V_1、V_2 不导通，放电电阻 R 不接入；而当转子回路出现过电压时，晶闸管自动触发导通，将放电电阻并接于转子绕组两端，提供放电回路，以抑制转子回路的过电压。

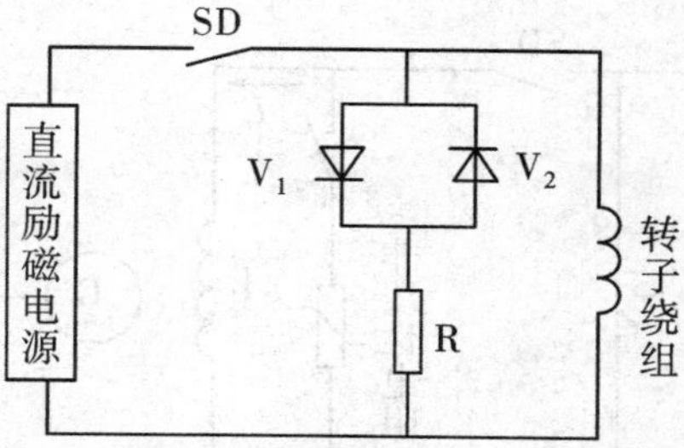

图 5.19　晶闸管跨街器保护方式原理接线图

3. 同步发电机灭磁

当发电机发生内部故障(如定子接地、匝间短路、定子相间短路等)或发电机-变压器组中变压器短路时,继电保护装置虽能将发电机自动断开,但如不消灭发电机磁场,故障电流将仍然存在。短路电流和发电机内电动势成正比,短路电流越大,持续时间越长,短路能量越大。巨大的短路能量将会烧毁绕组,甚至使机组铁芯溶化,导致发电机长时间不能恢复运行。在切除故障时,应迅速将磁场消灭,从而保护发电机正常运行。同步发电机的快速灭磁是限制发电机内部故障扩大的唯一方法。下面介绍几种常见的灭磁方式。

1）恒值电阻放电灭磁

恒值电阻放电灭磁的典型电路如图 5.20 所示。灭磁时,灭磁开关动作,动断触头 SD_2 首先闭合,将放电电阻并接在发电机转子绕组两端,然后动合触头 SD_1 断开,将转子绕组与直流励磁电源切开。这时,转子电流将由放电电阻续流,不致产生危险的过电压。之后,转子电流在由转子绕组和放电电阻构成的回路中自行衰减到零,完成灭磁过程。

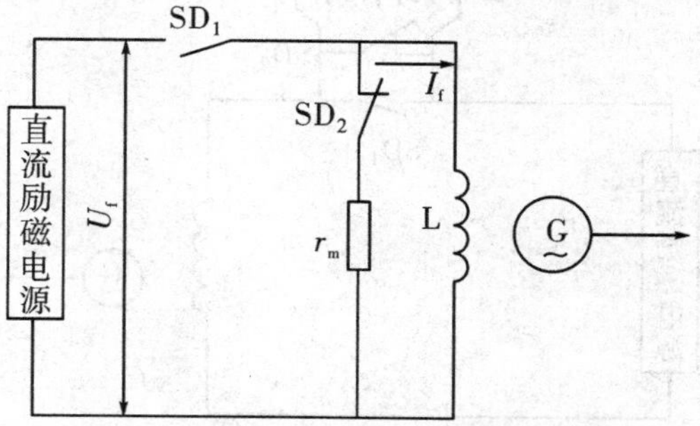

图 5.20　恒值电阻放电灭磁电路

2）非线性电阻放电灭磁

用非线性电阻代替恒值电阻,可以加快灭磁过程。非线性电阻具有非线性伏安特性,它好像稳压二极管,当并接在转子绕组两端时,可以保证转子电压不大于转子电压允许值 U_m。当转子电流大时,其阻值小,当转子电流小时,其阻值又变大,使电流电阻两者乘积变化不大,并始终接近 U_m,以此保证转子电流的衰减率始终接近理想值。这种非线性电阻放电灭磁方式的优点是,灭磁速度快,接近于理想灭磁曲线。

由于非线性电阻在额定励磁电压和强励电压下,其阻值很大,流过的电阻和漏电流很小,因此可以直接并接于转子绕组两端,既作为灭磁电阻又作为过电压保护器件,而不必像恒值电阻灭磁方式那样,为了减小正常运行时的功耗,只有当 SD 动作时才投入。非线性电阻灭磁方式简化了接线和控制回路。非线性电阻放电灭磁电路如图 5.21 所示。

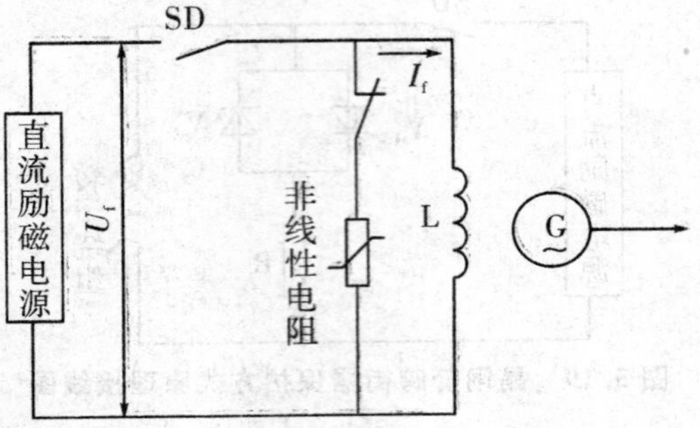

图 5.21　非线性电阻放电灭磁电路

3）灭弧栅灭磁

灭弧栅灭磁原理电路如图 5.22 所示。当灭磁时，灭磁开关动作，则其动合和动断触头 SD_1、SD_2 相继打开，在 SD_2 两端产生电弧。在专设的磁铁所产生的横向磁场的作用下，电弧被引入灭弧栅，铜栅片将电弧切割成许多短弧，这些短弧在整个灭磁过程中一直在燃烧，并保持灭弧栅上的电压 U_s 为常数。电压 U_s 与原励磁电源极性相反，相当于原励磁回路中串入了一个幅值为 U_s 的反电动势。反电动势 U_s 越大，则转子过电压越高，灭磁过程也越快。适当地选择串联着短弧铜片的个数，可使转子过电压不超过允许值 U_m。由于反电动势 U_s 在整个灭磁过程中基本不变，因此可维持转子电流衰减率基本不变。只要灭弧栅中串联铜片个数选择合适，灭弧栅的灭磁速度可十分接近理想灭磁速度。

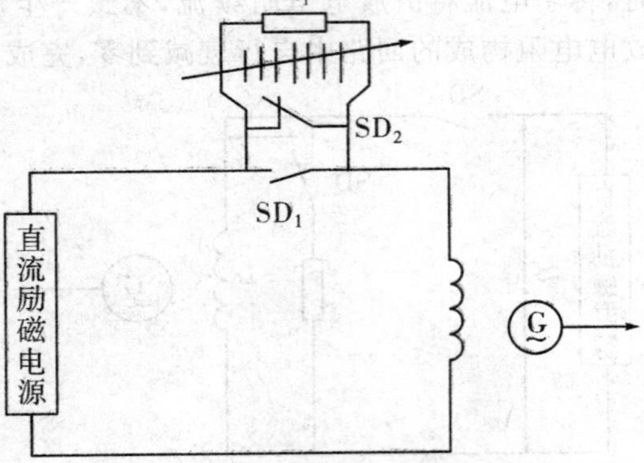

图 5.22　灭弧栅灭磁电路

4）发电机静止灭磁

（1）静止电阻灭磁。自励励磁系统中静止电阻灭磁原理如图 5.23 所示，灭磁的工作过程是：首先取消晶闸管桥的全部触发脉冲，然后触发晶闸管 V_7，切断电源断路器 QF，晶闸管桥的触发脉冲被取消后，晶闸管桥并没有立即被关断，桥的两臂仍维持导通状态，要等到桥的交流侧电压反向时才有可能被关断。晶闸管桥被关断后，转子励磁电流经晶闸管 V_7 和灭磁电阻 r_m 灭磁。

（2）逆变灭磁。逆变灭磁相当于将励磁电源反极性的一种灭磁方式，由于晶闸管励磁逆变不需断开电路，只需在晶闸管整流器阳极电压为负半周时给予脉冲，即能改变励磁绕组的极性，使整流侧电压为负。所以，逆变灭磁也是一种静止灭磁，它不需换接开关。晶闸管桥从“整流”工作状态转入“逆变”工作状态，可将储藏在转子绕组的磁场能量反馈到交流电网中，这样逆变灭磁也不需要灭磁电阻或其他消能机构，因此，逆变灭磁是一种简单、经济而有效的灭磁方式。逆变灭磁的过程和灭弧栅灭磁有些相似，当晶闸管桥的控制角退到逆变角时，在励磁回路中相当于加上一个负电压。

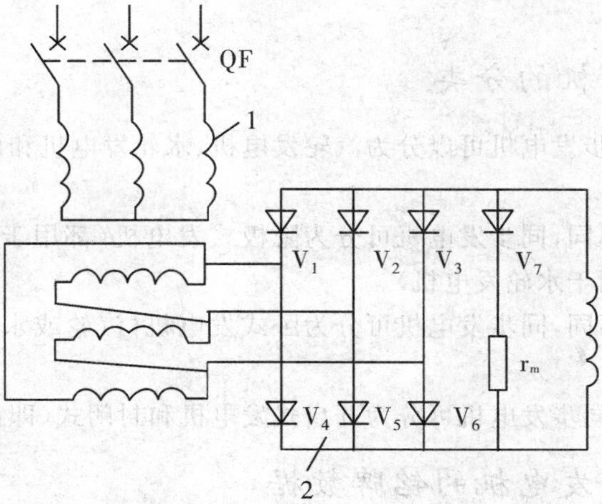

图 5.23　自励励磁系统中静止电阻灭磁原理图

1—自励变压器；2—晶闸管桥；QF—自励变压器电源断路器；V_1，V_7—晶闲管；r_m—灭磁电阻

前面讲述了发电机灭磁与转子过电压的原理。转子灭磁和过电压保护的种类很多，下面以 HMC 系列灭磁及转子过电压保护装置为例，对灭磁构造及灭磁原理保护做以简单说明。

灭磁及过电压保护原理接线如图 5.24 所示。SD 为 DM-4 型开关，无感电阻和压敏电阻组成压敏电阻组件直接并接在转子两端，另一组压敏电阻在励磁电源侧对电源起过压保护作用。

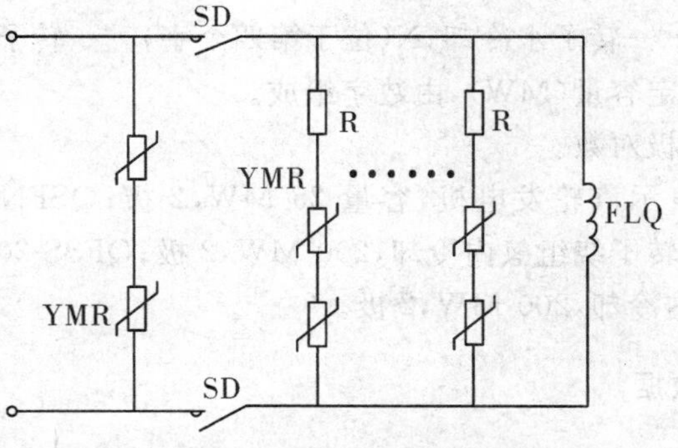

图 5.24　灭磁及过电压保护原理接线图

正常工作时，转子电流较代通过压敏电阻的电流为泄漏电流，其大小为数十或数百微安，对转子工况不产生任何影响，其老化速度也是极其缓慢的。一旦过电压袭来，压敏电阻立即工作在大电流区内，过电压被限制和吸收。压敏电阻是并接在转子两端，而氧化锌电阻片又几乎没有时延。不存在伏秒特性的配合问题，所以对转子保护十分可靠。

当需要灭磁时，下指令使 SD 分断，由于 SD 灭弧能力很强，很快切断转子与励磁电源的联系。转子作为一个大电感，$\mathrm{d}i/\mathrm{d}t$ 迅速上升，即转子两端电压迅速上升，超过压敏电阻转折电压时，压敏电阻导通呈低阻状态，转子电流从 SD 转移到压敏电阻，换流完成，转子能量通过压敏电阻释放，实现灭磁。在灭磁过程中，压敏电阻两端电压亦即转子电压几乎为一恒定值,灭磁过程接近于理想灭磁。

5.3 汽轮发电机的分类及运行参数

5.3.1 同步发电机的分类

按原动机不同,同步发电机可以分为汽轮发电机、水轮发电机和由其他原动机带动的发电机。

按转子结构特点不同,同步发电机可分为隐极式发电机(都用于汽轮发电机)和显极式发电机(即凸极式,都用于水轮发电机)。

按转轴安装方式不同,同步发电机可分为卧式发电机(汽轮或水轮发电机)和立式发电机。

按通风方式不同,同步发电机可分为开启式发电机和封闭式(即循环通风式)发电机。

5.3.2 国产汽轮发电机的铭牌数据

1. 国产汽轮发电机的型号

一般由三段文字和数字组成。

(1)第一段:表示类别,由汉语拼音首字母组成。

Q(位于第一或第二个字)——汽轮。

F(位于第二个字)——发电机。

Q(位于第三个字)——氢外冷却;S(位于第三个字)——定子水冷却。

S(位于第四个字)——转子水冷却;N(位于第四个字)——转子氢内冷却。

(2)第二段:表示额定容量(MW),由数字组成。

(3)第三段:表示磁极对数。

例如:QF-25-2 型表示汽轮发电机,容量 25 MW,2 极;QSFN-200-2 型表示汽轮发电机,定子绕组水内冷却,转子绕组氢内冷却,200 MW,2 极;QFSS-200-2 型表示汽轮发电机,定子、转子绕组均为水内冷却,200 MW,2 极。

2. 发电机的铭牌数据

1) 额定值

额定容量(S_N),指汽轮发电机出线端在额定功率因数时的视在功率,以 kV · A 或 MV · A为单位。

额定有功功率(P_N),指发电机出线端输出的额定有功功率,以 kW 或 MW 为单位。我国及世界多数国家对汽轮发电机的额定有功功率采用与同轴汽轮机的额定出力相等(或相匹配)的数值,而其最大连续出力也与汽轮机最大可能出力相匹配。

额定电压(U_N),指在额定运行条件下发电机定子三相的线电压,以 V 或 kV 为单位。

额定电流(I_N),指额定运行条件下流过发电机定子的线电流,以 A 为单位。

额定功率因数($\cos\varphi$),指额定运行条件下的功率因数。我国规定,50 MW 以下汽轮发

电机 $\cos\varphi=0.8$；500～600 MW 以下的汽轮发电机 $\cos\varphi=0.85$；600 MW 及以上的汽轮发电机 $\cos\varphi=0.9$。

额定效率(η)，指发电机定子电压、电流及功率因数均为额定值运行时，输出功率 P_1 与输入功率 P_2 之比。一般用百分值(%)表示，计算公式为

$$\eta=\frac{P_1}{P_2}\times100\%=\frac{P_1}{P_1+\Delta P}\times100\% \tag{6-10}$$

式中：ΔP—发电机总损耗。

2）发电机铭牌示例

发电机铭牌示例如表 5.3 所示。

表 5.3 发电机铭牌示例

型号	QF-25-2	QF-60-2	QFSN-200-2
入口风温/℃	40	40	40
额定容量/kV·A	31 250	75 000	235 000
有功功率/kW	25 000	60 000	200 000
功率因数	0.8	0.8	0.85
无功功率/kVar	18 750	45 000	120 000
定子电压/V	6300	10 500	15 750
定子电流/A	2860	4125	8625
转子电压/V	182	225	450
转子电流/A	375	1310	1765
空载转子电压/V	52	80.3	—
空载转子电流/A	145	467	—
相数	3	3	3
极数	2	2	2
频率/Hz	50	50	50
转速/(r/min)	3000	3000	3000
定子接线	YY	YY	2Y
冷却方式	空气密闭式	空气密闭式	氢气冷却

5.4 汽轮发电机的运行特性

5.4.1 电枢反应

1. 电枢反应的基本原理

同步发电机空载时，作用在气隙里的磁通势只有一个同步旋转的励磁磁通势。当同步

发电机电枢绕组接上三相对称负载后，又产生一个旋转的电枢磁通势，结果在气隙中，与励磁磁通势互相作用形成负载时的气隙（合成）磁通势。这就是说，同步发电机接有负载时，气隙中除有与空载时相同的励磁磁通势外，还有一电枢磁通势，此时的气隙磁通势为该两磁通势的合成。

这时，气隙磁场无论大小或波形都将与空载时不同，它将直接影响电枢绕组感应电动势的大小、波形及与电动势有关的其他各物理量。当同步发电机带上负载后，气隙中同时存在两个旋转磁场，一个是主磁极励磁磁通，另一个是电枢绕组磁通。而电枢绕组中电动势即由两者在气隙中的合成磁通所决定。这种电枢磁通对主磁极磁通的影响称为电枢反应。

同步发电机带负载后的电枢反应，因负载性质不同，电枢反应也不同。下面介绍不同性质负载的发电机电枢反应。

1）定子电动势和定子电流同相时的电枢反应

当定子电流与定子电动势同相时，转子励磁磁场轴线与定子电枢磁场轴线（即 Φ_0 与 Φ_s）在空间正交，这种情况称为横轴电枢反应。结果使转子磁极的进入边磁通减少，使转子磁极的退出边磁通增多，形成一个扭转的合成磁场。由于铁芯有饱和作用，减弱比增强的多，所以横轴电枢反应略有去磁作用。因此，当发电机带有功负荷时，将主要产生横轴电枢反应。如果有功负荷增加，发电机的端电压将略有下降。

2）定子电流落后定子电动势 90°时的电枢反应

定子电流在相位上落后定子电动势 90°时，定子电枢磁通 Φ_s 的轴线与转子励磁磁通 Φ_0 的轴线重合，而且方向相反，这种情况称为纵轴去磁电枢反应。其结果合成磁场并未发生扭变，但合成磁通总值减少。因此，当发电机带感性无功负荷时，将主要产生纵轴去磁电枢反应。如果感性无功负荷增加，发电机的端电压将下降较多。

3）定子电流超前定子电动势 90°时的电枢反应

如定子电流在相位上超前定子电动势 90°时，定子电枢反应磁通 Φ_s 轴线与转子励磁磁通 Φ_0 轴线重合，而且方向相同，这种情况称为纵轴增磁电枢反应。其结果合成磁场并未发生扭变，但合成磁通总值增加。因此，当发电机带容性负荷时，将主要产生纵轴增磁电枢反应。如果容性无功负荷增加，发电机的端电压将要升高。

2. 电枢反应与发电机的运行关系

当同步发电机带上负载后，电枢绕组中就有电流流过，建立电枢反应磁场。它与励磁绕组中的电流相互作用，产生电磁力，在某种情况下形成电磁转矩，从而实现了机-电能量转换。

1)有功电流产生电磁力，并形成电磁转矩

当 $\varphi\approx 0°$ 时，电枢绕组中流过有功电流时产生横轴电枢反应，该磁通与励磁绕组中电流作用，则产生电磁转矩，该力矩的方向逆着转子转向，是阻力矩。所以原动机就要克服此力矩做功，而将机械能转换为电能，使发电机输出有功功率。有功负载越大，其产生横轴电枢反应磁场越强，则制动性质的电磁转矩也越大。为保持发电机的转速不变，需同时增大原动机的输入转矩，这就是有功负载增大，汽轮发电机需开大汽轮机汽门多进汽的原因。可见横轴电枢反应使同步发电机实现机-电能量转换。

2)无功电流产生电磁力而不形成电磁转矩

同步发电机带上纯电感或纯电容负载时，产生纵轴电枢反应。转子励磁绕组的导体在无功电流所产生的电枢磁场作用下产生电磁力，互相抵消而不形成转矩，不妨碍转子的旋转。所以当同步发电机带上无功负载时，并不需要改变原动机的输出功率。但它们产生电枢反应的结果是削弱或增强了气隙磁通势，影响发电机的端电压。要保持端电压不变，就需调节发电机励磁电流的大小，这就是发电机的励磁电流能改变（调节）无功功率输出的原因。

5.4.2　汽轮发电机的运行特性

汽轮发电机的特性主要有空载特性、短路特性、负载特性、外特性及调整特性。这些特性既表示发电机的性能，又可用来测取发电机的某些参数。

1. 空载特性

空载特性是指发电机保持额定转速，定子开路时，端电压 U_0 随励磁电流 I_e 变化的关系，即定子电流与端电压曲线，如图 5.25 所示。

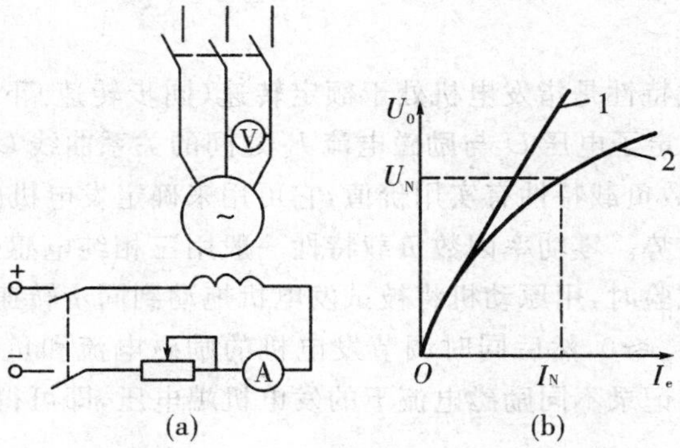

图 5.25　同步发电机的空载特性

(a)试验原理接线图；(b)空载特性曲线

1—气隙线；2—空载曲线

在试验过程中，读取几组励磁电流及其对应的电压值，做出空载特性的上升分支；减小励磁电流 I_e，读取几组数据便做出下降分支，然后取平均值，即得到实际应用的空载特性曲线。空载特性实质上是发电机磁路的磁化曲线。当 Φ_0 较小时，整个磁路处于不饱和状态，磁化特性为一直线。随着 Φ_0 逐渐增大，铁芯渐趋饱和，空载特性曲线因饱和而向右弯曲。

空载特性是发电机的基本特性之一，它不仅表征磁路饱和状况，且可与短路特性、零功率因数特性配合，确定发电机的参数、额定励磁电流、电压调整率等基本运行数据，分析判断励磁绕组的匝间短路和定子铁芯故障。

2. 短路特性

短路特性是指在额定转速下，发电机定子绕组三相短路时，定子电流 I_s 与励磁电流 I_e 的关系。

同步发电机的短路特性如图 5.26 所示。试验前将三相电枢绕组端头短路，保持发电机额定转速。调节励磁电流使电枢电流达到额定值的 1.2 倍，读取此时电枢电流和励磁电流值，然后逐步减小励磁电流，直降至零为止。读取 5～7 组数据，做出短路特性曲线。

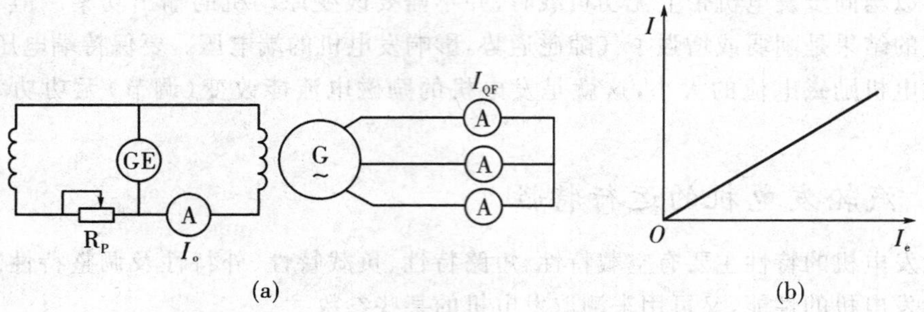

图 5.26　同步发电机的短路特性

(a)试验原理接线图；(b)短路特性曲线

短路时，由于发电机定子绕组电阻小于其电抗值，电枢反应可认为是纯感性的，起纵轴去磁作用。气隙合成磁通很小，电机磁路呈不饱和状态，所以短路特性为一直线。

3. 负载特性

同步发电机的负载特性是指发电机处于额定转速(同步转速)下，定子电流 I 和功率因数 $\cos\varphi$ 一定时，发电机定子电压 U 与励磁电流 I_e 之间的关系曲线 $U=f(I_e)$。在负载特性曲线中，只有零功率因数负载特性有实用价值，它可用来确定发电机的定子漏抗和特定负载电流时的电枢反应磁通势。零功率因数负载特性一般用三相纯电感负载试验测出，图 5.27 所示为试验接线图。试验时，用原动机将被试发电机拖动到同步转速，电枢绕组接一个可变的三相电感负载，使 $\cos\varphi\approx0$，然后同时调节发电机的励磁电流和负载电抗的大小，使负载电流保持不变($I=I_N$)，记录不同励磁电流下的发电机端电压，即可得零功率因数负载特性，如图 5.28 所示。

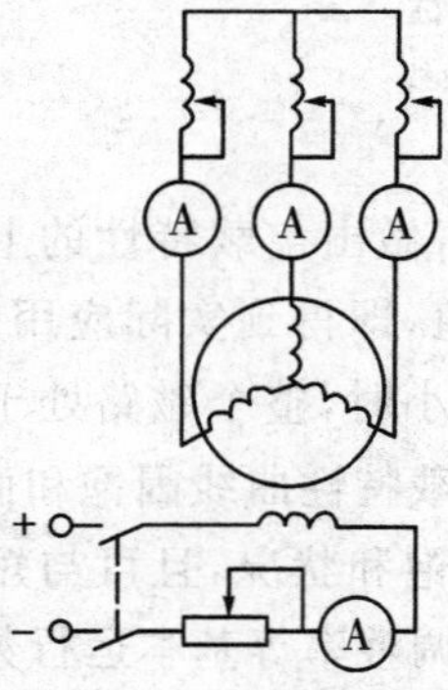

图 5.27　零功率因数负载试验原理接线图

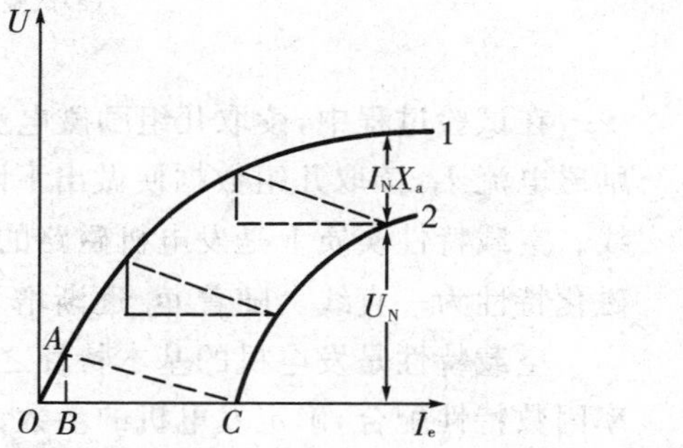

图 5.28　零功率因数负载特性曲线

1—空载特性曲线；2—零功率因数负载特性曲线

4. 外特性

外特性是表示转速为额定值，励磁电流及功率因数不变时定子电压和电流的关系曲线。通过它可确定定子电流变化时发电机端电压的变化率。不同功率因数时，外特性曲线也不同。

当同步发电机带有感性负载时，由于电枢反应的去磁和漏抗压降，在励磁电流 I_e 和功率因数 $\cos\varphi$ 不变的情况下，发电机的端电压 U 随负载电流增加而降低较大。当同步发电机带有容性负载(如 $X_C>X_L$)时，由于电枢反应的助磁作用，使发电机的端电压 U 随负载电流的增加而升高。至于当发电机带上纯电阻负载时，发电机的端电压随负载电流的增加而略有下降，如图5.29所示。这是因为 $\cos\varphi=1$ 时，由于发电机的同步电抗的存在，因此仍有一小部分去磁电枢反应。由图5.29可见，为了使不同的功率因数下 $I=I_N$ 时能得到额定电压 $U=U_N$，在感性负载下要供给较大的励磁电流，此时发电机就在过励状态下运行了；而在容性负载下只需供给较小的励磁电流，因此发电机就在欠励状态下运行。

5. 调整特性

发电机端电压随负载变化而变化。要维持端电压不变，必须在负载变化时调整励磁电流。所谓调整特性，是指当发电机转速(同步转速)、端电压和功率因数保持不变时，励磁电流 I_e 随负载电流 I 变化的关系曲线，如图5.30所示。即 $n=n_1$、$U=U_N$、$\cos\varphi=$ 常数时，$I_e=f(I)$ 的关系曲线。对于感性和纯电阻性负载，随着负载电流的增加，必须相应增加励磁电流，以补偿电枢反应的去磁作用和漏阻抗压降；相反，对容性负载，当负载电流增加时，励磁电流可能减小。

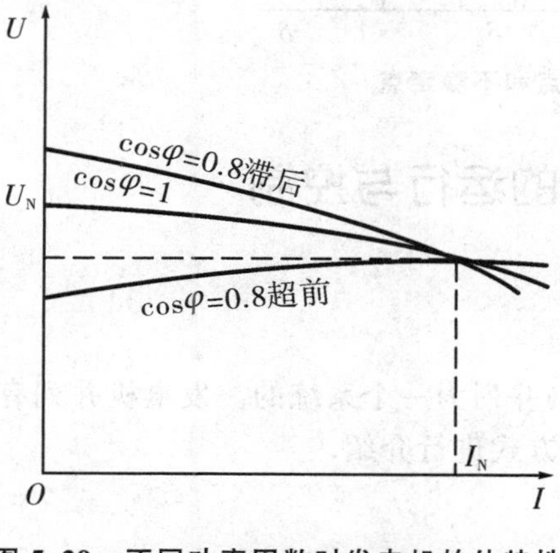

图5.29　不同功率因数时发电机的外特性

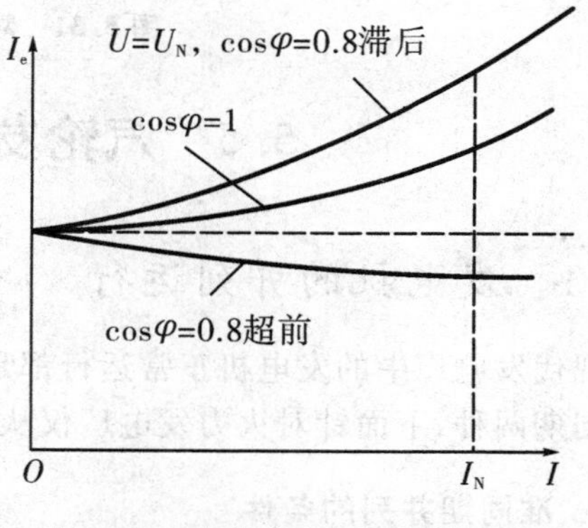

图5.30　汽轮发电机的调整特性

在给定的功率因数下，根据调整特性曲线，可以确定在给定的负载变化范围内，欲维持端电压不变所需励磁电流的变化范围。因此发电厂运行人员可根据这一曲线来调整发电机，使电力系统得到比较合理的无功功率分配。

6. 发电机的静态稳定点

发电机输出的电磁功率 P_m 为

$$P_m=\frac{UE_0}{X_d}\sin\delta \tag{6-11}$$

式中：δ——发电机端电压与空载电动势的夹角；

U——发电机的端电压；

E_0——发电机的空载电动势；

X_d——发电机的同步电抗。

如图 5.31 中，发电机在 a 点工作是稳定的，而处于 b 点是不稳定的。当 $\delta=90°$ 时是临界状态，此时的最大值是 P_{max}，称为自然率极限。为了保证供电可靠性，必须使实际输送的功率小于自然功率极限，称此为储备系数，用 K 表示。

$$K=\frac{P_{max}-P_N}{P_N} \tag{6-12}$$

正常运行情况下，一般 K 值常低于 15%。

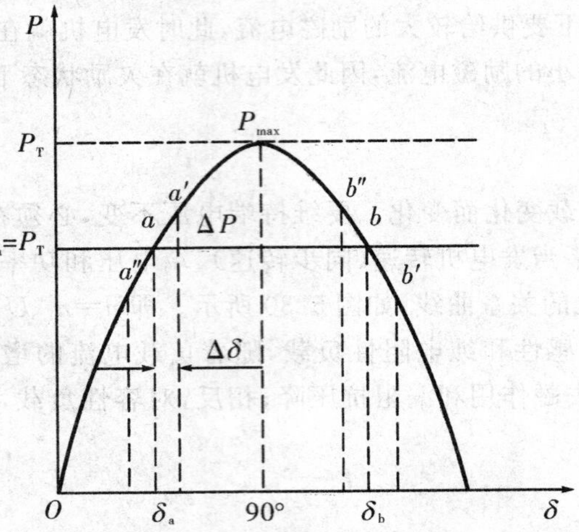

图 5.31 静态工作点和不稳定点

5.5 汽轮发电机的运行与控制

5.5.1 发电机的并列运行

现代发电厂中的发电机正常运行都是与电网并列为一个系统的。发电机并列有自同期和准同期两种，下面针对火力发电厂仅从准同期方式进行介绍。

1. 准同期并列的条件

发电机准同期并列时应当满足下列四个基本条件。

(1) 待并列发电机的端电压与并入系统点的电压大小相等。通过调节发电机的空载励磁电流端可以改变待并列发电机的端电压的大小，一般要求电压差值应小于 5% 额定电压。

(2) 待并列发电机的频率与所并系统频率一致。待并列发电机的频率是由汽轮机转速所决定的，通过对汽轮机调速系统的控制可以实现待并列发电机的频率的控制，一般要求频率差值应小于 0.1 Hz。

(3) 在并列的时刻，待并列发电机端电压的相位与并入系统点的电压相位相吻合。这是一个瞬时量，一般要求控制角度差值应小于 10°。

(4) 待并列发电机电压的相序与系统电压的相序一致。在发电机完成安装接线后，只要不进行定子一次回路的重新拆接线工作(如某些检修或试验的需要)，就可以确定其相序总是固定不变的。

上述条件也就是发电机正常并列运行时的条件。在符合上述条件时进行发电机并列，可以减小并网瞬间的冲击电流，从而避免对电网系统产生过大的干扰和危害发电机本身的安全。

2. 准同期并列操作

实际生产中使用同期装置来判断和保证发电机在并列时是否符合同期并列条件。同期装置有手动准同期和自动准同期两种，尽管手动准同期装置仍然在许多发电厂被广泛地使用，但自动准同期装置的应用是电力技术的一个发展方向。

发电机并列是电厂运行中一项重要的操作，应当由具有一定运行经验的值班人员进行操作。正常情况下用手动准同期进行并列操作时应当注意以下几点。

(1) 操作人员应熟悉机组的空载调速特性、开关的合闸时间等，准确及时和有效地进行机组转速调整，并列时应当果断、准确。

(2) 机组转速的调整不仅是一个调频过程，同时也会对待并列机组的端电压产生影响，因此调速时要注意发电机励磁的相应调节。

(3) 经过同期鉴定核对后，在同步表指针顺时针方向平衡而缓慢地转动时才能进行并列合闸。

(4) 并列前注意与本机汽机值班员及有关其他运行岗位进行联系，并注意系统没有异常和其他重大操作。

机组的调速系统稳定性对发电机并列操作会产生一定的影响，目前被广泛应用的纯电液调速系统比机械液压调节系统在调速特性上更具有稳定性和精确度，这使发电机并列操作更加方便。在发生事故的情况下，使用手动准同期装置进行机组的同期并列则需要较高的技术水平，一般不易完成，而自动准同期装置在这种条件下则具有优势。

3. 非同期并列的处理

当发电机发生非同期并列时，应根据情况进行下列处理。

(1) 若发电机已进入同步，应对发电机系统进行检查，无明显异音和振动时不应解列停机。

(2) 若发电机未进入同步，应立即解列发电机，进行检查无异常后方可重新并列。

(3) 若机组发生强烈振动或保护动作跳闸等异常情况，应立即停机检查。

(4) 发电机发生非同期并列后，应立即对发电机的开关、本体线圈及同期鉴定装置等进行一次检查。

4. 并列运行机组的有功调节

一般把同步发电机看成是与无穷大电网并列运行来进行有关分析。发电机并列运行后，调节汽轮机的进汽调门，就改变了原动机的输入功率，根据能量守恒定律，此时发电机就会发出与输入功率相同的电能。以增加有功为例，这一过程可以简单表述为：汽轮机进汽量增加→原动机转矩加大→发电机转子加速→发电机功角 δ 增大→电磁功率 P_M 增大→电磁制动转矩与原动机转矩达到新的平衡→发电机输出功率增加。从物理概念上讲，电磁功率 P_M 是发电机中从转子经过气隙向定子传送的功率，是转子的机械功率被转换为定子的电功率输出给负载，而与电磁功率对应的电磁转矩则是说明转子机械运动的一个量。原动机的输入机械功率增加时，发电机轴上的驱动转矩增加，发电机的转子便会加速旋转，与转子一起旋转的主磁极也随之加速，这使得发电机功角 δ 增大，于是电磁转矩亦增大。

发电机能够发出的有功功率不仅取决于原动机的输入功率，还受到发电机功角特性的限制。功角 δ 越大，电磁功率和电磁转矩就越大，转子磁场拉动定子气隙合成磁场的弹簧被拉长了，拉力越大，就越容易失去弹性。功角 δ 是研究同步发电机运行状态的一个重要变量。

5.5.2 发电机的失磁运行

1. 失磁运行过程分析

发电机在运行中失去励磁称为失磁。发电机正常运行时，定子磁场和转子磁场是以同步转速一起旋转的，原动机的输入转矩和电磁转矩平衡。失磁后，转子磁场消失了，电磁制动转矩减少，而原动机输入转矩不变，出现了过剩的转矩，使发电机的转速升高超过同步转速，发电机按某一转差率进入异步运行状态。定子磁场以转差率速度扫过转子的表面，在转子绕组中感应出电流，这个电流与定子旋转磁场作用而产生了一个异步转矩。这个异步转矩起制动的作用，发电机的转子在克服这个制动转矩的过程中做功，把机械能转变为电能，发电机则继续向系统输送有功功率。转差率越大，异步转矩就越大，当发电机的转速升高产生的异步转矩等于原动机输入转矩时，就达到了新的平衡。这时发电机就是处于一种异步运行的状态，相当于一台异步发电机。

在异步运行状态下，发电机要从系统吸收无功，供定子和转子产生磁场（磁通）之用，吸收无功的多少和能向系统输出的有功多少与发电机的异步转矩特性及汽轮机的调速特性有关。

2. 失磁的危害和保护

发电机失磁运行对发电机本身和系统稳定运行将产生不利的影响。对发电机来说，定子磁场以转差速度切割转子表面，会在转子表面中产生涡流，从而产生附加温升，引起转子过热；同步电机异步运行时，定子绕组中出现脉动电流，将产生交变的力矩，使机组产生振动。对系统而言，失磁发电机从系统吸收无功，导致系统中无功缺失，引起电压水平下降，严重时将使系统电压崩溃。

为此大型发电机都配置专门的失磁保护。失磁保护应满足的基本要求是机组失磁后失磁保护应可靠动作，而系统运行中发生振荡、短路故障时，失磁保护应可靠不启动。一般来说失磁保护的配置对改善地区电压质量、提高本地区直供电用户的可靠稳定运行是具有意义的。无论是晶体管还是微机保护，当前主流的失磁保护仍然是以反映发电机的机端阻抗为原理的，如抛球式动作阻抗特性的失磁保护、苹果形动作阻抗特性的失磁保护等。

3. 失磁的原因和特征

同步发电机失磁的主要原因是励磁系统发生故障，这些故障包括灭磁开关误跳、转子绕组短路、转子或励磁回路开路、励磁机整流回路环火、可控硅元件故障、励磁调节器异常等。机组失磁运行时，机组和系统主要有以下特征。

(1) 转子电流为零或接近于零。如属于励磁回路开路性质，则转子电流为零，如属于转子绕组匝间短路、整流子出现环火等，则转子电流可能不为零，但此时电流数值是很小的。

(2) 系统和发电机端电压大幅降低。发电机失磁后从电网吸收大量的无功作为其励磁电流，造成无功的严重不平衡，使系统电压和发电机端电压大幅降低，其幅度则取决于电网容量、失磁机组当时发出的有功负荷、其他并列运行机组的无功响应能力等。

(3) 机组有功出力降低并可能有摆动，机组转速稍有升高。有功功率的降低和转速的升高是失磁过程中功率、转矩的作用原理所决定的，摆动是因为转子中交流电流及直轴和交轴的不对称引起的，而摆动的周期与发电机异步运行的转差率成正比。

(4) 定子电流增加并摆动。发电机失磁后，定子电流先下降，随后会增大并和有功一样时摆动。

(5) 转子电压异常。转子电压根据不同的故障原因(开路或短路)，可能表现为升高和下降。

4. 失磁的处理

未装设失磁保护的机组在失磁运行后，需要运行人员在做出准确判断后根据有关规程进行事故处理，处理时一般应注意做到以下几点。

(1) 对于不允许发电机失磁运行的系统或方式，就立即将发电机解列，而汽轮机可以保持 3000 r/min 暂不停机，视具体故障再作决定。

(2) 对于允许短时失磁运行的机组，应立即减少发电机的有功负荷，使发电机从系统吸收的无功降低到可能的最小值，最大限度地维持系统电压，并将强励装置和励磁调节装置及时退出运行。

(3) 迅速安排检查发电机的励磁系统，确定故障原因，同时严密监视发电机电流、线圈温度等参数变化。对于未完全失磁的机组，应考虑是否启用备用励磁机系统，必要时可以调整相关系统的运行方式。

5.5.3　发电机的运行事故处理

发电机是电力系统中最重要的设备之一，也是发生故障引起事故较多的电气设备，而进行发电机事故处理则是运行值班人员应具备的基本技能，是保证发电厂安全运行的重要条件之一。运行中的发电机发生故障不仅有设备制造和安装检修质量存在缺陷及设备绝缘老化等方面的原因，也有由于运行人员误操作和外部系统故障引起的原因。发电机故障的种类主要可以归纳为两类，一类是电气系统发生短路而导致发电机跳闸，另一类是发生机械、电磁的故障或发电机处于异常运行工况但未自动跳闸。这两类故障的事故处理方法是不一样的，除了前面已经阐述的发电机非同期并列和失磁故障的事故处理外，这里还将对几种常见发电机故障的事故处理进行说明。

1. 短路跳闸的事故处理

突然短路是发电机最严重的故障之一。短路的形式不同，对发电机运行的影响及造成的损坏也不同，但总的来看，短路瞬间可能达到几十倍额定电流的短路电流引起的强大电动力和发热是造成发电机损坏的关键所在。当在发电机保护范围内发生突然短路时，发电机本身的保护装置将启动跳开发电机开关，一般现场将这种情况统称为开关跳闸的事故处理。这时运行人员应按以下方法进行处理。

(1) 复归开关，切除强励、励磁调节器装置，将磁场变阻器调至最大位置。

(2) 迅速查明保护动作情况，同时安排对机组和一次、二次系统设备进行检查，并根据其他故障象征判断是否可能是保护误动或人员误碰引起的跳闸。若无保护动作信号和故障象征，确认为误跳闸，应尽快将发电机恢复并列运行。

(3) 如果是“差动”、“定子接地”等快速保护动作跳闸，则应向汽轮机发出“停机”信号，安排对发电机进行详细检查，测量绝缘电阻，消除故障点。如未发现故障点，必须经总工程师批准后，采用零启升压的方法进行检验，只有在升压过程中无异常并校验空载特性点正常后，方可将发电机恢复运行。

(4) 如果是“过流”等后备保护动作跳闸，则应对发电机系统和相关外部系统进行检查。如外部系统查出明显故障点，而对发电机本身检查无异常，待故障点隔离后，可对发电机零启升压正常后，将发电机恢复并入电网。如非外部系统故障，应对发电机一次系统和发电机保护装置详细检查，经总工程师批准后，才能对发电机零启升压恢复运行。

(5) 如果是“汽轮机联跳”、“汽轮机紧急停机”、“断水保护”动作跳闸，则应根据汽轮机的具体情况进行处理。

(6) 如果跳闸机组是供热机组，应当立即调整供热有式，保证对外供热的连续性，避免对热用户造成影响，这在发电机事故处理中特别需要注意。

2. 发电机振荡的事故处理

同步发电机正常运行时，定子磁场和转子磁场之间的联系是有“弹性”的。当系统发生严重事故时，发电机的电磁功率与汽轮机的机械功率的平衡被破坏，发电机转子将获得加速度，但转子惯性会使转子的功角 δ 不能立刻稳定在位移后的新数值上，而是出现在新数值对应的位置左右来回摆动。这时发电机表现出周期性向系统送出功率和从系统吸收功率两种状态不停转换，称为发电机振荡。

振荡时的主要象征是发电机所有表计周期性摆动，定子电流摆动较为剧烈，系统中联络线、升压变压器等运行参数也发生摆动，发电机出口（及相应母线）电压降低并随着摆动，机组发出有节奏的鸣音，严重时发电机强励可能会动作。

发电机发生振荡时的处理原则是，迅速减少发电机的有功负荷，同时增加发电机的励磁，这样使发电机更易被系统拉入同步，消除振荡；若励磁调节器或强励装置已经动作，则根据有关原则先不干预励磁。当采取措施仍不能使发电机恢复正常，应统筹考虑电网状况、厂用电供电、对外供电、供热及机组本身状态后，在数分钟内做出解列发电机的处理，以免事故扩大。

不过由于系统中快速保护的应用、保护配合水平的提高、自动装置技术的改进及发电机组调速系统性能的改善，发电机发生振荡的可能性大大降低了。

3. 励磁回路接地的处理

在整个励磁回路中，发电机的转子是绝缘最薄弱的环节，而转子又以 3000 r/min 的高速旋转运行，因此发电机转子更容易在运行中发生接地故障。在励磁回路发生一点接地时，励磁回路与地之间并未构成回路，没有短路电流的存在，因此总是允许发电机在励磁回路一点接地状态下继续运行。但是励磁回路一点接地后，非接地一极的对地电位将升高，如果这时发生第二点接地的话，就会形成两点接地。两点接地可能产生的故障电流会大大超过正常的额定励磁电流，使转子绕组的线棒、绝缘被烧坏。两点接地的具体位置不同，故障电流的大小，对发电机运行的影响及对设备的损害是不同的，所以有些现场运行规程对不同地点的一点接地规定了不同的处理方法，但两点接地保护是动作于跳闸的。

发电机的保护装置中通常设有励磁回路一点接地报警和两点接地跳闸的功能。我国行业规程中对隐极式发电机转子绕组发生一点接地时的处理原则是立即查明故障地点与性质，尽快安排停机处理。在实际事故处理中，应注意以下几点。

（1）励磁回路出现一点接地信号时应及时切除发电机强励和励磁调节器装置，尽量减小发电机有功、无功出力，使励磁电压降低运行。

（2）立即检查发电机的励磁系统，测量励磁回路对地电压，在解列停机前应加强监视发电机转子电流、励磁机电压等表计。

（3）如确认系统中存在接地又无法消除，应尽早做出运行方式的调整，及时停机进行处理。

（4）如未找到明显的接地点或不能确定是否有接地，应立即对装置动作原因进行检查分析，但此时仍要加强发电机励磁系统的检查监视。

（5）在发电机解列停机前，必须投入两点接地保护于跳闸状态，一般投入两点接地保护需要得到总工程师的同意并由继电保护人员配合进行。两点接地保护投入跳闸后，如发电机发生两点接地故障，保护将动作跳闸。

（6）在两点接地保护尚未投入运行时，发电机一点接地后即发生了第二点接地，发电机的无功功率、励磁电压、定子电流、转子电流及励磁调节器输出等表计均会有较大突变，此时应迅速将负荷降至零，将发电机解列，进行停机检查。

4. 双水内冷机组漏水的处理

双水内冷发电机是自备电厂中最常见的一种机组，线圈漏水是其常见的一种故障。当发电机检漏计报警或机组罩壳内及空冷室内发现有水时，应立即查明报警或积水原因，详细检查发电机端部引水管等有无异常，如由于发电机内结露引起的积水应提高发电机进水、进风温度，消除机壳内空气结露。当确认是发电机线圈渗水、漏水时，以前的规定是要根据不同的漏水部位分别做出立即停机或在限定时间内尽快停机的处理，而现在的处理原则是确认漏水后必须立即停机。

引起发电机绕组漏水的原因可能有绝缘引水管接头松动、焊接缺陷，绝缘引水管材料老化、磨损，空心线棒因腐蚀等造成的渗漏。为了避免和减少漏水故障及其他水冷系统故障的发生，对于双水内冷发电机除了做好正常的运行维护外，还应特别注意下列事项。

（1）必须保证内冷水的水质合格，运行中还应注意控制冷却水温度。

（2）机组启动过程中应及时调整转子冷却水的进水阀门，保持压力正常，控制定子和转子的冷却水流量正常。

（3）检修时应加强对绝缘引水管等部位的检查，确保设备的正常状态。

（4）当发生机组振动等异常时，应注意通过窥视孔观察发电机端部情况。

5. 发电机着火的处理

发电机着火是生产现场最严重的事故，引起发电机着火的原因可能如下。

(1) 定子绕组击穿短路，当绕组绝缘材料损坏后，引起的接地或短路使故障点产生电弧，电弧的高温很容易导致绝缘材料燃烧，由此发展为着火。

(2) 导线尤其是接头部位运行中过热，产生高温导致着火、焊接不良、坚固松动、水路阻塞、过负荷运行等都是引起设备某一部分过热的原因。

(3) 氢气冷却机组运行中系统泄漏，或在维护工作中操作不当造成漏氢，一旦遇有明火将导致严重火灾。

(4) 汽轮机油系统泄漏，因油系统着火而发展到发电机设备。

(5) 外部短路或系统故障短路而保护装置切除不及时，大电流造成的磁饱和导致机组定子、转子部件过热也可能引起着火。

发电机着火事故发生时，如果不是区域内短路故障，发电机本身的继电保护并不动作，通常是汽轮机值班人员最先发现。这时汽轮机会做出打闸处理，如汽轮机人员未发现或未打闸，电气人员应立即解列发电机，然后再做救火的其他处理。

发电厂针对机组着火一般应制订完备的事故处理预案，在确定切断电源后迅速组织人员使用干式(四氯化碳)等灭火器灭火，严禁用泡沫灭火器或沙子灭火；当地面上有油着火时，方可用沙子灭火，但应注意不得使沙子落到发电机内或其轴承上。发电机内部着火，严禁打破窥视孔或打开冷风室门。对水冷却发电机，内冷却水系统应继续运行；对于空气冷却发电机，应尽可能关闭通风系统；对于氢气冷却发电机，应首先关闭氢气系统，并在灭火时做好防止爆炸的防范措施。

在火灾最后熄灭前，严禁将发电机停机，通常应保持 300 r/min 左右的转速转动。参加发电机着火处理的人员应穿戴好劳动防护用品，防止吸入有毒气体，并与着火的发电机保持足够的安全距离。事故处理结束后，应及时处理现场灭火原料，保持现场环境清洁。

第6章 电力变压器

6.1 电力变压器的基本原理与结构

6.1.1 电力变压器的基本原理

变压器的工作原理是建立在电磁感应原理基础上，图 6.1 所示为一台双绕组变压器的示意图。变压器的主要部分是一个闭合铁芯和两个套在铁芯上面的绕组，通过电磁感应，在一、二次绕组之间实现能量的传递。铁芯是共同的磁路部分，一般由硅钢片制成。通常，把接到交流电源侧的绕组称为一次绕组，把接到负荷侧的绕组称为二次绕组。

当一次绕组接到交流电源侧时，由于通过一次绕组的电流是交变的，因此在铁芯中就会产生一个交变磁通，这个交变磁通会在一、二次绕组内感应出交流电动势，此感应电动势的大小与磁通的变化率和绕组的匝数成正比。因此，在一次绕组不变的情况下，改变二次绕组的匝数就可以达到改变输出电压的目的。如将二次绕组与负荷相接，二次绕组中就会有电流通过，这样就把电能传给了负荷。于是，一次侧的电能通过电磁感应被传送到二次侧，从而实现了传输能量和改变电压的目的，这就是变压器工作的基本原理。

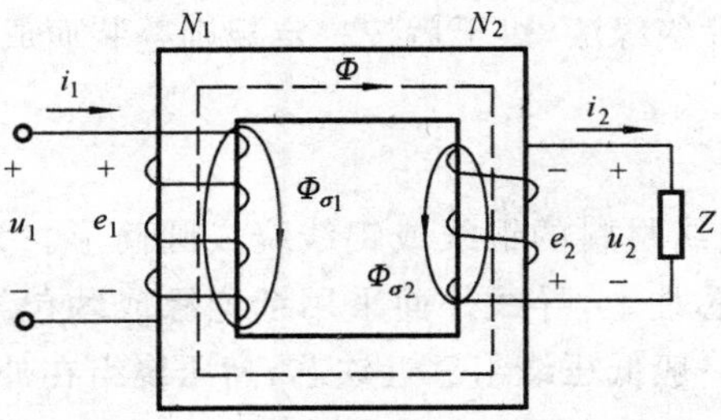

图 6.1 双绕组变压器的示意图

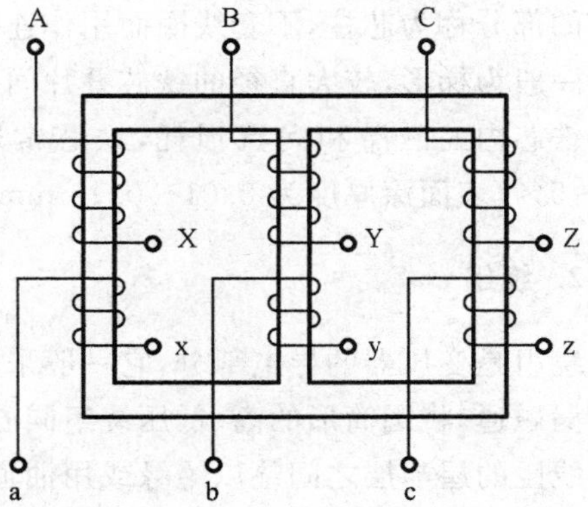

图 6.2 三相变压器的结构示意图

6.1.2 电力变压器的结构

图 6.2 所示为三相变压器的结构示意图，从图中可以看出，三相变压器共有三个铁芯柱，每个铁芯柱都有一个原绕组和一个副绕组。原绕组的始端分别用 A、B、C 表示，其对应

的末端分别用 X、Y、Z 表示；副绕组的始端分别用 a、b、c 表示，其对应的末端分别用 x、y、z 表示。从每一相来看，三相变压器的工作原理与单相变压器的完全一样。

三相变压器是电力系统常用电器，现代电能的生产、传输和分配几乎都采用三相交流电，故三相变压器在电力系统中被广泛采用。图 6.3 所示为目前使用最为广泛的三相油浸式电力变压器的结构，它主要由铁芯、绕组、油箱、冷却装置和保护装置等部件组成。

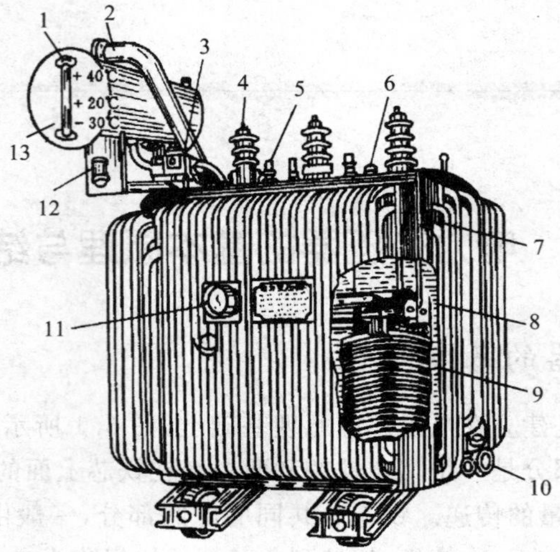

图 6.3　三相油浸式电力变压器的结构

1—油表；2—安全气道；3—气体继电器；4—高压套管；5—低压套管；6—分接开关；7—油箱；
8—铁芯；9—线圈；10—放油阀门；11—信号式温度计；12—吸湿器；13—储油柜

1. 铁芯

铁芯是变压器的基本部件之一，由涂有绝缘漆的硅钢片及夹紧装置所组成。铁芯上套线圈的部分称为芯柱，不套线圈而用作连接芯柱以构成闭合磁路的部分称为铁轭。芯柱的截面一般为梯形，较大直径的铁芯叠片间留有油道，以利于散热。为了提高铁芯的磁导率，减少铁芯内的磁滞和涡流损耗，铁芯常用厚度为 0.35～0.5 mm的硅钢片，其含硅量为 2%～5%，表面涂厚度为 0.01～0.13 mm 的硅钢片绝缘漆，烘干后按一定规则叠装而成。

2. 绕组

绕组是变压器的导电部分，它一般采用包有绝缘材料的铜线或铝线绕成圆筒形。为了减少漏磁通，将圆筒形的高、低压绕组同心地套在芯柱上，导线外面采用纸绝缘或纱包绝缘等。线匝的层与层之间垫以绝缘或用油道隔开。一般低压绕组靠近铁芯，高压绕组在外层，这样放置有利于绕组和铁芯间的绝缘。

3. 绝缘

变压器导电部分之间及导电部分对地都需要绝缘，分为内绝缘和外绝缘两种。内绝缘是指油箱内的各部分绝缘，内绝缘又分为主绝缘和从绝缘两部分，主绝缘是线圈与接地部分之间以及线圈之间的绝缘，从绝缘是同一线圈各部分之间的绝缘，如层间绝缘、匝间绝缘等。外绝缘是指油箱外导线、引出线、套管间及对地的绝缘。电力变压器主要采用油纸绝缘。在需要防火、防爆的场合，也采用环氧树脂浇注绝缘（干式变压器）或 SF_6 气体绝缘。变压器油不仅起冷却作用，还起着绝缘作用，其抗电强度此空气高 4～7 倍。

4. 分接开关

变压器常用改变线圈匝数的方法来进行调压。为此，把对应于线圈的不同匝数引若干抽头，这些抽头称为分接头，用于切换接头的装置称为分接开关。切换变压器绕组分接头有两种方法，一种是停电切换，称为无励磁调压（或无载调压），另一种是带电切换称为有载调压。

5. 冷却装置

冷却装置是现代大型电力变压器的主要部件之一，根据变压器容量、工作条件的不同，其冷却方式也不同，在发电厂用的电力变压器，大部分都是油浸式变压器，下面重点介绍几种发电厂变压器常用的冷却方式。

1）油浸自然空气冷却

这种冷却方式的变压器容量通常在 7500 kV·A 及以下。这种方式将变压器的铁芯和绕组直接浸入变压器油中，变压器在运行中内部产生热量使油温升高、体积膨胀、相对密度减小，因此油就向上流动，而变压器的上层油经过散热器冷却后，相对密度增加而下降。这种冷热油的交换称为对流。由于冷热油的不断对流，便将变压器铁芯和绕组的热量带走而传给了油箱散热器，依靠油箱壁的辐射和散热器周围空气的自然对流，把热量散发到空气中去。

2）抽浸风冷却

这种冷却方式的变压器容量较大，一般为 10 000 kV·A 以上。这种方式在散热器上加装风扇（每组散热器上加装两台小风扇），即用风扇将风吹在散热器上，使热油迅速冷却，以加速热量的散发，降低变压器的油温。

3）强迫油循环风冷却

这种冷却方式用潜油泵将变压器上层热油抽出，经过上阀门进入上油室，然后经过散热器管束、下油室，热油通过导风筒上的风扇吹风冷却后，由潜油泵打入变压器油箱底部，从而使变压器的铁芯和绕组得到冷却，这时油的温度又升高，加上潜油泵的抽力，热油再次上升到变压器的上部，从而形成变压器油的循环。

对于强迫油循环风冷变压器，不允许在潜油泵没有开启时就带负荷运行。正常运行时变压器的上层油温不得超过 80 ℃，正常监视温度不宜经常超过 75 ℃。处在备用中的冷却器应在完好状态，工作冷却器发生故障（如潜油泵等），备用冷却器应及时投入运行。

4）强迫油循环导向冷却

目前在巨型变压器中，采用强迫油循环导向冷却。这种冷却方式与上述的强迫油循环风冷却方式相似，其主要区别在于变压器器身部分设置了油路。普通的油冷变压器油箱内油路较乱，油沿着绕组和铁芯、绕组和绕组间的纵向油道逐渐上升，而绕组段间油的流速不大，局部地方还可能没有冷却到，绕组的某些线段和线匝局部温度很高。采用导向冷却后，可以改善这种情况。

这种冷却即用潜油泵将油送入绕组之间的油道中或送入铁芯内的油道中，使铁芯和绕组中的热量直接由具有一定流速的冷油带走，而变压器上层热油用潜油泵抽出后，经冷却器冷却后由潜油泵打入变压器油箱底部，形成变压器油的循环。

除上面介绍的冷却方式外，还有油浸水冷却、蒸发冷却和水内冷却等冷却方式，由于这些冷却方式目前应用不广泛，在此不详细介绍。

6. 附件和保护装置

变压器的附件和保护装置包括储油柜、吸湿器、防爆管、气体继电器、净油器、温度计、油表等。

1）储油柜

储油柜又称为油枕，安装在变压器油箱上部，用弯曲管与变压器油箱连接，其作用是调节油量，容纳因温度升降而使体积变化的变压器油，减少油与空气间的接触面，从而降低变压器油受潮和老化的速度。油枕的容积一般为变压器所装油量的8%～10%。

2）吸湿器

吸湿器又称为呼吸器，在变压器油枕上部的缓冲空间接出一根管子，与空气干燥剂（呼吸器）相连，其作用是保持油箱内压力正常。它与储油柜配合使用，内部充有吸附剂、硅胶，下部有盛油器，以吸收和过滤进入油枕内空气中的水分和杂质。

3）防爆管

防爆管又称为安全气道，安装在变压器油箱盖上，其出口处装有玻璃或薄铁隔板，当变压器内部发生故障时，油箱内压力升高，油气流冲破隔板向外喷出，释放油箱内的压力，防止油箱爆破。

4）气体继电器

气体继电器又称为瓦斯继电器，它装在油箱上部与油枕的连通管上，用来反映油箱内部故障及油位降低。根据有关规定，装于户内容量为320 kV·A及以上的变压器和装于户外容量为1 MV·A及以上的变压器均需装设瓦斯继电器。瓦斯保护包括轻瓦斯保护和重瓦斯保护，当变压器内部发生故障，如匝间短路、绝缘击穿、铁芯故障等，油箱内产生大量气体使其动作。轻瓦斯保护用来发出信号，重瓦斯保护作用于开关跳闸，以保护变压器。

5）净油器

净油器又称为热虹吸过滤器，安装在变压器油箱的一侧，内装吸附剂、硅胶等，油循环时与吸附剂接触，其中的水分、酸和氧化物等杂质被过滤、吸收，延长了油的使用年限。

6）温度计

温度计用来测量监视变压器油箱内上层油温，反映变压器的运行状况。

7）油表

油表又称为油位计，用来监视变压器的油位变化。在我国大部分地区，油表应标出相当于温度为－30 ℃、＋20 ℃、＋40 ℃的三个油面线标志。

6.2　电力变压器的分类及运行参数

6.2.1　变压器的分类

变压器在国民经济中应用范围十分广泛，一般可分为电力变压器和特种变压器两大类。电力变压器是电力系统中输配电力的主要设备，可从不同角度予以分类。

按用途不同，电力变压器可分为升压变压器、降压变压器、配电变压器、联络变压器和厂用电变压器、特种变压器等。

按相数不同，电力变压器可分为单相变压器和三相变压器。

按冷却方式不同，电力变压器可分为油浸自冷变压器、干式空气自冷变压器、干式浇注绝缘变压器、油浸风冷变压器、强迫油循环风冷变压器和强迫油循环水冷变压器等。

按绕组数目不同，电力变压器可分为双绕组变压器和三绕组变压器。

按绕组导线材质不同，电力变压器可分为铜线变压器和铝线变压器。

按调压方式不同，电力变压器可分为无励磁调压变压器和有载调压变压器等。

6.2.2　变压器的型号及运行参数

为了使变压器安全、经济地运行，并保证一定的使用寿命，制造厂对变压器规定了额定值，根据额定值进行设计和试验，按这种规定运行的情况就称为额定运行。变压器的额定数据写在铭牌上，在使用变压器时，首先要掌握铭牌上的技术数据，才能正确使用。由于电力生产的三相变压器应用广泛，下面重点介绍三相变压器的主要运行参数。

1. 变压器的型号

根据国家标准《电力变压器　第 1 部分：总则》(GB 1094.1—2013)的规定，变压器产品型号的代表符号按表 6.1。

表 6.1　变压器产品型号

序号	项　目	类　别	代表符号
1	绕组耦合方式	自耦	O
2	相数	单相 三相	D S
3	冷却方式	油浸自冷 干式空气自冷 干式浇注绝缘 油浸风冷油浸水冷 强迫油循环风冷 强迫油循环水冷	— G C S FP SP
4	绕组数	双绕组 三绕组	— S

续表

序号	项 目	类 别	代表符号
5	绕组导线材质	铜 铝	— L
6	调压方式	无励磁调压 有载调压	— Z

标准系列油浸电力变压器，按表 6.1 所列代号的顺序书写，组成它的基本型号，其后以短横线隔开，加注额定容量(kV・A)/高压绕组等级(kV)，成为变压器型号。

例如，SSPSL-240000/220 为三相强迫油循环水冷式、三绕组、铝线、240 000 kV・A、220 kV 电力变压器。

又如，OSSPSZ-120000/220 为三相强迫油循环水冷式、三绕组、有载调压、120 000 kV・A、220 kV自耦电力变压器。

2. 变压器的运行参数

1）额定容量 S_N

额定容量是变压器额定运行的视在功率，单位为 kV・A 或 MV・A。对于三相变压器，额定容量是变压器三相的总容量。由于变压器运行效率很高，一次绕组和二次绕组按同容量设计。

2）额定电压 U_{1N} 和 U_{2N}

额定电压是用 V 或 kV 表示的线电压，并规定二次侧额定电压 U_{2N}，是当变压器一次侧加额定电压 U_{1N} 时二次侧的空载端电压。

3）短路电压 U_d(%)

短路电压 U_d(%)也称为阻抗电压，即当一个绕组短路，在另一个绕组中流有额定电流时所施加的电压，一般都以额定电压的百分数表示。短路电压值的大小在变压器运行中有着重要意义，它是考虑短路电流和继电保护特性的依据。

4）空载损耗 ΔP_o

空载损耗即铁损，是变压器在空载状态(一次侧加额定电压，二次侧开路)时产生的损耗。它从电网中吸取的电功率(称空载功率 P_o)将全部转变为热量而扩散于周围介质之中，这时变压器所消耗的功率称为空载损耗，用 ΔP_o 表示。

由于铁耗与电源电压的平方成正比，而与负载大小(负载电流)无关，即只要电源电压一定，它不随负载大小而变，故铁损耗为不变损耗。

5）空载电流 I_o

空载电流就是当变压器在空载运行时，一次绕组通过的电流，一般以额定电流的百分数表示。

空载电流 I_o 将是纯粹建立主磁通的磁化电流。当铁芯中磁通密度较低时，磁路是不饱和的，磁化电流随磁通的大小成比例变化，磁通是正弦波形，磁化电流也是正弦波形。但是制造变压器时，为了有效利用铁芯材料，变压器铁芯总是工作在饱和情况下，这时磁通和磁化电流不再是线性关系了，实际磁化电流中将出现高次谐波。从上述磁通和电动势及电压的关系可知。建立主磁通的磁化电流 I_μ 和 Φ_m 同相，是落后的无功电流。

变压器运行时，铁芯中的磁通变化会引起磁滞损耗和涡流损耗，虽然制造变压器时选用高导磁含硅涂漆钢片，铁芯中的损耗还是不能避免的。因此变压器空载电流 I_0 中除了无功分量，即磁化电流 I_μ 之外，还有供铁芯损耗 P_{Fe} 的有功分量，称为铁损电流，用 I_{Fe} 表示。

6) 短路损耗 ΔP_k

短路损耗是指一个绕组通过额定电流，而另一个绕组短路时所产生的损耗，主要是电流流过电阻产生的损耗（即铜损），电阻越大，损耗也越大。

6.3　电力变压器的运行与管理

6.3.1　变压器的并列运行

变压器的并列运行就是两台或两台以上变压器的一、二次线圈分别并联在高、低压侧系统上，如图 6.4 所示。

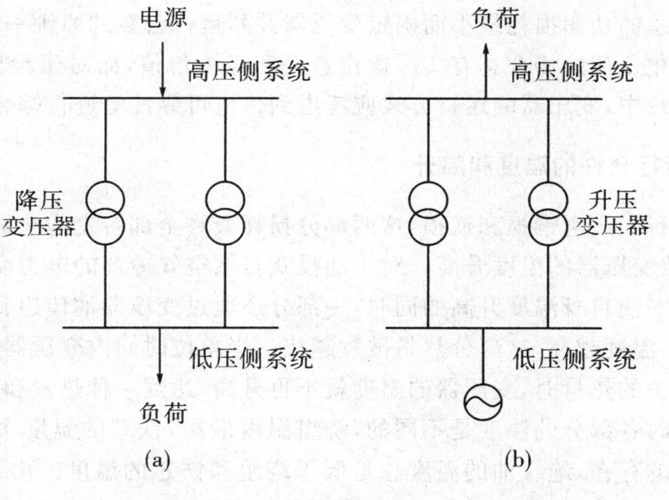

图 6.4　变压器的并列运行方式

(a)降压变压器的并列；(b)升压变压器的并列

1. 变压器并列运行的作用

随着系统容量的增大，需要将两台或多台变压器并列运行，以担负系统的全部容量。从保证电力系统安全、可靠和经济运行的角度看，变压器的并列运行是十分必要的。若干台变压器并列运行后，当某一变压器在运行中发生故障时，其他正常运行的变压器在短时间内是允许过负荷运行的，从而保证了对重要用户的连续供电。而当系统负荷轻时，可以轮流安排检修变压器而不必中断对用户的供电，使运行方式的安排更为灵活，必要时也可停用部分变压器，以减少总的损耗，达到经济运行的目的。

2. 变压器并列运行的条件

变压器并列运行时，其负荷的分配是依照各台变压器本身的特性（短路电压和变比）进行分配的，并不是按照变压器的额定容量成正比地分配。因此，为使各台变压器间负荷分配合理，设备容量得到充分利用，并列运行的变压器必须符合下列条件。

(1) 各变压器的一次、二次额定电压应分别相等，即各台变压器的变比应相同，一般实际可允许差值在±0.5%以内。

(2) 各变压器的阻抗电压 U_d%（阻抗百分数）应相等，一般可允许差值在±10%以内。

(3) 各变压器的接线组别应相同。

(4) 并列运行的变压器的容量不宜相差过大，一般理论上要求容量比不能大于 3∶1。

3. 变压器并列运行的经济性

对单台运行的变压器，其功率损耗分为两个部分，一部分是铁损，另一部分是铜损。变压器的铜损同线路一样，电压越高则铜损越小。而铁损则相反，当运行电压提高后，如果变压器的分接头没有改变，就会使得变压器的磁通密度增加，铁损会相应增加。

对并列运行的变压器，按照负荷的大小合理地确定并联运行的台数，使得总的功率损耗最小，是保证其电气系统结构合理和提高经济效益的基本要求和一项重要措施。

根据变压器总的功率损耗最小而确定变压器并列运行台数的原则一般仅对于变化周期较长的季节性变化负荷的场合具有实际操作意义和经济价值，而对于频繁变化的负荷是不适用的。实际运行中，变压器的运行方式应考虑到供电可靠性等进行综合和统筹而确定。

4. 变压器运行允许的温度和温升

变压器在运行中产生铜损和铁损，这两部分损耗最终全部转变为热能，使变压器的铁芯和绕组发热，导致变压器的温度升高。对于油浸式自然空气冷却的电力变压器来说，铁芯和绕组产生的热量在使自身温度升高的同时，一部分还通过变压器油传递到油箱和散热器，使这部分热量散发，温度越高，这部分热量散发越快。当单位时间内变压器产生的热量等于单位时间内散发出去的热量时，变压器的温度就不再升高，达到一种热量和温度的稳定状态。

变压器运行时各部分的温度是不同的，绕组温度最高，铁芯的温度次之，由于热量传导过程中固有温差的存在，绝缘油的温度总是低于绕组和铁芯的温度。由于变压器内部热量的传播不均匀，上部油温还高于下部油温，有时变压器各部位的温度差别很大，这对变压器的绝缘强度有很大影响。变压器运行中的允许温度是按照上层油温来确定的，上层油温的允许值一般应遵循制造厂的规定。我国电力变压器大多采用 A 级绝缘，浸渍处理过的有机材料如纸、木材、棉纱等都是 A 级绝缘材料。采用 A 级绝缘的变压器，正常运行时，通常认为绕组的极限温度是+105 ℃。考虑到绕组的温度比油温高+10 ℃，所以规定变压器上层油温最高不超过 95 ℃。而在正常情况下，一般控制上层油温最高在+85 ℃以下运行为宜。

变压器温度与周围介质温度的差值称为变压器的温升。对应于一定环境温度和变压器允许运行温度就相应有一个变压器的允许温升。对 A 级绝缘的变压器，相应规定绕组的允许温升为 65 ℃，上层油的允许温升为 55 ℃。

若变压器的温度长时间超过允许值，则变压器的绝缘容易受到损坏，当绝缘老化到一定程度时，运行中的振动和冲击会使绝缘层受到破坏的概率大大增加；其次，当变压器温度升高时，绕组的电阻就会增大，还会使铜损增加；另外，温度越高，越容易被高电压击穿而造成故障。因此电力变压器在正常运行时，不允许超过绝缘的允许温度。当变压器绝缘的工作温度超过允许值后，每升高+8 ℃，其使用寿命便减少一半，这就是一直沿用的 8 ℃规则。一般认为油浸变压器绕组绝缘最高运行温度为95～98 ℃时，变压器具有正常使用寿命，约为 20 年；若温度为 105 ℃时，约为 7 年；温度为 120 ℃时，约为 2 年。可见变压器的运行使用年限取决于绕组绝缘的运行温度。对运行中的变压器的允许温度和温升作出规定，不仅是安全运行的要求，也是保证变压器达到经济上合理使用年限的需要。

5. 变压器的冷却

为降低变压器的温升，防止绝缘老化，延长变压器的使用寿命，保证变压器的安全经济运行，一般电力变压器均装设有冷却装置，常见的有自冷式、风冷式、强迫油循环风冷或水冷等方式。按照变压器容量、运行条件的不同有不同的冷却方式。

变压器的冷却装置包括冷却器、风扇、潜油泵等。潜油泵是强迫油循环变压器的专用设备。冷却器分空冷和水冷两种，水冷的冷却效果更好，但应当注意的是，当冷却水断水以后，冷却效果将急剧恶化，变压器内部温度会很快升高。

6.3.2　变压器的电压调整

变压器运行中，当一次电源电压变化时，二次电压会随之变化。为保证系统和用户对电压质量的要求，就需要利用变压器来进行调压。

1. 电源电压变化对变压器本身运行的影响

电压是电能质量的主要指标之一。各种用电设备都是按照额定电压来设计和制造的。电压偏离额定值过大（无论是偏高还是偏低），不仅会影响用户产品质量，损坏设备，而且对电力系统本身设备的安全和经济运行都是不利的。

当电网电压小于变压器对应分接头电压时，对于变压器本身并无什么损害，只是可能会降低一些出力，但是系统电压降低会使电网的功率损耗和电压损耗增大，还可能危及电力系统运行的稳定性，甚至引起“电压崩溃”。所谓电压崩溃现象是由于系统中无功功率短缺，电压水平低下，某些枢纽变电所母线电压在微小的扰动下顷刻间发生电压大幅度下降的现象，这是一种将会导致系统瓦解的灾难性事故。

当变压器的电源电压升高时，变压器的励磁电流将增加，变压器所消耗的无功功率也会随之增加。由于励磁电流增加，磁通密度增大，使磁通饱和，这将引起副绕组电势的波形发生畸变，出现尖顶波，这对变压器的绝缘有一定的损害，尤其对 110 kV 及以上的变压器的匝间绝缘危害更大。变压器的电源电压可以较额定值高，但一般不得超过额定值的 5%。不论电压分接头在何位置，如果电源电压不超过其相应的 105%，则变压器的副绕组可带额定电流。

2. 变压器的调压方法

由于系统运行方式的改变、负荷的变动及系统发生事故等情况，电力系统某些点的电压会发生变化。这时通过变压器分接头的调整可以使这些节点的电压保持在规定的范围内。

变压器调压分无载调压和有载调压两种。利用无载分接开关或有载分接开关改变变压器绕组的匝数，来达到调压的目的。

1）变压器无载调压

变压器无载调压不允许在带负荷时调压，在改变分接头时应停电，并事先选择好一个合适的挡位，兼顾运行中的最大和最小负荷要求，使电压运行在允许范围内。

由于无载分接开关的接触部分在运行中可能被烧伤，长期未用的分接头挡位还可能产生氧化膜等，所以当无载分接头位置改变以后，需要测量电阻来检查回路的完整性和三相电阻的一致性。从测量结果中可以判断三相电阻是否平衡，若不平衡，其差值不得超过规定值并参考历次测量数据。

三相电阻不平衡一般可能是以下几种原因。

(1) 分接开关接触不良，如接点烧伤、不清洁、电镀层脱落、弹簧压力不够等。

(2) 分接开关引出线焊接不良或多股导线有部分未焊好或断股。

(3) 三角形接线一相断线，这样，未断线的两相电阻值为正常值的 1.5 倍，断线相的电阻值为正常值的 3 倍。

(4) 变压器套管的导杆与引线接触不良。

2）变压器有载调压

变压器有载调压是一种有级调压，可以在带负荷的条件下切换分接头，其调压范围比较大，一般可达 15%以上，但每级调压一般不超过 3000 V。采用有载调压变压器时，可以根据不同负荷和方式时的电压要求灵活地选择合适的分接头挡位。

有载调压变压器的高压绕组通常具有一个串联的调压绕组，一般安装在变压器内铁轭的上方。如图 6.5 所示，依靠特殊的切换装置，可以在带负荷电流的情况下改换调压绕组上的分接头。切换装置有两个可动触头 K_a 和 K_b，改换分接头时，先将其中一个可动触头移动到相邻的分接头上，由于另一个可动触头仍然在原来的分接头位置，这样就避免出现“带负荷断路”的严重问题。接着再把另一个可动触头也移到该分接头上。这样逐级地移动，直到两个可动触头都移到所选定的分接头为止。在切换过程中，当两个可动触头在不同的分接头位置时，分接头之间由于存在一定的电位差，而有一定的短路电流，切换装置中的电抗器 DK 就是用来限制两个分接头之间的短路电流的，也有的调压器用限流电阻代替限流电抗器。为了防止可动触头在切换过程中产生电弧，而导致变压器的绝缘油劣化，可在切换装置可动触头 K_a、K_b 的电路中接入接触器的触头 J_a 和 J_b（它们单独放在油箱里），当变压器切换分接头时，首先断开接触器的触头 J_a，然后将可动触头 K_a 切换至另一个分接头上，接着再将接触器触头 J_a 接通，另一个可动触头 K_b 与 J_b 也是采用同样的步骤完成切换。

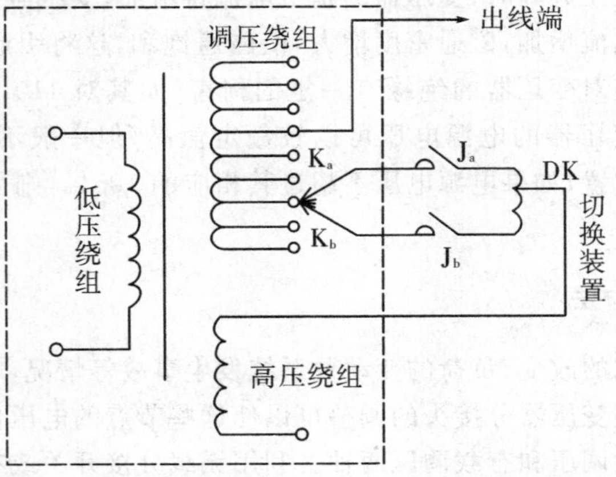

图 6.5 变压器有载调压原理接线图

3）变压器分接头的选择

变压器电压调整有两个指标，即调压范围和调压级。调压范围是指调压获得的最大和最小电压之间的差值，调压级是指调压时能保证的最小级间电压差值。两者一般都是用绕组额定电压 U_N 的百分值来表示。通常在双绕组变压器的高压绕组和三绕组变压器的高、中压绕组中设有若干个分接头。一般容量为 6300 kV·A 以下的变压器有三个抽头，分别为 $1.05U_N$、U_N、$0.95U_N$，即电压可调范围为 $0.95U_N \sim 1.05U_N$，容量为 8000 kV·A 以上的变压器有五个抽头，分别为 $1.05U_N$、$1.025U_N$、U_N、$0.975U_N$、$0.95U_N$，电压可调范围也是 $0.95U_N \sim 1.05U_N$。对 110 kV 及以上电压等级的变压器，因为变压器的中性点直接接地，中性点附近对地电压很低，调节装置的绝缘比较容易解决，一般调压绕组放在变压器的中性点侧。

对电力变压器分接头的选择，总的要求是使实际运行电压不超过电压允许偏差范围。在变压器分接头的选择时应考虑下列问题。

(1)通常只按照最大负荷及最小负荷两种方式选择变压器的分接头，在可能的条件下，也应该考虑到事故发生后某些中枢点的电压水平。

(2)应尽量将一次系统的电压提高到上限运行，这样可以降低一次系统总的无功功率损耗并增加一次系统的充电功率，对系统的无功功率平衡和电压调整是有利的。在无功电源充足的系统中，用户的电压也应尽可能在上限运行，这对系统的经济运行有利。

在自备发电厂中，升压变压器高压侧的分接头还应从运行的角度进行考虑，不仅应使发电机端电压在最大和最小负荷下不超过规定的允许范围(额定电压的±5%)，当发电机电压母线为地区负荷供电母线时，还应当满足地区负荷用户对电压的要求。一般发电机电压母线采用逆调压方式，即在电压允许偏差范围内供电电压的调整，一般高峰负荷时保持电压比系统标称电压高5%，而低谷负荷时保持电压在标称电压。

采用无载调压分接头的变压器进行调压，在系统电压水平和负荷大小及潮流方向变化较大时，就难以选择一个固定分接头满足所有情况下对电压质量的要求。此时，应考虑采用有载调压的变压器或辅以其他的调压措施。

必须指出，在系统无功不足的情况下，不宜采用调整变压器分接头的方法来提高某一负荷点的电压。因为当某一负荷点的电压因变压器分接头改变而升高后，该地区对应所需的无功功率随之增加，这样就扩大了整个系统的无功缺额，从而导致整个系统电压水平进一步下降，显然，这样做效果是不好的。

6.3.3 变压器油的运行

变压器油的作用之一是增加变压器内各部件的绝缘强度。油是易流动的液体，它能够充满变压器内各部件之间的任何空隙，将空气排除，避免了变压器内部件与外界的空气接触，从而使绕组与铁芯之间、绕组与绕组之间、绕组与油箱外壳之间均保持良好的绝缘。

变压器油的作用之二是使变压器的绕组和铁芯得到冷却。变压器运行中，绕组与铁芯发热后将热量传递给油，而油的不断循环过程同时也不断地将热量散发给冷却装置，从而使绕组和铁芯都得到了冷却。

变压器油还能使木质、纸等绝缘物保持原有的物理和化学性能，使铜、铝等有色金属得到防腐作用。此外，还具有熄灭电弧的作用。

变压器油在运行中，由于长期受温度、电场及化学复分解的作用，会使油质劣化，空气中的湿度会使变压器油受潮，油中的水分会降低变压器油的击穿电压，增加介质损耗，同时还增加了铜和铁的催化作用，引起油中大量沉淀物的形成。一般认为，氧化的油比新鲜的油更易受潮，而受潮的油与干燥的油相比，其劣化速度要快 2～4 倍。油的劣化速度还取决于温度，当温度每升高 10 ℃时，油的劣化速度就会增加 1.5～2 倍。此外，绝缘油是多种烃类的混合物，而各种烃类的抗氧化能力是各不相同的。油的烃类组成成分对于油的劣化速度也将产生影响，特别是油中的一些杂质，对油的劣化将会起到一定的作用。

防止变压器油受潮的方法之一是装设呼吸器。呼吸器中的干燥剂能吸收进入变压器内空气中的潮气，当干燥剂(硅胶)由原来的蓝色变为红色或紫红色时，说明已经失效，应及时进行更换。

为了掌握变压器油在长期运行中的情况，还需定期取油样试验，以对油质进行监视。对变压器油定期试验的内容一般有以下几项。

1. 酸值

酸值表示油中有机酸的含量。中和 1 g 试油中含有的酸性组分所需的氢氧化钾毫克数，称为油品的酸值。根据酸值的大小可以初步判断油质劣化的速度，但它不能作为绝对标准。酸值的标准是新油不应超过 0.03 KOHmg/g，运行中的油不应超过 0.1 KOHmg/g。

运行中的变压器油通常不存在水溶性碱，多存在水溶性酸。油中的水溶性酸，能腐蚀金属部件、固体绝缘材料，加速油品自身的氧化，导致沉淀物的生成，降低绝缘油的电气性能和油品的抗乳化性能等，直接影响到油和设备的安全运行和使用寿命。新油的质量标准中规定，应不存在水溶性酸或碱。运行油中出现了水溶性酸，并超过一定标准(pH≤4.2)时，应及时处理或换油。

油品酸值包括能溶于水和非水溶剂的酸性组分，如无机酸、石油酸及部分酸性添加剂等。这些酸性物质可直接或间接腐蚀设备的有关部件，危害较大。其他危害与水溶性酸基本相同。

2. 电气绝缘强度

电气绝缘强度是指试油器两电极间油层击穿时的最小电压值。油的电气绝缘强度基本上取决于油中所含的潮气、纤维杂质、游离碳、气泡数量和其他成分，它们都会使油的电气绝缘强度降低。在各种电压下，标准间隙的击穿电压不低于表6.2中所列数值。

表 6.2　变压器油的电气绝缘强度标准

运行电压/kV	新油标准/kV	运行油标准/kV
＞35	40	35
6～35	30	25
＜6	25	20

3. 闪点

闪点是指油加热时所产生的蒸气与空气混合后，接近火焰即会发生闪燃的温度。对于绝缘油，该温度显然越高越好，一般此值在130～140 ℃之间。

4. 机械混合物

机械混合物不仅是由设备内固体绝缘纤维及空气中的灰尘、纤维所造成的，还由油中的不饱和烃类所分解出来的氧化物、可溶性树脂、油泥及游离碳等所造成。它们在电场作用下易形成桥路，使油的电气绝缘强度大为降低，所以要求油中没有机械混合物。

5. 游离碳

最好是没有游离碳，因为即使有少量悬浮碳存在，也说明已经存在过热。当发现有游离碳时，除应滤油外，还应查明过热原因，必要时应进行变压器的内部检查。

6. 酸碱度

酸碱度是由变压器油氧化和皂化（因油中的高分子有机游离脂肪酸的存在而产生）所产生的，是绝缘油的重要性质之一。

7. 水分

水分是由空气中的潮气侵入和设备内有机物质包括绝缘油因温度过高而复分解出来形成的。含有水分的绝缘油，其绝缘水平将会显著降低，特别是水分对绝缘油击穿电压的降低影响更大。

6.3.4 变压器的运行维护

对运行中的变压器，运行人员应按照现场运行规程所列项目定期进行检查维护，随时了解和掌握变压器的运行状况。变压器在运行中，运行人员应根据控制盘上的仪表监视变压器的运行情况，控制负荷不超过额定值、油温不超过允许值等。

油枕内和充油套管内油位高度、油色应正常并无渗油、漏油现象。当油位异常时，首先应判断是否是由于气温变化所引起的，并与历史状态进行比较。如油位过高，通常是由变压器的冷却装置运行不正常或变压器内部故障等造成油温升高所引起。如油位过低，应检查变压器器身各密封处是否有渗油、漏油现象，放油阀门是否关紧。油枕内的油色应是透明微带黄色，如呈棕红色，可能是油位计本身脏污所造成，也可能是变压器油在长时间运行中，油温高使油变质引起。

变压器运行声音应正常。变压器正常运行时，一般发出均匀的"嗡嗡"电磁声，如电磁声不均匀，通常可能是铁芯的穿芯螺钉或螺母有松动现象。如内部有不规则的"噼啪"放电声，则可能是绕组绝缘间有击穿现象。发现这类异常现象应及时汇报进行处理。

变压器上层油温一般应在85 ℃以下，对强迫油循环水冷变压器应为75 ℃，根据每台变压器的负荷轻重及冷却条件不同，运行人员在检查时，不能仅以油温不超过85 ℃（75 ℃）为标准，还应与以往运行数据进行比较。例如，油温突然过高，则可能是冷却装置故障或变压器内部有故障，这时应重点检查变压器冷却装置的运行情况。对于强迫油循环变压器，应检查油和水的温度、压力、流量等是否符合规定，冷油器中油压应比水压高1～1.5个大气压，潜油泵及风扇电动机等运行必须正常，且水冷却部分应无漏水。冷油器出水中不应有油，若有油即说明冷油器有漏油现象。对油浸自冷式变压器来讲,如散热装置的各部分温度有明显不同,则可能是管路有堵塞现象。

变压器套管应清洁,无破损裂纹及放电痕迹,引线不应松动,接头的接触应良好不发热,示温蜡片应无熔化现象。

变压器呼吸器应畅通,硅胶不应吸潮至饱和状态。防爆管上的防爆膜应完整无裂纹。变压器器身及附件设备应不漏油、渗油,外壳应清洁,外壳接地线应良好。

6.4 电力变压器的故障诊断

变压器由于没有转动部分,其主要元件都浸在油中,因此,变压器与其他电气设备相比,它的故障相对较少。通过对变压器运行加强监视,做好经常性维护工作,及时消除缺陷,定期进行检修和预防性试验,大多数故障是可以及时发现的。但是,变压器在运行中,由于运行人员操作不当、检修质量不良、设备缺陷没有及时消除、运行方式不合理等,仍然可能会发生变压器故障。

变压器的故障有一个发展过程。当故障在初期时,总是会有一定的故障征兆。通过一定的故障诊断措施,可以及时发现变压器存在的故障或异常状态,从而做出正确的处置,保证变压器的安全可靠运行。对电力变压器开展故障诊断,作为一种较为先进的处理手段和技术正在得到广泛的应用。

6.4.1 变压器击穿、局部放电故障的检测与诊断

1. 击穿故障

变压器绝缘击穿是一种最严重的故障,一般会引起变压器如差动保护、重瓦斯保护、压力释放装置的动作跳闸,严重时可能导致变压器油箱爆裂起火,对电力的安全运行威胁很大。变压器常见的击穿部位有线圈静电屏出线、内线圈的引出线、线圈绝缘角环、线圈匝层间和相间等绝缘薄弱处。

变压器绕组发生击穿故障前,往往以局部放电为其先兆。因此,对变压器局部放电的检测成为保证变压器安全运行的重要措施和诊断手段,局部放电的检测越来越受到广泛的重视。

2. 局部放电故障

包括变压器在内的电气设备绝缘内部若存在气泡或局部电场增强等缺陷,这些区域在运行中就可能发生放电,而导体间绝缘并未发生贯穿性击穿,这种现象称为局部放电。局部放电是放电故障中最常见的一种形式,除此之外,还有电位悬浮放电等。

局部放电若长期存在,在一定条件下可造成绝缘耐压强度的破坏。局部放电故障发生在变压器内任何电场集中或绝缘材质不良的部位,可能发生在油间隙,也可能发生在固体绝缘中,如高压引线、高压绕组静电屏出线、相间围屏以及绕组匝间等。因为纸绝缘是不可恢复的,所以发生在纸绝缘表面或夹层中的局部放电危害最严重。

局部放电会产生下列效应:

① 在提供电压的电回路中产生电脉冲信号;

② 在介质中产生功率损耗；

③ 在紫外线、可见光波段直至无线电频率范围内产生电磁辐射；

④ 产生声辐射；

⑤ 材料受放电作用后产生化学变化。

3. 局部放电的在线检测

不同的局部放电效应有不同的试验方法，比较常见的试验方法有对局部放电电脉冲进行测量的电脉冲信号法和对局部放电声辐射信号进行探测的超声法。对电信号和声信号联合检测可以取得更好的定量和定位效果。

测量局部放电时由安装在接地线与套管末屏引出线上的电流传感器提取放电的脉冲电流信号，由安装在外壳上的超声传感器提取局部放电的声信号。在这里，高压母线起到了耦合电容的作用。电信号和声信号经过数据采集单元实现数字化测量并送入微型计算机进行数据处理。

局部放电在线检测是在高电压下测量微小放电量，这种检测易受到外部的各种干扰，而运行现场的电磁干扰强烈，对高压套管端部的电晕放电、周围高压部位或地回路的悬浮放电、无线电干扰以及电源回路的干扰等必须加以识别和排除，所以抑制和识别干扰是局部放电在线检测的难点所在。

(1) 高压套管端部的电晕放电，这是常见的干扰。电晕放电首先在电压的负半波峰值处发生，出现几乎等幅值的放电脉冲。随着电压的升高，处于负半波的放电脉冲增多，即出现放电脉冲的相位变宽，可听见电晕处有"噼啪"放电声，同时在电压的正半波峰值处出现高幅值但脉冲数较少的脉冲。这时，正半波的放电脉冲幅值约为负半波的放电脉冲幅值的10倍。

判断高压套管端部的电晕放电干扰并不困难，解决的办法是加装均压环(帽)或利用局部放电测量仪的"开窗"技术，舍去正半波的局部放电测试，即将发生在正半波的电晕放电也舍去。

(2) 周围高压部位或地回路的悬浮放电，需要仔细排除。可以采取的措施有被试变压器周围的架空线作妥善接地，变压器油箱顶部以及周围的金属部件也可靠接地。

(3) 对于无线电干扰，从测试频率上基本可以避开。一般来说，取300 kHz上限频率，可以避开无线电频率。

(4) 电源回路的干扰主要来自升压试验变压器。升压试验变压器的放电干扰，往往是因为其套管的放电，例如，充油套管的内部油隙放电、瓷套根部的放电等。有时采用平衡加电，可以较方便地解决升压试验变压器的放电干扰。

(5) 对被试变压器套管电流互感器应短路接地，防止二次开路或悬浮放电的干扰。

4. 局部放电的诊断

对局部放电的诊断一般有视在放电量判断法和分布图谱判断法，而对放电源的定位则有声信号定位法和电信号定位法。

1) 视在放电量判断法

目前许多产品的局部放电试验标准中，几乎都是以视在放电量的大小作为评定局部放电性能的指标，即采用阈值诊断方法。

2）分布图谱判断法

在一定的测量时间内，测得放电量外放电时外加电压的相位差和放电重复次数，经过统计处理，可得到各种分布图。

3）声信号定位法

采集放电产生的电信号和三组声信号。由于电信号从放电源传至传感器的时延可忽略不计，所以可将电信号作为时间参考基准。声信号到达不同位置的声发射传感器时存在不同的时延。根据电、声信号的时差和声传播的速度，求解一组球面方程，即可求得放电源的位置。此外，也可根据四路声信号的相对时延，求解双曲面方程对放电源定位。

4）电信号定位法

变压器绕组内部发生放电时，放电脉冲向绕组两端传播。采集绕组高压端和中性点端的电信号，在较高频段内，两端响应的比值和放电源位置呈线性关系。在离线情况下，通过调试，求得其关系后，即可据此对放电源进行定位。

6.4.2 绕组变形故障

随着电力系统容量的增大，外部短路特别是变压器近区故障引起变压器绕组变形的故障增多。由于变压器绕组导体的抗弯强度低，再加上线圈与铁芯之间不易塞紧，因此变压器内线圈在受到向内的幅向力作用时最容易发生变形。目前，变压器绕组变形的诊断方法主要有短路阻抗法、低压脉冲法和频率响应法。

1. 短路阻抗法

短路阻抗法是判断绕组变形的传统方法，它主要是测量电力变压器绕组的短路阻抗，与原始阻抗值进行比较，根据其变化情况来判断绕组是否变形以及变形的程度。

2. 低压脉冲法

低压脉冲法就是利用等值电路中各个小单元内分布参数的微小变化造成波形上的变化来反映绕组结构上的变化。当外施脉冲波具有足够的陡度，并使用有足够频率响应的示波器时，就能把这些变化清楚地反映出来。

3. 频率响应法

每台变压器都有自己的响应特性，当绕组发生变形后，其内部参数和响应特性也将发生变化。分析和比较变压器的频率响应特性，就可以发现变压器绕组是否发生了变形。当然，绕组变形前的频率响应特性是分析和比较的基础。

这种方法在目前使用中，由于缺少原始试验记录，常用三相绕组的频率响应特性相互比较来进行判断。因此，确定判断需要一定的经验，也存在一定的不确定性。普遍采用此方法需要建立原始的数据库，当对变压器绕组变形有怀疑时，可以与原始数据库的数据进行比较，从而得出较确切的判断。

6.4.3 变压器油中溶解气体的检测与故障诊断

变压器油为矿物油，是各种碳氢化合物的混合物。绝缘纸和纸板的主要成分是植物纤维素。在变压器放电和过热过程中，油和纸将裂解，产生如氢气（H_2）、甲烷（CH_4）、乙烷（C_2H_6）、乙烯（C_2H_4）、乙炔（C_2H_2）、一氧化碳（CO）、二氧化碳（CO_2）等各种气体，这些气体能溶解于油中。分析油中溶解气体的成分和比例可以对油浸变压器的绝缘状况进行诊断，从而可以判断潜伏性故障和故障类型。

固体绝缘的正常老化过程与故障时的劣化分解，可以表现在油中 CO 和 CO_2 的含量不同上。当故障涉及固体绝缘时，会引起 CO 和 CO_2 含量的明显增长，固体绝缘的不可恢复性，决定了这两种气体的重要性。因此，在变压器油中溶解气体的故障诊断中，应特别注意 CO 和 CO_2 的含量及其增长情况。由于油中溶解气体浓度很小，需采用气相色谱仪进行分析。

1. 变压器油中溶解气体的现场检测

1）脱气

脱气分为渗透膜脱气法和鼓泡脱气法两种。渗透膜脱气法是利用高分子膜（如聚四氟乙烯等）的透气性，可以直接从油中将气体分离出来，透气过程是气体在膜内溶解和扩散的过程。鼓泡脱气法是用定量的空气循环地吹入油中直至溶于油中的气体在油面上空间中的浓度和在油中的（即气相和液相中）达到平衡。

2）气体分离

为了简便易行，现场检测时往往只检测 H_2。这时采用渗透膜脱气法即可收集到油中溶解的 H_2。如需检测或监测多种气体，仍需采用色谱柱分离不同组分。此时常采用鼓泡脱气法并用空气作为载气。

3）气体鉴定

有半导体气敏传感器法和燃料电池法。半导体气敏传感器与待测气体接触后，其电气性能会发生改变，利用此原理可以鉴定气体。燃料电池法是由电解液（如 H_2SO_4 溶液）和一对电极组成。由于电化学反应产生的电流正比于导入的氢气的体积浓度，从而用于测量油中溶解的氢气。

2. 过热性故障的诊断

不同性质的故障所产生的溶于油中的气体组分和其浓度是不相同的。据此可以判断故障的类型。

国际电工委员会（IEC）和国家标准《变压器油中溶解气体分析和判断导则》（GB/T 7252—2001）推荐用五种气体的浓度的三个比值 C_2H_2/C_2H_4、CH_4/H_2、C_2H_4/C_2H_6 来判断故障的性质，将测得的数据的三个比值编码，得到编码后即可判断故障的性质。

变压器内部存在过热性故障时通常会使油产生气体，因此可以采用油色谱分析对过热性故障进行诊断。

1）电流回路过热

常见的过热性故障是由于电流回路元件接触不良引起的，主要包括分接开关动静触头接触不良、导引线焊接不良、线圈与套管引线连接不良、多股并绕线圈出线处焊接不良等。电流回路过热后，在其周围的油受热分解时所产生的气体主要是氢和烃类，如甲烷、乙烷、丙烷、乙烯、丙烯等成分，而一氧化碳和二氧化碳成分较少。对于电流回路的过热性故障，大多可通过油色谱分析并结合绕组直流电阻测试进行诊断。

2）磁回路过热

常见的磁回路过热是铁芯的多点接地，这类故障比较难以发现和处理。铁芯多点接地是由涡流引起或夹紧铁芯用的穿芯螺钉绝缘损坏造成的。铁芯绝缘故障的原因如下。

(1) 硅钢片间绝缘损坏，引起铁芯局部过热而熔化。

(2) 夹紧铁芯的穿芯螺钉绝缘损坏，使铁芯硅钢片与穿芯螺钉形成短路。

(3) 残留焊渣形成铁芯两点接地。

(4) 变压器油箱的顶部及中部，油箱上部套管法兰与套管之间，内部铁芯、绕组夹件等因局部漏磁而发热，引起绝缘损坏。

涡流会使铁芯长期过热而引起硅钢片间的绝缘破，此时，铁损增大，油温升高，使油的老化速度加快，减少了气体的排出量。所以在进行油的分析时，可以发现油中有大量的沉淀油泥，并且油色变暗，闪点降低等。而穿芯螺钉绝缘破坏后，会使穿芯螺钉短接硅钢片，这时便有很大的电流通过穿芯螺钉，使螺钉过热，引起绝缘油的分解，油的绝缘性能降低。

铁芯多点接地若继续发展，会引起油的闪点降低，这时由于靠近接地点部分温度很快升高，致使油的温度逐渐达到着火点，造成故障范围内的铁芯过热，甚至熔焊在一起。在这种情况下，若不及时断开变压器，就可能发生火灾或爆炸事故。

3）放电性故障与过热性故障的油气区别

放电性故障为变压器内部间隙放电或爬电等，它与过热性故障之间的区别在于发生放电性故障时，油分解产生的气体成分中乙炔的成分占主要地位，而单纯过热性故障时则无乙炔。如过热性故障中又有放电现象，则油分解的气体中氢及烃类含量较高，而乙炔含量较少。

6.4.4 变压器的其他常见故障及诊断

变压器故障主要发生在绕组、铁芯、套管、分接开关和油箱等部位。除了前面已经介绍的击穿和放电故障、过热性故障及绕组变形外，还有受潮及各类附件的各种类型故障，这里对其中常见的一些故障及其诊断进行介绍。

1. 受潮故障

导致变压器绝缘受潮的主要原因是水渗入变压器内部，如油箱顶部或套管帽密封不严、水冷却器铜管泄漏或破裂、储油柜凝结水回流和旧式防爆筒进入潮气等，也有因制造或检修时未干燥好，或绝缘暴露空气时间过长等原因。水冷却器因铜管材质或工艺不良，使水渗入变压器中以及风冷却器的油泵渗漏入空气，空气进入变压器的高电场区域，电离产生氢气，都对变压器绝缘十分有害。由于潜油泵的入口包括冷却器，甚至变压器油箱顶部都可能是负压区，这些部位密封不良，导致进水或进气。

变压器受潮后，变压器中的水分会促进有机酸对铜、铁的腐蚀作用。一般认为受潮的油比干燥油的老化速度要增加2～4倍。

2. 套管故障

变压器套管故障除常见的本体渗漏和套管帽密封不严外，还有外绝缘闪络、内绝缘损坏和端部引线过热等。

3. 储油柜胶囊呼吸不畅的故障

采用胶囊式储油柜时，储油柜内的油位，随着内部油量的多少及油温的高低变化而上下波动，同时还与变压器所带的负荷及周围环境温度等相关，因此油面上的胶囊必须呼吸畅通。胶囊悬挂在储油柜顶部，通过呼吸器与大气连通，以适应变压器油体积膨胀和收缩的要求。胶囊呼吸不畅会引起变压器内部压力上升，导致压力释放装置动作或喷油。胶囊呼吸不畅，多是因储油柜内残存空气，胶囊底部将其呼吸孔堵塞造成。变压器安装后期调整储油柜油位的方法不当，可能使储油柜进入空气，如从储油柜底部阀门注油，注油管的空气进入储油柜是常见的疏漏之一。

4. 分接开关故障

分接开关是变压器附件中故障最多的附件，其故障类型如下。

1）无载分接开关故障

无载分接开关的故障主要表现为动、静触头接触不良以及触头引线焊接不良等情况，有时会发生悬浮放电。此外，动触头的操作拨叉（绝缘杆顶部的金属部件）松动，也会发生悬浮放电。

近年来使用较多的一种无载分接开关，其动触头为加强绝缘，除在其上下两端装设弹簧外，还在最中心的一个触子内部装设发条式弹簧。该中心触子的弹簧材质或装配不良，会使该中心触子发生悬浮放电。

无载分接开关故障可能发生的原因如下。

（1）弹簧压力不足，滚轮压力不均，使有效接触面积减少，以及镀银层机械强度不够而严重磨损等引起分接开关在运行中被烧坏。

（2）分接开关接触不良，引出线连接或焊接不良，经受不起短路电流的冲击而造成分接开关故障。

（3）在倒换分接头时，由于分接头位置切换错误，引起分接开关烧坏。

（4）由于相间绝缘距离不够，或者绝缘材料的电气绝缘强度低，在过电压的情况下，绝缘击穿，造成分接开关相间短路。

2）有载分接开关故障

有载分接开关是经常操作的部件，由于制造的原因，其很多零部件会发生断裂、松动和卡涩等问题。由于有载分接开关不能正常灭弧，往往造成线圈烧损，导致变压器发生严重故障。其可能发生的原因如下。

（1）过渡电阻在切换过程中被击穿烧断，在烧断处发生闪络，引起触头间的电弧越拉越长，并发出异常声音。

（2）分接开关由于密封不严而进水，造成相间闪络。

（3）由于分接开关滚轮卡住，使分接开关停在过渡位置上，造成相间短路而烧坏。

（4）调压分接开关油箱不严密，造成油箱内与主变压器油箱内的油相连通，而使两个油位指示器的油位相同，这样使分接开关的油位指示器出现假油位，造成分接开关油箱内缺油，危及分接开关的安全运行。

第 7 章 高压开关设备

高压开关设备是指在电压 1 kV 及以上，电力系统中运行的户内和户外交流开关电气设备，主要用于电力系统（包括发电厂、变电站、输配电线路和工矿企业等用户）的控制和保护。高压开关设备可以根据电网运行需要，将一部分电力设备或线路投入或退出运行，也可在电力设备或线路发生故障时将故障部分从电网快速切除，从而保证电网中无故障部分的正常运行及设备、运行维修人员的安全。

根据开关电器的安装地点，高压开关设备可分为户内式和户外式两类。通常 35 kV 及以下电压等级的开关电器采用户内式，110 kV 及以上电压等级的开关电器主要采用户外式。

根据开关电器在开断和关合电路中所承担的任务的不同，高压开关设备分为高压断路器、高压隔离开关、高压负荷开关、高压自动重合器、高压自动分段器、高压组合开关柜等。

本章主要以高压断路器及高压隔离开关为重点来分析和研究高压开关设备。

7.1 高压断路器

7.1.1 高压断路器的作用及功能

高压断路器是发电厂的重要电气设备。额定电压为 1 kV 及以上，能够关合、承载和开断运行状态的正常电流，并能在规定时间内关合、承载和开断规定的异常电流（如短路电流、过负荷电流）的开关电器称为高压断路器。它是电力系统中最重要的控制和保护设备，具有两方面的作用。一是控制作用，即根据电网运行要求，将一部分电气设备及线路投入或退出运行状态、转为备用或检修状态；二是保护作用，即在电气设备或线路发生故障时，通过继电保护装置及自动装置使断路器动作，将故障部分从电网中迅速切除，防止事故扩大，保证电网的无故障部分得以正常运行。

高压断路器的工作特点是：瞬时地从导电状态变为绝缘状态，或者瞬时地从绝缘状态变为导电状态。因此要求断路器具有以下功能。

1. 导电

在正常的闭合状态时应为良好的导体，不仅对正常的电流，而且对规定的短路电流也应能承受其发热和电动力的作用，保持可靠的接通状态。

2. 绝缘

相与相之间、相对地之间及断口之间具有良好的绝缘性能，能长期耐受最高工作电压，短时耐受大气过电压及操作过电压。

3. 开断

在闭合状态的任何时刻，应能在不发生危险过电压的条件下，在尽可能短的时间内安全地开断规定的短路电流。

4. 关合

在开断状态的任何时刻，应能在断路器触头不发生熔焊的条件下，在短时间内安全地开断规定的短路电流。

7.1.2　高压断路器的基本结构

为实现上述功能，高压断路器应具有的基本结构如图 7.1 所示。

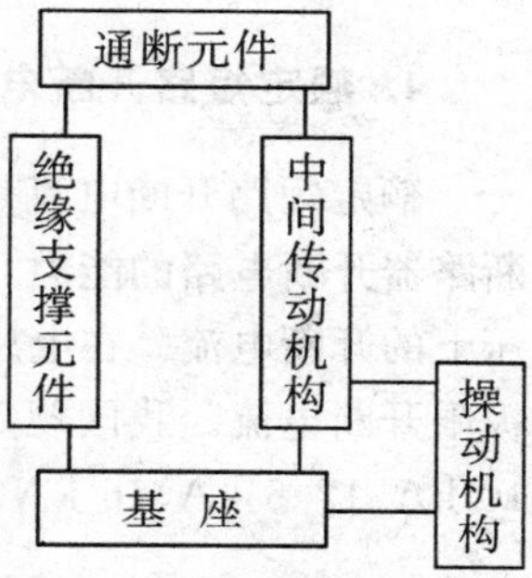

图 7.1　高压断路器原理结构示意图

1. 通断元件

通断元件执行接通或断开电路的任务。其核心部分是触头，而开关的开断能力是由其灭弧装置或灭弧能力的大小而决定的。

2. 操动机构

操动机构向通断元件提供分、合闸操作的能量，实现各种规定的顺序操作，并维持开关的合闸状态。

3. 中间传动机构

中间传动机构把操动机构提供的操作能量及发出的操作命令传递给通断元件。

4. 绝缘支撑元件

绝缘支撑元件支撑固定通断元件，并实现与各结构部分之间的绝缘作用。

5. 基座

基座用于支撑、固定和安装开关电器的各结构部分，使之成为一个整体。

7.1.3　高压断路器的技术参数

1. 额定电压

额定电压是保证断路器长时间正常运行能承受的工作电压(线电压)。额定电压不仅决定了断路器的绝缘水平，而且在相当程度上决定了断路器的总体尺寸和灭弧条件。我国采用的额定电压等级有 3 kV、6 kV、10 kV、35 kV、60 kV、110 kV、220 kV、330 kV、500 kV、

750 kV、1000 kV 等。

2. 最高工作电压

考虑到线路始端与末端运行电压的不同及电力系统的调压要求，断路器可能在高于额定电压下长期工作。因此，规定了断路器的最高工作电压。通常规定：220 kV 及以下设备，其最高工作电压为额定电压的 1.15 倍；对于 330 kV 及以上的设备，规定其最高工作电压为额定电压的 1.1 倍。我国采用的最高电压有 3.6 kV、7.2 kV、12 kV、40.5 kV、72.5 kV、126 kV、252 kV、363 kV、550 kV、800 kV、1200 kV 等。

3. 额定电流

额定电流是断路器在规定的基准环境温度下允许长期通过的最大工作电流有效值。断路器长期通过额定电流时，其载流部分和绝缘部分的温度不应超过其长期最高允许温度。额定电流决定了断路器导体、触头等载流部分的尺寸和结构。我国采用的额定电流有 200 A、400 A、630 A、1000 A、1250 A、1600 A、2000 A、2500 A、3150 A、4000 A、5000 A、6300 A、8000 A、10000 A、12500 A、16000 A、20000 A 等。

4. 额定短路开断电流

额定短路开断电流是在额定电压下，断路器能可靠开断的最大短路电流有效值。它表明断路器开断电路的能力。当电压不等于额定电压时，断路器能可靠开断的最大电流，称为该电压下的开断电流。在电压低于额定电压时，开断电流可以比额定开断电流大，并称其最大值为极限开断电流。我国规定的高压断路器的额定开断电流为 1.6 kA、3.15 kA、6.3 kA、8 kA、10 kA、12.5 kA、16 kA、20 kA、25 kA、31.5 kA、40 kA、50 kA、63 kA、80 kA、100 kA 等。

5. 额定关合电流

额定关合电流是指在额定电压下断路器能可靠闭合的最大短路电流峰值。它反映断路器关合短路故障的能力，主要决定于断路器灭弧装置的性能、触头构造及操动机构的形式。

6. 额定热稳定电流

额定热稳定电流即额定短路时耐受电流，指断路器在规定时间(通常为 4 s)内允许通过的最大短路电流有效值。它表明断路器承受短路电流热效应的能力。其值等于额定短路开断电流。

7. 额定动稳定电流

额定动稳定电流即额定峰值耐受电流，是断路器在闭合状态下，允许通过的最大短路电流峰值又称极限通过电流。它表明断路器在冲击短路电流的作用下，承受电动力效应的能力，它取决于导体和绝缘等部件的机械强度。其值等于额定关合电流，并且等于额定短路时耐受电流的 2.55 倍。

8. 合闸时间

合闸时间是指断路器从接到合闸命令(即合闸回路通电)起到断路器触头刚接触时所经过的时间间隔。

9. 分闸时间

分闸时间是反映断路器开断过程快慢的参数,包括以下时间。

(1) 固有分闸时间 t_1,指断路器接到分闸命令起到灭弧触头刚分离时所经过的时间。

(2) 灭弧时间 t_2,指触头分离到各相电弧完全熄灭所经过的时间。

(3) 全分闸时间 t_t,指断路器从接到分闸命令(分闸回路通电)起到断路器触头开断至三相电弧完全熄灭时所经过的时间间隔。它等于断路器固有分闸时间与灭弧时间之和。

三者的关系如图7.2所示。固有分闸时间一般为0.061～0.12 s,分闸时间小于0.06 s的断路器称为快速断路器。

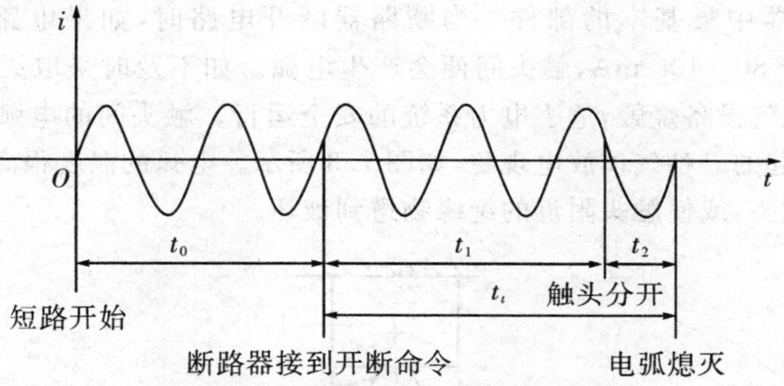

图7.2 断路器开断电路时的各个时间

t_0—继电器保护动作时间;t_1—固有分闸时间;t_2—灭弧时间;t_t—全分闸时间

10. 额定操作顺序

额定操作顺序是指根据实际运行需要制定的对断路器的断流能力进行考核的一组标准的规定操作。操作顺序分为两类。

(1) 无自动重合闸断路器的额定操作顺序,一种发生永久性故障断路器跳闸后两次强送电的情况,即“分—180 s—合分—180 s—合分”;另一种是断路器合闸在永久故障线路上跳闸后强送电一次,即“合分—15 s—合分”。

(2) 能进行自动重合闸断路器的额定操作顺序,为“分—0.3 s—合分—180 s—合分”。

7.1.4 高压断路器的型号含义

国产高压断路器的型号主要由七个单元组成,各单元含义如下:

[1] [2] [3]—[4] [5]|[6]—[7]

[1] 产品名称:S—少油断路器,D—多油断路器,L—六氟化硫(SF_6)断路器,Z—真空断路器,K—压缩空气断路器,Q—自产气断路器,C—磁吹断路器。

[2] 安装地点:N—户内型,W—户外型。

3 设计序号。

4 额定电压(或最高工作电压)(kV)。

5 补充特性:C—手车型,G—改进型,W—防污型,Q—防震型。

6 额定电流(A)。

7 额定开断电流(kA)。

例如,ZN28-12/1250-25,表示户内型真空断路器,设计序号为 28,最高工作电压为 12 kV,额定电流为 1 250 A,额定开断电流为 25 kA。

7.1.5 电弧的产生和熄灭

1. 电弧产生的条件

触头是断路器中最基本的部件。当断路器断开电路时,如果电路电压不低于10～20 V,电流不小于 80～100 mA,触头间便会产生电弧。如不及时采取灭弧措施,电弧长久未熄,将会引起电气设备烧毁,危害电力系统的安全运行。触头间的电弧,实际上是由于中性质点游离而引起的一种气体放电现象,如图 7.3 所示。电弧的温度很高,常常超过金属气化点,可能烧坏触头,或使触头附近的绝缘物遭到破坏。

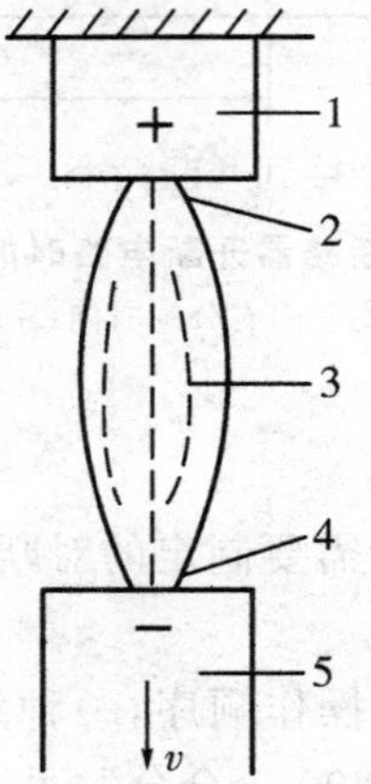

图 7.3 触头间的电弧

1—静触头;2—阳极区;3—弧柱;4—阴极区;5—动触头

2. 电弧的熄灭与重燃

在一个周期内,交流电弧电流 i_{ar} 和电压 u_{ar} 随时间的变化而变化的关系曲线如图 7.4 所示。从图 8.4 可以看出,电弧电流每经半周总要过一次零。在电弧电流过零时,电弧暂时熄灭。这一时刻开始,在弧隙中就发生着两个相互影响而作用相反的过程,即电压恢复过程和介质强度恢复过程电流过零后,一方面弧隙上的电压要恢复到线路电压,随着电压的增大将可能引起间隙的再击穿而使电弧重燃;另一方面,电弧熄灭后去游离的因素增强,使间隙的介质强度不断增加,将可能阻碍间隙再击穿而使电最终熄灭。因此,在弧隙电压和介质强度的恢复过程中，如果恢复电压高于介质强度，弧隙仍被击穿，电弧重燃；如果恢复电压始终低于介质强度，则电弧熄灭。弧隙电压与介质强度的关系如图 7.5 所示，弧隙介质强度曲线 2 在任何时候都高于弧隙恢复曲线 1，则电弧熄灭；反之如果介质强度为曲线 3，恢复电压仍为曲线 1，则二者在 b 点相交，这时电弧将重燃。

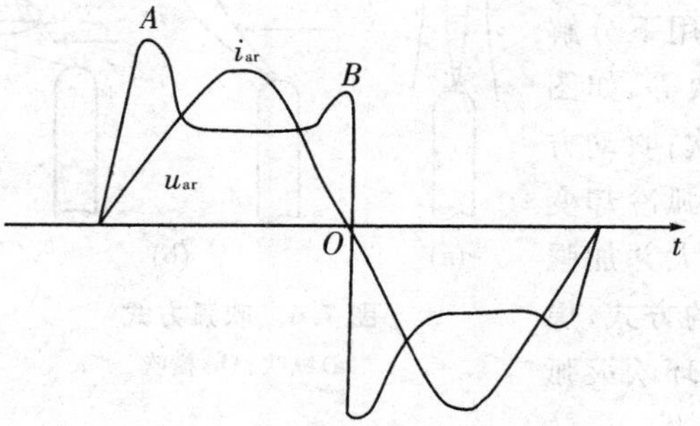

图 7.4　电弧电流 i_{ar} 及电压 u_{ar} 随时间变化而变化的曲线

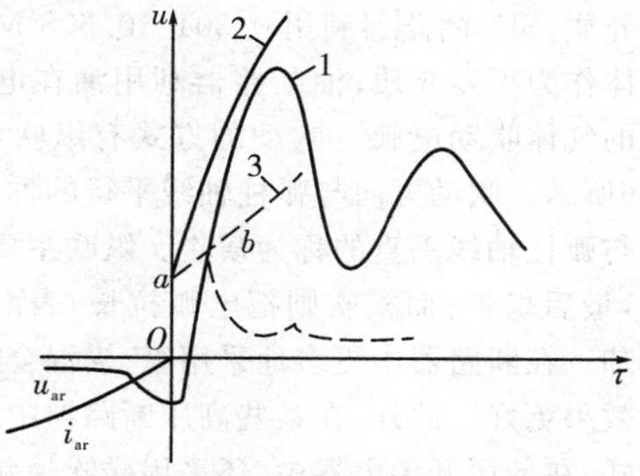

图 7.5　恢复电压与介质强度的关系

1—弧隙恢复电压曲线；2、3—弧隙介质强度曲线

3. 熄灭交流电弧的基本方法

电弧能否熄灭，决定于弧隙内部的介质强度和外部电路施加于弧隙的恢复电压，介质强度的增长又取决于游离和去游离的相互作用。增加弧隙的去游离速度或减小弧隙电压恢复速度，都可以促使电弧熄灭。根据这个原理，现代交流开关电器中广泛采用的灭弧方法有下列几种。

1）利用灭弧介质

电弧中的去游离强度在很大程度上取决于电弧周围介质的特性。如介质的传热能力、介电强度、热游离温度和热容量。这些参数的数值越大，则去游离作用越强，电弧就越容易熄灭。氢气的灭弧能力是空气的 7.5 倍，所以利用变压器油或断路器油作为灭弧介质，使绝缘油在电弧的高温作用下分解出氢气（H_2 约占 70%～80%）和其他气体来灭弧；六氟化硫（SF_6）是良好的负电性气体，氟原子具有很强的吸附电子的能力，能迅速捕捉自由电子而成为稳定的负离子，为与正离子复合创造了有利条件，因而具有很好的灭弧性能，SF_6 气体的灭弧能力比空气约强 100 倍。当用真空（气体压力低于 133.3×10^4 Pa）作为灭弧介质时，在弧隙间自由电子很少，碰撞游离可能性大大减少，况且弧柱对真空的带电质点的浓度差和温度差很大，有利于扩散。真空的介质强度比空气约大 15 倍。因此，采用不同介质可制造成不同类型的断路器，如空气断路器、油断路器、SF_6 断路器、真空断路器等。

2）采用特殊金属材料作灭弧触头

电弧中的去游离强度在很大程度上取决于触头材料。若采用熔点高、导热系数和热容量大的高温金属作触头材料，可以减少热电子发射和电弧中的金属蒸气，抑制游离作用。同时，触头材料还要求有较高的抗电弧、抗熔焊能力。常用的触头材料有铜钨合金和银钨合金等。

3）利用气体或油吹动电弧

电弧在气流或油流中被强烈地冷却而使气体复合加强，吹弧也有利于带电离子的扩散。

气体或油的流速越大，其作用越强。在高压断路器中利用各种结构形式的灭弧室，使气体或油产生巨大的压力并有力地吹向弧隙，使电弧熄灭。如空气断路器利用充入压力约 2.3 MPa 的干燥压缩空气作为吹动电弧的灭弧介质；SF_6 断路器利用 0.304～0.608 MPa 的纯净 SF_6 气体作为灭弧介质；油断路器利用油在电弧作用下分解出的气体吹动电弧。吹动的方式有纵吹和横吹等，如图7.6所示。吹动方向与弧柱轴线平行的称为纵吹；吹动方向与弧柱轴线垂直的称为横吹。纵吹主要使电弧冷却变细，最后熄弧；而横吹则把电弧拉长，表面积增大并加强冷却。在断路器中更多地采用纵、横混合吹弧的方式，熄弧效果更好。此外，在某些高压断路器中，采用环吹灭弧方式；在低压开关电器中，还采用磁吹熄弧等方法。

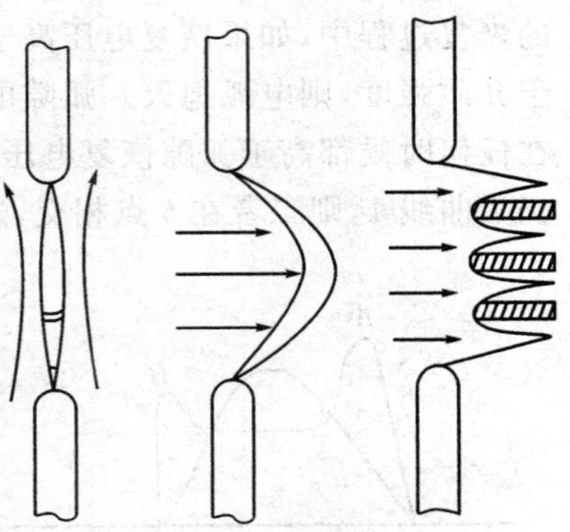

(a)　　　(b)

图 7.6　吹弧方式

(a)纵吹；(b)横吹

4）采用多断口熄弧

在高压断路器中，每相采用两个或更多的断口串联，在熄弧时，断口把电弧分割成多个小电弧段，在相等的触头行程下，多断口比单断口的电弧拉长了，从而增大了弧隙电阻，而且电弧被拉长的速度，即触头分离的速度也增加，加速了弧隙电阻的增大，同时，也增大了介质强度的恢复速度。由于加在每个断口的电压降低，使弧隙恢复电压降低，亦有利于熄灭电弧。在低压开关电器中广泛采用灭弧栅装置，也就是利用把长弧变成短弧进行灭弧。

7.2　几种常用的高压断路器

高压断路器有许多种类，其结构和动作原理各不相同。按灭弧介质和灭弧原理的不同进行分类，高压断路器主要有以下几种。

7.2.1　油断路器

油断路器是指采用绝缘油作为灭弧介质的断路器。随着新技术的发展，运行中的油断路器已经大量被淘汰。但油断路器作为最早出现的断路器，其运行历史最悠久，使用经验丰富，对于高压断路器的相关专业知识的认识和操作技能的掌握仍具有一定的意义，所以对油断路器应予以足够的重视。

1. 油断路器的种类及特点

按照绝缘结构的不同，可分为多油断路器和少油断路器两种。

多油断路器的触头和灭弧系统放置在由钢板焊接成的装有大量绝缘油的油箱中，其绝缘油既是灭弧介质，又是主要的绝缘介质，承受不同相的导体之间及导体与地之间的绝缘。

多油断路器通常每相采用两个断口，可靠性较高；油箱内可以安装套管式电流互感器，配套性好；结构简单，运行维护易于掌握；对气候适应性较强，而且价格低廉。其缺点是用油量多，消耗金属材料多，体积庞大，维修工作量大。相对而言，其分、合闸速度低，动作时间长，开断电流小。多油断路器一般用于偏远的、经济落后的地点。

少油断路器的触头和灭弧系统放置在装有少量绝缘油的绝缘筒中，其绝缘油主要作为灭弧介质，只承受触头断开时断口之间的绝缘，不作为主要的绝缘介质。少油断路器中不同相的导电部分之间及导体与地之间是利用空气、陶瓷和有机绝缘材料来实现绝缘的。

少油断路器比多油断路器用油量少，体积小，重量轻，运输、安装、维修方便，且结构简单，产品系列化强；其主要技术参数比多油断路器好，动作快，可靠性高，价格优势很明显，适用于要求不高的场合。

由于使用油，油断路器存在易燃易爆和引起火灾的危险，且电气寿命短，故已经大量被淘汰。

2. 油断路器的灭弧原理

无论是多油断路器还是少油断路器，其绝缘油用作灭弧介质的基本原理都是相似的。在油中开断电流时，动、静触头分离的瞬间在触头之间将产生电弧。绝缘油在电弧的高温作用下，被迅速蒸发成油蒸气，并被分解成其他气体。产生的气体由于受到周围油的惯性的限制，在电弧周围形成混合气泡。混合气泡中油蒸气约占 40%，其他分解气体约占 60%，分解气体中，约有 70%～80%是具有强烈冷却作用和扩散作用的氢气。形成的气体被密封在灭弧室内，使灭弧室内压力不断增高，从而使电弧中游离质点的浓度增加，增强了复合、加强了去游离作用。另一方面，气泡中弧柱的温度较高，气泡外层的温度较低，因此气泡内由于温度和压力差而产生剧烈的扰动，加强了对弧柱的冷却作用。电弧处在高压力并有强烈冷却作用的封闭气泡之中，随着触头间距的增大，电弧被拉长，在电弧电流过零时，断口间的介质强度很快恢复，使电弧熄灭。

可见，油断路器是利用电弧本身的能量来熄灭电弧，即利用本体的油在高温下分解汽化，在特制的灭弧室内形成很大的压力去吹弧，达到灭弧的目的。所以油断路器是一种自能式断路器。

为提高介质强度的恢复速度，缩短燃弧时间，可采用各种类型的灭弧装置，如油气混合的吹喷方向与电弧燃烧方向垂直的横吹灭弧室，吹喷方向与电弧燃烧方向一致的纵吹灭弧室，以及两者结合的纵横吹灭弧室等。

7.2.2　真空断路器

真空断路器是以真空作为灭弧和绝缘介质的，在真空容器中进行电流开断与关合的断路。自 20 世纪 60 年代初真空断路器问世以来，随着各项关键工艺的改进和新型灭弧室与操动机构的研制，真空断路器的各项技术参数不断提高，以其卓越的性能和突出的优点得到迅速的发展。真空断路器已成为 35 kV 等级以下中压领域中应用最广泛的断路器。

1. 真空断路器的工作原理

所谓真空是相对而言的，是指绝对压力低于正常大气压的气体稀薄的空间。真空的程度即真空度，用气体的绝对压力值来表示，绝对压力值越低表示真空度越高。真空间隙气体稀薄，气体分子的自由行程大，发生碰撞游离的机会少，击穿电压高，所以高真空度间隙的绝缘强度比灭弧介质的绝缘强度高得多。要满足真空灭弧室的绝缘强度要求，真空度一般要求在 1.33×10^{-7}～1.33×10^{-3} Pa 之间。

由于真空中的气体十分稀薄，这些气体的游离不可能维持电弧的燃烧，所以真空间隙被击穿而产生电弧不是气体的碰撞游离的结果。实际上，真空间隙击穿产生的电弧，是在触头电极蒸发出来的金属蒸气中形成的。在开断电流时，随着触头的分离，触头接触面积迅速减少，最后只留下一个或几个微小的接触头，其电流密度非常大，温度急剧升高，使接触头的金属熔化并蒸发出大量的金属蒸气。由于金属蒸气温度很高，同时又存在很强的电场，导致强电场发射和金属蒸气的电离，从而发展成真空电弧。真空电弧的特性，主要取决于触头的材料及其表面状况，还与剩余气体的种类、间隙距离和电场的均匀程度有关。

真空断路器是利用在真空电弧中生成的带电粒子和金属蒸气具有很高扩散速度的特性，在电弧电流过零，电弧暂时熄灭时，使触头间隙的介质强度能很快恢复而实现灭弧的。真空断路器触头间隙高绝缘强度的恢复，取决于带电粒子的扩散速度、开断电流的大小以及触头的面积、形状和材料等因素。在燃弧区域施加横向磁场和纵向磁场，驱动电弧高速扩散运动，可以提高介质强度的恢复速度，还能减轻触头的烧损程度，提高使用寿命。

2. 真空断路器的基本结构

真空断路器主要由真空灭弧室、支架和操动机构三部分组成。真空灭弧室是真空断路器的核心元件，具有开断、导电和绝缘的功能，主要由绝缘外壳、触头、屏蔽罩和波纹管组成，其结构如图 7.7 所示。真空灭弧室的性能主要取决于触头材料和结构，还与屏蔽罩的结构、灭弧室的材质以及制造工艺有关。

1）绝缘外壳

真空灭弧室的绝缘外壳既是真空容器，又是动静触头间的绝缘体。其作用是支持动静触头和屏蔽罩等金属部件，与这些部件气密地焊接在一起，以确保灭弧室内的高真空度。一般要求在 20 年内，真空度不得低于规定值，所以需要严格密封。绝缘外壳常用硬质玻璃、氧化铝陶瓷或微晶玻璃制造。

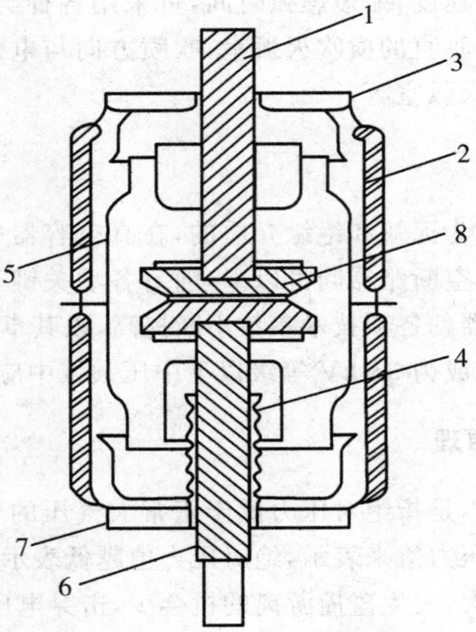

图 7.7 真空灭弧室的结构

1—静导电杆；2—绝缘外壳；3—触头；4—波纹管；5—屏蔽罩；6—动导电杆；7—动端盖板；8—静端盖板

2）触头

真空断路器的触头，既是关合时的通流元件，又是开断时的灭弧元件。触头的材料和结构直接影响到灭弧室的开断容量、电气寿命、耐压强度、关合能力、截流过电压及长期导通电流能力等。

真空断路器的触头材料除了要求具有导电、导热和较强的机械性能外，还应满足抗熔焊性能好、耐弧性能好、截断电流小、含气量低等要求。实际上，对触头材料的上述要求，彼此之间是有矛盾的，采用合金材料可以解决这些矛盾。国际上采用的触头材料主要有两大体系，即铜铋合金和铜铬合金。铜铬合金是目前使用最为广泛且综合性能优异的触头材料。预计正在开发的铜钼合金触头将比铜铬合金触头性能更好。

真空断路器的开断能力，在很大程度上取决于触头的结构。真空断路器触头一般采用对接式，其发展经历了三种典型结构形式，即平板触头、横向磁场触头和纵向磁场触头，如图 7.8 所示。这些触头的共同特点是利用磁场力使真空电弧很快地运动，防止在触头上产生需要长时间冷却的受热区域。平板触头只能用于开断 8 kA 以下电流，现在已经被淘汰。使用较多的是横向磁场触头和纵向磁场触头。

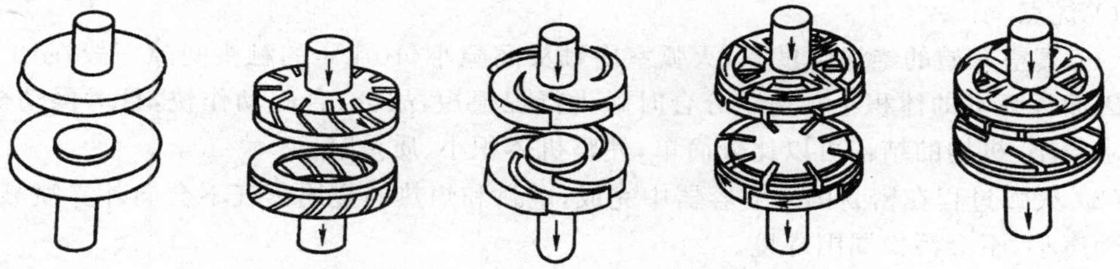

（a）　　（b）　　（c）　　（d）　　（e）

图 7.8　触头的结构形式

(a)平板触头；(b)、(c)横向磁场触头；(d)、(e)纵向磁场触头

利用电流流过触头本身时所产生的横向磁场驱使电弧在触头表面运动的触头称为横向磁场触头，主要类型有螺旋触头和杯状触头，如图 7.8(b)、(c)所示。螺旋触头用于开断小于 40 kA 的电流，近年来趋于淘汰；杯状触头可以开断 40 kA 以上的电流。

利用在磁场间隙中呈现的纵向磁场来提高开断能力的触头称为纵向磁场触头。纵向磁场触头能约束带电质点，降低电弧电压，使电弧能量可均匀地输入触头的整个端面，不会造成触头表面局部的熔化，适合开断大电流的需要，其开断电流可以达到 70 kA，在实验室已高达 200 kA。纵向磁场触头分为线圈状触头和杯状触头，如图 7.8(d)、(e)所示。研究证实，杯状纵向磁场触头开断能力大，触头磨损小，电气寿命长，结构简单，体积小，有利于真空断路器向大容量和小型化方向发展。

3）屏蔽罩

真空灭弧室内常用的屏蔽罩有主屏蔽罩、波纹管屏蔽罩和均压屏蔽罩。屏蔽罩可采用铜或钢制成，要求具有较高的热导率和优良的凝结能力。

主屏蔽罩装设在触头的周围，一般固定在绝缘外壳内的中部，其主要作用如下。

(1) 防止燃弧过程中触头间产生的大量金属蒸气和金属颗粒喷溅到绝缘外壳的内壁，导致外壳的绝缘强度降低或闪络。

(2) 改善灭弧室内部电场的均匀分布，降低局部电场强度，提高绝缘性能，有利于促进真空灭弧室小型化。

(3) 吸收部分电弧能量,冷却和凝结电弧生成物,有利于提高电弧熄灭后间隙介质强度的恢复速度,这对于增大灭弧室的开断能力起到很大作用。

波纹管屏蔽罩包在波纹管的周围,防止金属蒸气溅落在波纹管上,影响波纹管的工作和降低其使用寿命。

均压屏蔽罩装设在触头附近,用于改善触头间的电场分布。

4) 波纹管

波纹管能保证动触头在一定行程范围内运动时,不破坏灭弧室的密封状态。波纹管通常采用不锈钢制成,有液压成形和膜片焊接两种。真空断路器触头每分合一次,波纹管便产生一次机械变形,长期频繁和剧烈的变形容易使波纹管因材料疲劳而损坏,导致灭弧室漏气而无法使用。波纹管是真空灭弧室中最易损坏的部件,其金屑的疲劳寿命,决定了真空灭弧室的机械寿命。

3. 真空断路器的特点

1) 优点

(1) 真空介质的绝缘强度高,灭弧室内触头间隙小(10 kV 的触头间隙一般在10 mm左右),因而灭弧室的体积小。由于分合时触头行程很短,故分、合闸动作快,且对操动机构功率要求较小,机构的结构可以比较简单,使整机体积小、质量轻。

(2) 灭弧过程在密封的真空容器中完成,电弧和炽热的金属蒸气不会向外界喷溅,且操作时噪声小,不会污染周围环境。

(3) 开断能力强,开断电流大,熄弧时间短,电弧电压低,电弧能量小,触头损耗小,开断次数多,使用寿命长,一般可达 20 年。

(4) 电弧开断后,介质强度恢复速度快,动导电杆的惯性小,适合于频繁操作,具有多次重合闸功能。

(5) 介质不会老化,也不需要更换。在使用年限内,触头部分不需要检修,维护工作量小,维护成本低,仅为少油断路器的 1/20 左右。

(6) 使用安全。由于不使用油,而且开断过程不会产生很高的压力,无火灾和爆炸的危险,能适用于各种不同的场合,特别是危险场所。

(7) 触头部分为完全密封结构,不受潮气、灰尘、有害气体的影响,工作可靠,通断性能稳定。

(8) 灭弧室作为独立的元件,安装调试简单、方便。

2) 缺点

(1) 开断感性负载或容性负载时,由于截流、振荡、重燃等原因,容易引起过电压。

(2) 由于真空断路器的触头结构是采用对接式,操动机构使用了弹簧,容易产生合闸弹跳与分闸反弹。合闸弹跳不仅会产生较高的过电压影响电网的稳定运行,还会使触头烧损甚至熔焊,特别在投入电容器组产生涌流时及短路关合的情况下更加严重。分闸反弹会减小弧后触头间距,导致弧后的重击穿,后果十分严重。

(3) 对密封工艺、制造工艺要求很高,价格较高。

4. 真空断路器限制过电压的措施

当真空电弧电流很小时，提供的金属蒸气不够充分和稳定，难以维持真空电弧的稳定燃烧，真空电弧通常不在电流自然过零时熄灭，而是在过零前的某一电流值突然熄灭。随着电弧的熄灭，电流也突然降至零，这一现象称为截流，该电流称作截断电流。截断电流与电弧电流、负载特性、触头材料及磁场方向等因素有关。在感性电路中，截流容易引起操作过电压，因此，应尽可能地减小截断电流，并采取限制过电压的措施。

在电容器组并联金属氧化物避雷器(MOA)，可以限制工频过电压的幅值，但不能限制过电压的波头陡度。另外，并联电容器或 R-C 阻容吸收装置以降低高频过电压的陡度和幅值。利用 R-C 阻容吸收装置改变电路的工作状态，将振荡电路改为非振荡电路，从而抑制过电压。它可以降低截流过电压幅值的陡度，并对高频振荡产生阻尼作用，降低重燃的可能性。其中电容的作用是使切除后回路中的电磁能量有相当多的部分转变为电容的电场能量，并加长电流的突变时间，削弱高频电压的陡度；电阻则对高频振荡起阻尼作用，进一步抑制过电压。

7.2.3　六氟化硫(SF_6)断路器

六氟化硫(SF_6)断路器是采用具有优良灭弧性能的 SF_6 气体作为灭弧介质的断路器。目前，SF_6 断路器在使用电压等级、开断性能等方面都已赶上和超过其他类型的断路器，在 126 kV 以上的高压电压等级中居主导地位。

1. SF_6 气体的特性

SF_6 气体是由两位法国化学家于 1900 年合成的。大约从 20 世纪 60 年代起，SF_6 气体成功地用于高压开关设备的绝缘和灭弧介质。SF_6 气体所具有的优良的灭弧和绝缘性能，目前还没有一种介质能与之媲美。在高压、超高压及特高压领域，SF_6 气体几乎成为断路器唯一的绝缘和灭弧介质。

1) SF_6 气体的物理特性

在标准条件下，SF_6 为无色、无味的气体。在通常情况下 SF_6 气体有液化的可能性，在 45 ℃以上才能保持气态，因此，SF_6 不能在过低的温度和过低的压力下使用。在高压电气设备中，SF_6 的工作压力为 0.2～0.7 MPa，呈气态。在钢瓶中 SF_6 通常以液态形式存在，以便于运输和储存。SF_6 气体是已知最重的气体之一，它(分子量为 146)大约比空气重 5 倍，有向低处积聚的倾向。SF_6 气体的热导率比空气好 2～5 倍。声音在 SF_6 气体中传播的速度比在空气中低得多，大约是空气中音速的 2/5。SF_6 气体在水和油中的溶解度很低。

2) SF_6 气体的化学特性

SF_6 气体在常温(低于 500 ℃)下是一种化学性能稳定的惰性气体。它在空气中不燃烧，不助燃，与水、强碱、氨、盐酸、硫酸等不发生反应。在常温甚至较高温度下一般不会发生自分解反应，热稳定性极好。它在通常条件下对电气设备中常用的金属和绝缘材料是不起化学作用的，它不侵蚀与它接触的物质。

3) SF_6 气体的电气特性

SF_6 气体具有优异的绝缘性能。SF_6 气体及其分解物具有极强的电负性，能在较高温度下吸附自由电子而构成负离子，由于负离子的运动速度慢，因而与正离子复合的概率大大增加，弧隙的介质强度恢复大为加快。

在均匀电场中，SF_6 气体的绝缘强度为空气的 2.5～3 倍。气体压力为 0.2 MPa 时，SF_6 气体的绝缘强度与绝缘油的相当。工作压力为 0.6 MPa 的 SF_6 气体的绝缘强度是 0.1 MPa的空气的绝缘强度的 10 倍。

SF_6 气体具有优异灭弧性能。SF_6 气体的灭弧能力为空气的 100 倍，开断能力大约为空气的 2～3 倍。这不仅是由于它具有优良的绝缘特性，还因为它具有独特的热特性和电特性。在 SF_6 气体的电弧中：弧芯部分电导率高，导热率低；弧柱外围部分导热率高，电导率低，几乎为零。因此，弧芯部分的温度高（为 12 000～14 000 K），电弧电流集中于弧芯部分，电弧电压低，电弧功率小，有利于电弧熄灭；而弧柱外围部分的温度却相对低（约为 3000 K 以下），这有利于弧芯部分高温的散发，而在低温区的 SF_6 气体及其分解物具有电负性，有利于正负粒子的复合，电流过零后，弧隙间介质强度能很快恢复。由于电弧在 SF_6 气体内冷却时直至相当低的温度，它仍能导电，电流过零前的截流小，由此避免了较高的过电压。

4）SF_6 气体的分解特性

SF_6 气体在断路器操作中和出现内部故障时，会产生不同量的分解物。高毒性的分解物，如 SF_4、S_2F_2、S_2F_{10}、SOF_2、HF 及 SO_2 会刺激皮肤、眼睛黏膜，如果大量吸入，还会引起头晕和肺水肿。SF_6 气体的分解主要有三种情况，即在电弧作用下的分解，在电晕、火花和局部放电下的分解，在高温下的催化分解。

纯 SF_6 气体无腐蚀，但其分解物遇水后会变成腐蚀性强的电解质，会对设备内部某些材料造成损害及引起运行故障。通常使用的材料，如铝、钢、铜、黄铜几乎不受侵蚀，但玻璃、陶瓷、绝缘纸及类似材料易受损害，而且与腐蚀物质的含量有关。其他绝缘材料所受影响不大。

采用合适的材料和采取合理的结构，可以排除潮气和防止腐蚀。在设备运行中可以采用吸附剂（如氧化铝、碱石灰、分子筛或它们的混合物）清除设备内的潮气和 SF_6 气体的分解物。

处理从设备中取出的分解物，若是酸性成分可用碱性化合物生成硫化钙或氟化钙来降低。大多数固态反应物不溶于水，或难溶解，但某些金属氟化物能同水反应生成氢氟酸。因此，必须用氢氧化钙（石灰）去处理固态分解物。

2. SF_6 断路器的基本结构

1）SF_6 断路器的灭弧室

SF_6 断路器的发展，经历了双压式、单压式、自能式及二次智能化等几个阶段。双压式已被淘汰；单压式（又称为压气式）目前已用到 550 kV 及 1100 kV 级；自能式方兴未艾，现已做到 110～245 kV 级，正在向 420 kV 级努力：二次智能化集电子技术、传感技术、计算机技术等技术于一体，可实现开关智能控制和保护，变定期维护为状态维护。

2）压气式 SF_6 断路器的灭弧室

压气式 SF_6 断路器灭弧室的可动部分带有压气装置，利用在开断过程中活塞和气缸的相对运动，压缩 SF_6 气体形成气体吹弧而熄灭电弧。压气式 SF_6 断路器结构简单，断路器内的 SF_6 气体只有一种压力，工作压力一般为 0.6 MPa。在 252 kV 以上电压等级，主要是采用压气式 SF_6 断路器。压气式 SF_6 断路器的灭弧室按结构，可分为变开距和定开距两种类型。

(1) 变开距灭弧室。

在灭弧过程中,触头的开距是变化的,故称为变开距灭弧室。变开距灭弧室按吹弧方式分为单向纵吹和双向纵吹,单向纵吹适用于中小容量断路器,高压大容量断路器采用双向纵吹居多。

变开距灭弧室的结构如图 7.9 所示。触头系统由工作触头(主动触头和主静触头)、弧触头(弧动触头和弧静触头)和中间触头组成,工作触头和中间触头放在外侧,可改善散热条件,提高断路器的热稳定性;主喷口用聚四氟乙烯或以聚四氟乙烯为主的填料制成的复合材料等绝缘材料制成,这类材料具有耐电弧、机械强度高、易加工、耐高温、直接受电弧短时作用不易炭化、烧损均匀、烧蚀量少、不受 SF_6 分解物侵蚀等特点。

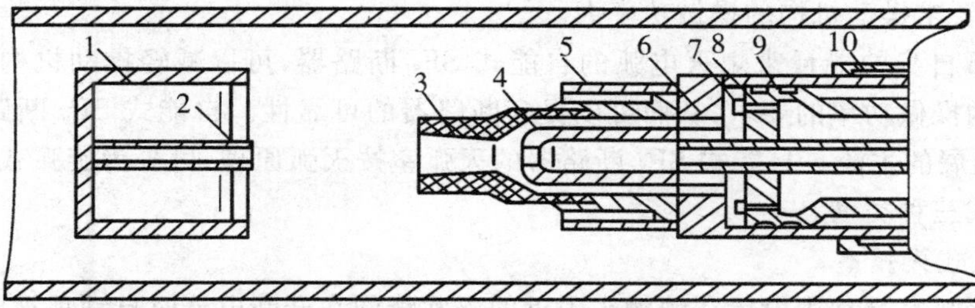

图 7.9　变开距灭弧室的结构

1—主静触头;2—弧静触头;3—喷嘴;4—弧动触头;5—主动触头;
6—压气缸;7—逆止阀;8—压气室;9—固定活塞;10—中间触头

为了使分闸过程中压气室的气体集中向喷嘴吹弧,而在合闸过程中不致在压气室形成真空,故设置了逆止阀。在分闸时,逆止阀堵住小孔,让 SF_6 气体集中向喷嘴吹弧。合闸时,逆止阀打开,使压气室与固定活塞的内腔相通,SF_6 气体从活塞小孔充入压气室,为下一次分闸做好准备。

变开距灭弧室内的气吹时间较充裕,气体利用率高。喷嘴与动弧触头分开,根据气流场设计的喷嘴形状,有助于提高气吹效果。可按绝缘要求来设计开距,断口间隙可达 150～160 mm,因此,断口电压可做得较高,便于提高灭弧室的工作电压。由于开距大,电弧长,电弧电压高,电弧能量大,对提高开断电流不利。绝缘喷嘴易被电弧烧伤,会影响弧隙的介质强度。

(2) 定开距灭弧室。

图 7.10 所示为定开距灭弧室的结构。断路器的触头由两个带嘴的空心静触头和一个动触头组成。关合时,动触头跨接于静触头之间,构成电流通路;开断时,断路器的弧隙由两个静触头保持固定的开距,故称为定开距结构。

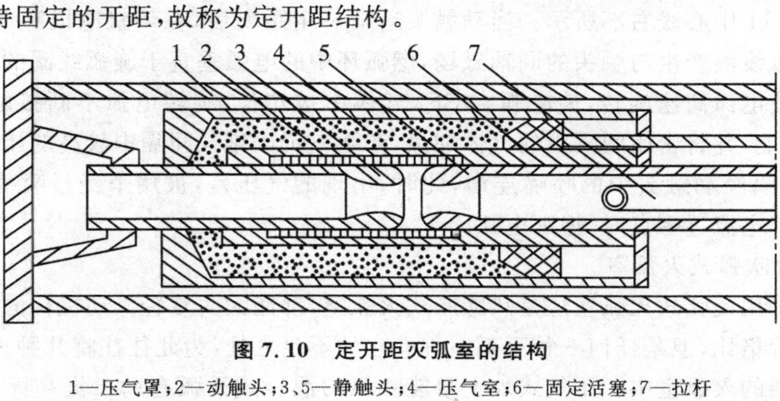

图 7.10　定开距灭弧室的结构

1—压气罩;2—动触头;3、5—静触头;4—压气室;6—固定活塞;7—拉杆由绝缘材料制成的固定活塞和与动触头连成一体的压气罩之间围成压气室。通常采用对称双向吹弧方式。

这种结构的喷口采用耐电弧性能好的金属或石墨等导电材料制成。石墨能耐高温，在电弧作用下直接由固态变成气态，逸出功大，表面烧损轻。定开距灭弧室断口电场均匀，灭弧开距小，触头从分离位置到熄弧位置的行程很短，126 kV 的断路器只有 30 mm，电弧能量较小，熄弧能力强，燃弧时间短，可以开断很大的短路电流。但是压气室的体积较大。

3）自能式 SF_6 断路器的灭弧室

压气式 SF_6 断路器要利用操动机构带动气缸与活塞相对运动来压气熄弧，因而操动机构负担很重，要求操动机构的操做功率大。

利用电弧自身的能量来熄灭电弧的自能式 SF_6 断路器，可以减轻操动机构的负担，减少对操动机构操做功率的要求，从而可以提高断路器的可靠性。自能式 SF_6 断路器代表了 SF_6 断路器发展的主流。自能式 SF_6 断路器的灭弧室按灭弧原理，可分为旋弧式、热膨胀式和混合吹弧式三种类型。

（1）旋弧式灭弧室。

旋弧式灭弧室是利用设置在静触头附近的磁吹线圈在开断电流时自动地被电弧串接进回路，被开断电流流过线圈，在动、静触头之间产生磁场，电弧在磁场的驱动下高速旋转，电弧在旋转过程中不断地接触新鲜的 SF_6 气体，使电弧受到冷却而熄灭。按磁吹和电弧的运动方式不同可分为径向旋弧式和纵向旋弧式。

电磁驱动力随故障电流的减小而减小，所以旋弧式灭弧室的灭弧能力受到较小的故障电流的限制。增加线圈匝数，就可以克服这一缺点，但线圈匝数的增加，受到机械强度的限制，因而在大的故障电流下，要承受大的电磁力。

旋弧式灭弧室结构简单，不需要大动率的操动机构，电弧高速旋转，触头烧损轻微，寿命长，在中压系统中使用比较普遍。

（2）热膨胀式灭弧室。

热膨胀式灭弧室是利用电弧本身的能量，加热灭弧室内的 SF_6 气体，建立高压力，形成压差，并通过喷口释放，产生强力气流吹弧，从而达到冷却和吹灭电弧的目的。

热膨胀式灭弧室的结构如图 7.11 所示，圆柱形的灭弧室被分成两个间隔，即密闭间隔和比密闭间隔大得多的排气间隔。在这两个间隔中都充有 SF_6 气体。当断路器处于合闸位置时，动触头通过触指连接到静触头，如图 7.11 中心线左部所示。分闸时，电流通过旋弧线圈，如图 7.11 中心线右部所示。当动触头运动一定距离后，在环状电极和动触头之间产生电弧。旋弧线圈产生与触头的同轴磁场，燃弧环中的电弧垂直于旋弧线圈的磁场，其间产生的电动力使电弧高速旋转，使电弧在 SF_6 气体中被拉长，旋转电弧不断接触新鲜的 SF_6 气体，释放热能，并将密闭间隔中的气体加热，产生一个比排气间隔中较高的压力，当触头分开时，两个间隔经动触头中的喷嘴连通，此时，出现的气压差，被用来经过喷嘴形成纵向吹弧。在下一个电流过零点时，熄灭电弧。

（3）混合吹弧式灭弧室。

无论是采用旋弧式灭弧室还是热膨胀式灭弧室，都能大大减轻操动机构的负担，提高断路器的性能价格比，但是任何一种灭弧室都有它的不足之处，为此往往将几种灭弧原理同时应用在断路器的灭弧室中。压气式加上自能吹弧的混合式灭弧有助于提高灭弧效能，仅可以增大开断电流，而且可以明显减少操做功率。混合吹弧式有多种方式，如旋弧式与热膨胀式、压气式与热膨胀式、压气式与旋弧式，以及旋弧式和热膨胀式等。

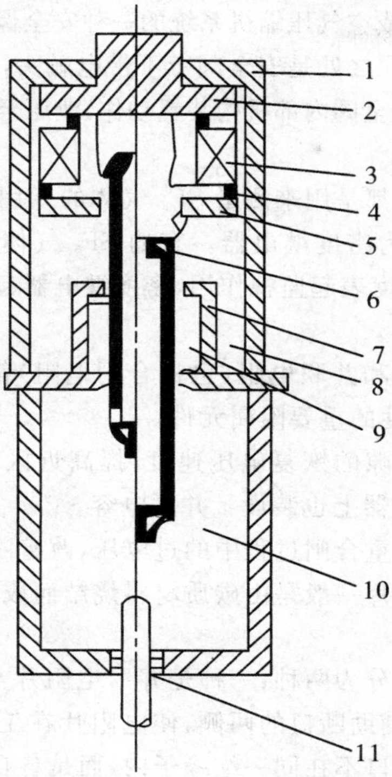

图 7.11　热膨胀式灭弧室的结构

1—灭弧室圆筒；2—静触头；3—旋弧线圈；4—触指；5—环状电极；6—喷嘴；7—动触头；8—密闭间隔；9—辅助吹气装置；10—排气间隔；11—对大气的密封

2. SF_6 断路器的附件

SF_6 断路器的附件是指 SF_6 断路器及其操动机构配置的具有一定特殊功能的附属部件。如 SF_6 断路器上的压力表、压力继电器（也称压力开关）、安全阀、密度表、密度继电器、并联电容、并联电阻、净化装置、压力释放装置等。它们虽然是附属部件，但是却起着非常重要的作用。

1）压力表、压力继电器和安全阀

SF_6 气体压力是断路器绝缘、载流、开断与关合能力的宏观标志，运行中必须始终保持在规定的范围内。为监视 SF_6 气体压力的变化情况，应装设压力表和压力继电器。

(1) 压力表。

压力表对 SF_6 气体起监视作用，按结构原理可分为弹簧管式、活塞式、数字式等。SF_6 断路器一般采用弹簧管式压力表。

(2) 压力继电器。

压力继电器主要配置在断路器的操动机构上，带有多对电触头，用于控制操动机构电动机的启动、停止和输出闭锁断路器分闸、合闸、重合闸的指令，以及发出相应的信号等。当气体压力升高或降低时，压力继电器使相应的行程开关电触头动作，以实现利用压力来控制有关指令和信号的输出。压力继电器起控制和保护作用。

(3) 安全阀。

安全阀是用于电动机油泵或空气压缩机系统的一种安全保护装置。它是压力继电器的一种特殊形式。与压力继电器不同之处是安全阀带不带电触头,且动作方式不同。当油压或气压超过规定的最高压力值时,安全阀内部机构装置动作,泄压至规定的压力值时自动关闭。

2) 密度表和密度继电器

气体密度表和密度继电器都是用来测量 SF_6 气体的专用表计,带指针及有刻度的称为密度表;不带指针及刻度的称为密度继电器。有的 SF_6 气体密度表也带有电触头,即兼作密度继电器使用。SF_6 气体密度表起监视作用,密度继电器起控制和保护作用。

3) 并联电容和并联电阻

并联电容(也称均压电容)和并联电阻(也称合闸电阻)都是与断路器灭弧断口相并联的、改善断路器分闸或合闸特性的重要附属元件。

为了降低断路器触头间弧隙的恢复电压速度,提高近区故障开断能力,在 63 kV 及以上电压等级的单断口 SF_6 断路器上也装设了并联电容。

为了限制合闸或分闸以及重合闸过程中的过电压,改善断路器的使用性能,采用在断口间并联电阻的方式。并联电阻片一般是由碳质材料烧结而成,外形与避雷器阀片很相似,但其热容量要大得多。

并联电阻的安装方式一般分为两种:一种是并联电阻片与辅助断口均置干同一绝缘子内,也可把并联电阻片布置在辅助断口的两侧,使电阻片在工作发热后更有利于热量扩散;另一种是合闸电阻片与辅助断口不在同一绝缘子内,而是各自成独立元件,串联后并联在灭弧室两端。

并联电阻值的大小对限制合闸过电压影响很大。目前我国 500 kV 断路器上使用的并联电阻值一般为 400～450 Ω。

4) 净化装置

净化装置主要由过滤罐和吸附剂组成。吸附剂的作用是吸附 SF_6 气体中的水分和 SF_6 气体经电弧的高温作用后产生的某些分解物。

常用的吸附剂有以下几种。

(1) 活性炭,是以果壳、煤、木材等为原料,经过炭化、高温活化等制成的吸附剂。

(2) 分子筛,是一种人工合成的沸石,是具有四面骨架结构的铝硅酸盐。

(3) 氧化铝,是一种由天然氧化铝或铝土矿经特殊处理而制成的多孔结构物质。

(4) 硅胶,是一种坚硬多孔固体颗粒,以水玻璃为原料制成。

除了上述四种吸附剂外,还有漂白土、活性白土、吸附树脂、活性炭素纤维、炭分子筛、矾土、铝土、氧化镁、硫酸锶等数种吸附剂。目前,国内外 SF_6 开关设备上使用得最多的吸附剂主要是分子筛和氧化铝。

5) 压力释放装置

压力释放装置可分为两类:一类是以开启压力和闭合压力表示其特征的,称为压力释放阀,一般装设在罐式 SF_6 断路器上;另一类是一旦开启后不能够再闭合的,称为防爆膜,一般装设在支柱式 SF_6 断路器上。

当外壳和气源采用固定连接且所采用的压力调节装置不能可靠地防止过压时,应装设适当尺寸的压力释放阀，以防止万一压力调节措施失效时外壳内部的压力过高。

当外壳和气源不是采用固定连接时，应在充气管道上装设压力释放阀，也可以装设在外壳本体上。

防爆膜的作用主要是当 SF_6 断路器在性能极度下降的情况下开断短路电流时，或其他意外原因引起的 SF_6 气体压力过高时，防爆膜破裂将 SF_6 气体排向大气，防止断路器本体发生爆炸事故。防爆膜一般装设在灭弧室绝缘子顶部的法兰处。

3. SF_6 断路器的优点

SF_6 断路器的优良性能得益于 SF_6 气体。由于 SF_6 气体优良的灭弧性能和绝缘性能，使 SF_6 断路器具有显著的特点，其优点表现在以下几方面。

1）开断短路电流大

SF_6 气体的良好灭弧特性，使 SF_6 断路器触头间燃弧时间短，开断电流能力大，一般能达到 40～50 kA 以上，最高可以达到 80 kA。并且对于近距离故障开断、失步开断、接地短路开断，也能充分发挥其性能。

2）载流量大，寿命长

由于 SF_6 气体的分子量大，比热大，对触头和导体的冷却效果好，因此在允许的温升限度内，可通过的电流也比较大，额定电流可达 12 000 A。触头可以在较高的温度下运行而不损坏。在大电流电弧的情况下，触头的烧损非常小，电气寿命长。

3）操作过电压低

SF_6 气体在低压下使用时，能够保证电流在过零附近切断，电流截断趋势减至最小，避免因截流而产生的操作过电压。SF_6 气体介质强度恢复速度特别快，因此开断近区故障的性能特别好，并且在开断电容电流时不产生重燃，通常不加并联电阻就能够可靠地切断各种故障而不产生过电压，降低了设备绝缘水平的要求。

4）运行可靠性高

SF_6 断路器的导电和绝缘部件均被密封在金属容器内，不受大气条件的影响，也防止外部物体侵入设备内部，减少了设备事故的可能性。金属容器外部接地，防止意外接触带电部位，设备使用安全。SF_6 气体密封条件好，能够保持 SF_6 断路器内部干燥，不受外部潮气的影响，从而保证了长期较高的运行可靠性。

5）安全性高

SF_6 气体是不可燃的惰性气体，SF_6 断路器没有爆炸和火灾的危险。SF_6 气体工作气压较低，在吹弧过程中，气体不排向大气，在密封系统中循环使用，而且噪声低、无污染、无公害，安全性较高。

6）体积和占地面积小

SF_6 气体的良好绝缘特性，使 SF_6 断路器各元件之间的电气距离缩小，单断口的电压可以做得很高，与少油和空气断路器比较，在相同额定电压等级下，SF_6 断路器所用的串联单元数较少。断路器结构设计更为紧凑，体积减小。使用 SF_6 气体的高压开关设备能大幅度地减小占地面积，空气绝缘与 SF_6 气体绝缘的开关设备的占地面积之比为 30：1。

7）安装调试方便

通常制造厂以大组装件形式进行运输，到现场主要是单元吊装，安装和调试简单、方便，施工周期较短，220 kV 的 SF_6 断路器只需 2～3 小时就可装好。

8）检修维护量小

SF_6 气体分子中不存在碳元素，SF_6 断路器内没有碳的沉淀物，其允许开断的次数多，无须进行定期的全面解体检修，检修周期长，日常维护工作量极小，年运行费用大为降低。

4. SF_6 断路器的缺点

SF_6 断路器也存在以下的缺点。

1）制造工艺要求高、价格贵

SF_6 断路器的制造精度和工艺要求比油断路器要高得多，其制造成本高，价格昂贵，约为油断路器的 2～3 倍。

2）气体管理技术要求高

SF_6 气体在环境温度较低、气压提高到某个程度时，难以在气态下使用。SF_6 分解有毒气体，即使较纯的 SF_6 气体也可能混有一些杂质，对人体有害，现场特别是室内要考虑窒息的危险。SF_6 气体处理和管理工艺复杂，要有一套完备的气体回收、分析测试设备，工艺要求高。

7.2.4　高压断路器操动机构

操动机构是带动高压断路器进行合闸、分闸的机构，其性能的优劣对断路器的工作性能和工作可靠性起着极重要的作用。

1. 断路器对操动机构的要求

(1) 有足够的合闸功率，保证所需的闭合速度，并使断路器在关合短路的情况下关合到底。

(2) 能保持断路器处在合闸位置，不因外界振动和其他原因产生误分闸。

(3) 分闸机构要求动作时间短、脱扣功率小、动作准确，不能有拒分现象。

(4) 为了保证合闸时的安全，一般要有自由脱扣装置，即在合闸过程中，假若系统发生短路，即使断路器的合闸能源尚存在，断路器也能自动合闸。

(5) 在控制回路中，要保证分、合动作准确、连续，即分后准备合、合后准备分。

(6) 在重合不成功后，能防止断路器跳跃。

2. 操动机构的类型及主要组成部分

断路器的操动机构按其能源，基本上分为手动操动机构和动力操动机构两类。动力操动机构根据其合闸做功元件的性质，可分为电磁操动机构、气动操动机构、弹簧操动机构和液压操动机构等，断路器操动机构主要由以下几部分组成。

1）动力机构

动力机构的作用，是把其他形式的能量转变为动能。如电磁操动机构中的合闸电磁铁、弹簧机构中的弹簧、液压机构中的蓄压筒等。

2）传动机构

传动机构由拉杆、提升机构、缓冲机构等组成。拉杆是操动机构过渡到提升机构的一种连接传动机构。提升机构用来提升触头进行分、合闸。缓冲机构用来在分、合闸终了位置吸收剩余动能，使操动平稳。

3）维持与脱扣机构

操动机构除了使断路器动触头作分、合闸运动外，还要维持在合闸位置及解除合闸状态，因此，需装设专门的维持与脱扣机构。维持与脱扣的方法很多，都必须考虑到快速、可靠的脱扣，并尽可能减少其脱扣功。

4）操动回路

操动机构的操动电路，是根据分、合闸命令，正确地完成分、合闸任务 的指挥系统，也是实现自动化和远距离操作的重要组成部分。

3. 弹簧操动机构

弹簧操动机构是利用已储能的弹簧为动力使断路器动作的操动机构。弹簧储能通常由电动机通过减速装置来完成。对于某些操做功率不大的弹簧操动机构，为了简化结构、降低成本，也可用手动来储能。

1）弹簧操动机构的优点

（1）断路器的动作时间不受天气和电压变化的影响，保证合闸的可靠性。

（2）弹簧操动机构的控制回路中所耗功率是很小的。储能系统是独立的，在控制回路发生故障的情况下，可以采用手动方式。

（3）运行、维护比较简单。

2）弹簧操动机构的缺点

（1）出力特性与断路负载特性配合较差，与其他类型相比较，需要较大的能量。

（2）由于结构上的原因，在储能与合闸过程中，容易产生冲击和振动，因此要求构件的机械强度高。

（3）对工艺要求高，安装、调整困难。

3）弹簧操动机构的特点

（1）采用弹簧机构不需要用户准备庞大的附加设备。对电源的要求不高，灵活性较大，即采用交流、直流、手动均可使弹簧储能。

（2）成套性强。

（3）这种操动机构的运动元件较多，结构比较复杂，加工要求比较高。

（4）采用这种操动机构，随着操做功率的增大，要求各种零件的尺寸、强度相应增加，因而通用性较差。且机构本身重量随操做功率的增加而急剧增大，这就使弹簧操动机构在超高压断路器中的应用受到限制。

4. 电磁操动机构

电磁操动机构也可称直流电磁操动机构，它是靠电磁力合闸的操动机构。电磁操动机构的优点是结构简单、工作可靠、制造成本较低；缺点是合闸线圈消耗的功率太大，因而用户需配备价格昂贵的蓄电池组。电磁操动机构的结构笨重、合闸时间长，因此在超高压断路器中很少采用,主要用来操动 110 kV 及以下的断路器。如图 7.12 所示为 CD10 系列电磁操动机构的结构。

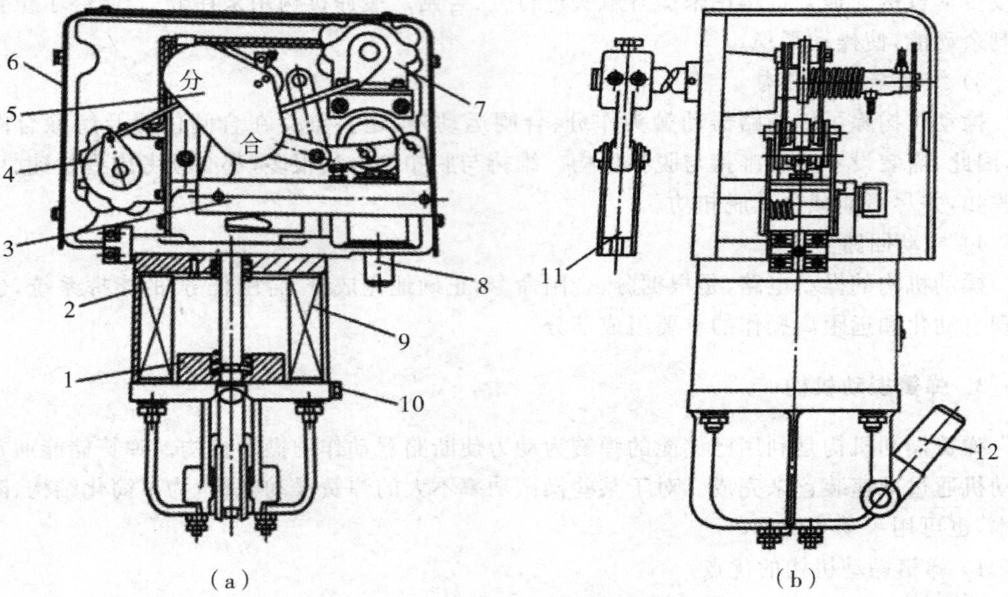

图 7.12　CD10 系列电磁操动机构的结构

(a)前视图;(b)侧视图

1—合闸铁芯;2—磁轭;3—接线板;4—信号用辅助开关;5—分合指示牌;6—罩壳;7—分闸用辅助开关;8—分闸线圈;9—合闸线圈;10—接地螺栓;11—拐臂;12—操作手柄

5. 液压操动机构

液压操动机构是近三四十年来发展起来的一种比较先进的传动方式,已广泛地投入应用。液压操动机构是利用气体储存能量,以液压油作为传递能量的媒质,推动活塞动作,使断路器分、合闸的新型操动机构。

液压操动机构按传动方式可分为全液压式和半液压式两种。所谓全液压式就是液压油直接操动触头合闸,省去了联动拉杆,减少了机构的静阻力,因而具有合闸速度快的优点,但对结构材质的要求较高。所谓半液压式则是液压油吸在工作缸,操动工作缸中的活塞将液压能转为机械能,以带动联动拉杆使断路器合闸、分闸。

液压操动机构的结构如图 7.13 所示。

1) 合闸

当合闸线圈受电时(或用手操作合闸铁芯)合闸电磁铁动作,压下合闸一级阀杆,打开合闸一级阀钢球,高压油即进入二级阀的上部,推动活塞向下打开锥阀,即刻高压油通过阀口进入工作缸的合闸腔,这时工作缸活塞两侧受压。在此压力差的作用下,活塞迅速向合闸方向运动,通过拉杆推动活塞两边形成压力差,通过拉杆推动断路器合闸。与此同时高压油又通过二级阀内部小孔进入二级阀上部,迫使二级阀一直处于合闸位置,使断路器保持合闸状态。断路器合闸后辅助开关随之转换。接通分闸回路,准备分闸。

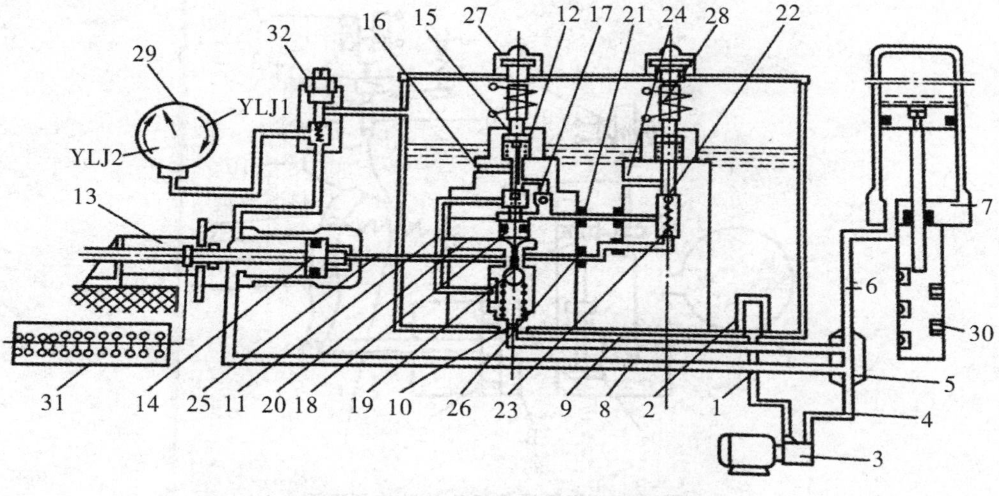

图 7.13　CY3 系列液压操动机构的结构

1、4、6、8、9、11、21、25、26—管道；2—滤油器；3—油泵；5，17—逆止阀；7—储压筒；10—管接头；12——级控制阀；13—工作缸；14—活塞；15——级启动阀；18—二级启动阀；19—二级阀钢球；16、20、24—泄油孔；22—分闸阀钢球；23—保持阀；27—合闸电磁铁；28—分闸电磁铁；29—电触头压力表；30—微动开关；31—辅助开关；32—高压放油阀

2）分闸

当分闸线圈受电时（或用手操动分闸铁芯），分闸电磁铁动作，压下分闸一级阀杆，打开分闸一级阀钢球，即刻二级阀上部的保持油压通过阀口排入油箱。二级阀在其下部高压油的作用下迅速向上运动，锥阀关闭，工作缸合闸腔的高压油随即经阀体泄油孔泄掉，工作缸活塞在分闸侧高压油的作用下迅速向分闸方向运动，通过拉杆带动断路器分闸。分闸后辅助开关随之转换，接通合闸回路，准备下次合闸。

6. 气压操动机构

气压操动机构种类很多，按气压操动机构的操动方式，可分为单独用于合闸的气压机构、单独用于分闸的气压机构，以及用于合闸和分闸的气压机构。单独用于合闸的气压机构是依靠弹簧或在合闸过程中的储能来操动的。单独用于分闸的气压机构是依靠弹簧或在分闸过程中的储能来操动的。合闸和分闸气压机构的合闸和分闸都是利用气压来操动的。

1）气压操动机构原理

（1）气压操动机构的分闸。

气压操动机构的动作原理图如图 7.14 所示，分闸电磁铁通电，分闸启动阀动作，压缩空气向 A 室充气，使主阀动作，打开储气筒通向工作活塞的通道，B 室充气，活塞向右运动，一方面压缩合闸弹簧使其储能，另一方面驱动断路器传动机构使之分闸。分闸完毕后，分闸电磁铁断电，分闸启动阀复位，A 室通向大气，主阀复位，B 室通向大气。工作活塞被保持机构保持在分闸位置。

（2）气压操动机构的合闸。

合闸电磁铁通电，使合闸脱扣机构动作，在合闸弹簧力的驱动下，断路器合闸。

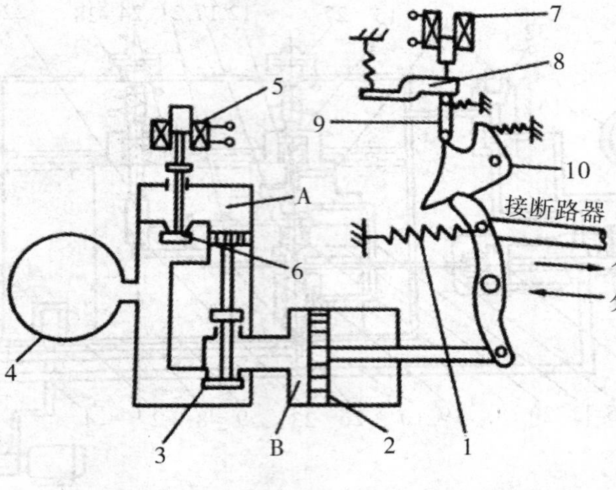

图 7.14　气压操作机构的动作原理图

1—合闸弹簧；2—工作活塞；3—主阀；4—储气筒；5—分闸电磁铁；
6—分闸启动阀；7—合闸电磁铁；8、9、10—合闸脱扣(分闸脱扣)机构

2）气压操动机构的优点

(1) 气压操动机构不仅保证正常操作时的合闸，而且在事故状态下能保证多组断路器同时重合闸，并且动作可靠。

(2) 气压操动机构具有机械或气压自保持装置，当合闸线圈断电后能保证继续送气，使断路器能关合到底。

(3) 气压操动机构具有独立的储气筒，当短时失去电源后，储气筒内的压缩空气仍能维持一定可用时间。仅断路器本身储气筒内的压缩空气，就可以合闸 2～3 次。

(4) 气压操动机构构造简单、工作可靠、出力大，操作时没有剧烈的冲击。

3）气压操动机构的缺点

气压操动机构的缺点是需要有压缩空气的供给设备。

7.2.5　高压断路器的运行与维护

1. 油断路器的检查和维护

在工程交接验收时，应检查油断路器固定牢靠，外表清洁完整；电气连接可靠且接触良好；无渗油现象，油位油色正常；断路器及其操动机构的联动正常，无卡阻现象；分、合闸指示正确；调试操作时，辅助开关动作准确可靠，触头无电弧烧损；瓷套完整无缺，表面清洁；油漆完整，相色标志正确，接地良好。

油断路器正常运行时，应检查断路器本体、机构及基础构架无变形，无锈蚀；油色、油位正常(位于油标 1/2～3/4 刻度)，本体各充油部位不应有渗漏；瓷套管绝缘表面清洁，无破损裂纹、放电痕迹；绝缘拉杆及拉杆绝缘子完好无缺；各导电连接共接触良好，无发热、松动，相色及标示清楚；机构分、合闸指示器指示与实际一致，指示正确；操动机构箱盖关闭严密，压力表指示正常，无异响；各接线端子无松动、松脱，分合闸线圈无焦臭味，二次线部分无受潮、锈蚀现象；接地部位连接可靠。

2. 真空断路器的检查和维护

真空断路器通常采用整体安装，在安装前一般不需要进行拆卸和调整。真空断路器安装完毕，应按要求进行工频耐压试验、机械特性的测试和操动机构的动作试验。在验收时检查，断路器安装应固定牢靠，外表清洁完整；电气连接应可靠且接触良好；真空断路器与其操动机构的联动应正常，无卡阻；分、合闸指示正确，辅助开关动作应准确可靠，触头无电弧烧损；灭弧室的真空度应符合产品的技术规定；绝缘部件、瓷件应完整无损；并联电阻、电容值应符合产品的技术规定；油漆应完整、相色标志正确，接地良好。

真空断路器投入运行后要进行维护检查和调整。真空断路器的绝缘子、绝缘杆及灭弧室外壳应经常保持清洁；机械分合指示器指示与实际对应，储能指示位置与实际对应；动作次数计数器与操作记录核实一致；操动机构和其他传动部分应保持有干净的润滑油，动作灵活可靠；对变形、磨损严重的零部件应及时更换；定期检查紧固件，防止松动、断裂和脱落；定期检查真空灭弧室的真空度，有异常现象应立即更换；检查触头的开距及超行程，小于规定值时，必须按要求进行调整；检查真空灭弧室动导电杆在合、分过程中有无阻滞现象，断路器在储能状态时限位是否可靠；检查辅助开关、中间继电器及微动开关的触头接触是否正常，其烧灼部分应整修或调换，辅助开关的触头超行程应保持合格范围；各连接及接地部位连接可靠。

3. SF_6 断路器的检查和维护

1) SF_6 断路器在运行中的检查

运行中除了按断路器的一般检查项目进行检查外，还应特别注意检查气体压力是否保持在额定范围，发现压力下降即表明有漏气现象，应及时查出泄漏部位并进行消除。SF_6 气体压力是断路器绝缘、载流、开断与关合能力的宏观标志，运行中必须始终保持在规定的范围内。严格防止潮气进入断路器内部。

由于 SF_6 气体比空气重，因而会在地势低凹处沉积。当空气中 SF_6 气体密度超过一定量时，可使人窒息。工作人员进入现场，尤其是进入地下室、电缆沟等低洼场所工作时，必须进行通风换气，并检测空气中氧气的浓度。只有当氧气的浓度大于 18%时，才能开始工作。从安全角度出发，一般空气中 SF_6 气体的浓度不应超过 100 ppm。

SF_6 气体作为绝缘和灭弧介质封闭在 SF_6 断路器中，由于制造质量和安装工艺、密封元件的老化等原因，SF_6 气体的泄漏是难以避免的，水分的渗入现象也是存在的。气体泄漏和水分渗入是影响 SF_6 设备能否长期安全运行的关键，应予以高度关注。SF_6 气体在运行中最重要的监测项目为含水量监测和气体检漏。

2) SF_6 气体密度的监测

SF_6 气体的绝缘强度及灭弧能力取决于 SF_6 气体的密度，若 SF_6 气体的密度降低，则断路器的耐压强度降低，不能承受允许过电压，断路器的开断容量下降。大量的泄漏气体会使水分进入灭弧室中，气体中微水含量将大幅上升，导致耐压强度进一步下降，有害副产物增加。运行中的密度监测至关重要，常用的监测方法有以下几种。

(1) 压力表监测。在运行中可直观地监测气体的压力的变化、平均压力是否异常，由密度继电器发信号。

(2) 密度继电器监视。当气体泄漏时,先发补气信号,如不及时补气,继续泄漏,则进一步对断路器进行分闸闭锁,并发闭锁信号。

3) SF_6 断路器的检漏方法

SF_6 断路器易漏部位主要有各检测口、焊缝、充气嘴、法兰连接面、压力表连接管、密封底座等。检漏方法分为定性和定量两种测量办法。

(1) 定性检漏,只作为判断泄漏率的相对程度,而不测量其具体泄漏率,主要方法有以下几种。

① 抽真空检漏:主要用于断路器安装或解体大修后配合抽真空干燥设备时进行。

② 发泡液检漏:这是一种简单的方法,能较准确地发现漏气点。

③ 检漏仪检漏:使用简易定性的检漏仪,对所有组装的密封面、管道连接处及其他怀疑的地方进行检测。

④ 局部蓄积法:用塑料布将测量部位包扎,经过数小时后,再用检漏仪测量塑料布内是否有泄漏的 SF_6 气体,它是目前较常采用的定性检漏方法。

⑤ 分割定位法:是把 SF_6 气体系统分割成几部分后再进行检漏,可减少盲目性。适用于三相 SF_6 气路连通的断路器。

⑥ 压力下降法:即用精密压力表测量 SF_6 气体压力,隔数天或数十天进行复测,结合温度换算或进行横向比较来判断发生的压力下降,适用于漏气量较大时或运行期间检漏。

(2) 定量检漏,测定 SF_6 气体的泄漏率,方法主要有以下几种。

① 挂瓶法:用软胶管连接检漏孔和挂瓶(检漏瓶),经过一定时间后,测量瓶内泄漏气体的浓度,通过计算确定相对泄漏率。

② 扣罩法:用塑料罩将设备封罩在内,经过一定时间后,测量罩内泄漏气体的浓度,通过计算确定相对泄漏率。

③ 局部包扎法:设备局部用塑料薄膜包扎,经过一定时间后,一般是 24 小时,测量包扎腔内泄漏气体的浓度,再通过计算确定相对泄漏率。

定量测量应在充气 24 小时后进行,判断标准为年漏气率不大于 1%。

4) SF_6 断路器的含水量监测

SF_6 气体中水分的存在会影响其灭弧和绝缘性能,并使得 SF_6 气体受电弧分解时生成大量有毒的氟化物气体,威胁人体健康;而且低温运行时极易结露,引起 SF_6 断路器的事故。因此,应定期监测运行中 SF_6 断路器的含水量。因湿度随气温的升高而增加,特别应在夏季加强对水分含量的监测。

测量方法有重量法、电解法、露点法、电容法、压电石英振荡法、吸附量热法和气相色谱法。其中重量法是国际电工委员会(IEC)推荐的仲裁方法,而电解法和露点法为的日常测量方法。

湿度测量应在气室的湿度稳定后进行,一般在充气 24 小时后进行。可使用 SF_6 微水测量仪测试。对于 SF_6 气体中水分含量的要求是:灭弧室内的 SF_6 气体含水量的体积分数,在交接验收或大修后不能超过 150 ppm(体积比),运行中不能超过 300 ppm;其他气室内的 SF_6 气体含水量的体积分数,在大修后不能超过 250 ppm,交接验收和运行中不能超过 500 ppm。

7.3　高压隔离开关

7.3.1　高压隔离开关概述

高压隔离开关是目前我国电力系统中用量最大、使用范围最广的高压开关设备。它在分闸状态有明显的间隙，并具有可靠的绝缘，在合闸状态能可靠地通过正常工作电流和短路电流。高压隔离开关没有专门的灭弧装置，所以不能用来开断负荷电流和短路电流，通常与断路器配合使用。

1. 作用

(1) 隔离电源。在电气设备检修时，用高压断路器开断电流以后，再用高压隔离开关将需要检修的电气设备与带电的电网隔离，形成明显可见的断开点，以保证检修人员和设备的安全。此时，高压隔离开关开断的是一个没有电流的电路。

(2) 倒换线路或母线。利用等电位间没有电流通过的原理，用高压隔离开关将电气设备或线路从一组母线切换到另一组母线上。此时，高压隔离开关开断的是一个只有很小的不平衡电流的电路。

(3)关合与开断小电流电路。可以用高压隔离开关关合和开断正常工作的电压互感器、避雷器电路；关合和开断母线和直接与母线相连接的电容电流；关合和开断电容电流不超过 5A 的空载电力线路；关合和开断励磁电流不超过 2 A 的空载变压器等。

12 kV 的高压隔离开关，允许关合和开断 5 km 以下的空载架空线路：40.5 kV 的高压隔离开关，允许关合和开断 10 km 以下空载架空线路和 1000 kV · A 以下的空载变压器；126 kV 的高压隔离开关，允许关合和开断 320 kV · A 以下的空载变压器。

2. 基本结构

高压隔离开关主要由以下几个部分组成。

1) 导电部分

导电部分主要起传导电路中的电流，关合和开断电路的作用，包括触头、闸刀、接线座。

2) 绝缘部分

绝缘部分主要起绝缘作用，实现带电部分和接地部分的绝缘，包括支持绝缘子和操作绝缘子。

3) 传动机构

它的作用是接受操动机构的力矩，并通过拐臂、连杆、轴齿或是操作绝缘子，将运动传动给触头，以完成高压隔离开关的分、合闸动作。

4) 操动机构

与断路器操动机构一样，通过手动、电动、气动、液压向高压隔离开关的动作提供能源。

5) 支持底座

该部分的作用是起支持和固定作用，其将导电部分、绝缘子、传动机构、操动机构等固定为一体，并使其固定在基础上。

3. 技术参数

1）额定电压(kV)

额定电压指高压隔离开关长期运行时承受的工作电压。

2）最高工作电压(kV)

最高工作电压指由于电网电压的波动，高压隔离开关所能承受的超过额定电压的电压。它不仅决定了高压隔离开关的绝缘要求，而且在相当程度上决定了高压隔离开关的外部尺寸。

3）额定电流(A)

额定电流指高压隔离开关可以长期通过的工作电流，即长期通过该电流，高压隔离开关各部分的发热不超过允许值。

4）热稳定电流(kA)

热稳定电流指高压隔离开关在某一规定的时间内，允许通过的最大电流。它表明了高压隔离开关承受短路电流热稳定的能力。

5）极限通过电流峰值(kA)

极限通过电流峰值指高压隔离开关所能承受的瞬时冲击短路电流。该值与高压隔离开关各部分的机械强度有关。

4. 种类及型号

高压隔离开关种类很多，可根据装设地点、电压等级、极数和构造进行分类，主要有以下几种分类方式。

(1) 按装设地点，可分为户内式和户外式。

(2) 按极数，可分为单极和三极。

(3) 按绝缘支柱数目，可分为单柱式、双柱式和三柱式。

(4) 按高压隔离开关的动作方式，可分为闸刀式、旋转式、插入式。

(5) 按有无接地开关，可分为带接地开关和不带接地开关。

(6) 按所配操动机构，可分为手动式、电动式、气动式、液压式。

(7) 按用途，可分为一般用、快分用和变压器中性点接地用。

高压隔离开关的型号主要由以下六个单元组成：

[1] [2] [3]—[4] [5]|[6]

[1] 产品名称，G—高压隔离开关。

[2] 安装地点：N—户内型，W—户外型。

[3] 设计序号。

[4] 额定电压(kV)。

[5] 补充特性：C—瓷套管出线，D—带接地开关；K—快分型，G—改进型，T—统一设计。

[6] 额定电流(A)。

例如：GN19-10/630，表示户内高压隔离开关，设计序号19，额定电压10 kV，额定电流630 A。

5. 操动机构

1）手动操动机构

采用手动操动机构时，必须在高压隔离开关安装地点就地操作。手动操动机构结构简单、价格低廉、维护工作量少，而且在合闸操作后能及时检查触头的接触情况，因此被广泛应用。手动机构主要由基座、操动手柄、定位装置和辅助开关组成，可配用型户外电磁锁装置，实现高压隔离开关、接地开关与断路器三者之间的电气联锁，防止误操作。

手动操动机构有杠杆式和蜗轮式两种，前者一般适用于额定电流小于3000 A的高压隔离开关，后者一般适用于额定电流大于3000 A的高压隔离开关。

(1) 杠杆式手动操动机构。手动杠杆式操动机构主要用于户内式高压隔离开关，其结构示意图如图7.15所示。

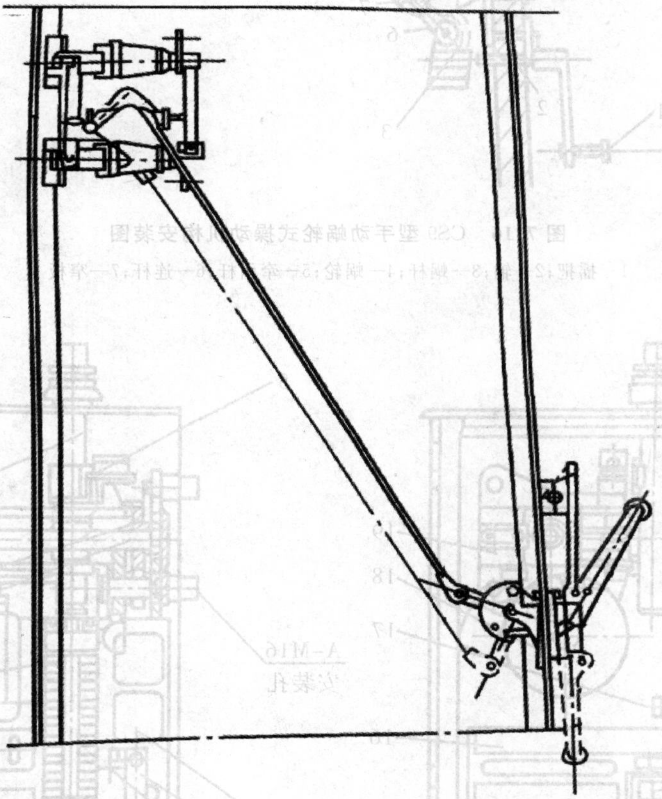

图7.15 CS6型手动杠杆式操作机构结构示意图

(2) 蜗轮式。手动蜗轮式操动机构安装图如图7.16所示。

2)电动操动机构

电动操动机构主要由电动机、齿轮、蜗轮、蜗杆、减速装置、定位装置、辅助开关和控制、保护电器等组成，装于密封金属箱内，可以在现场控制或远方遥控。其结构如图7.17所示。其结构中电动机为三相交流异步电动机；机械减速传动包括齿轮、蜗杆、蜗轮及输出转轴。电机控制部分包括电源转换开关、控制按钮、交流接触器、行程开关、热断电器及辅助开关。

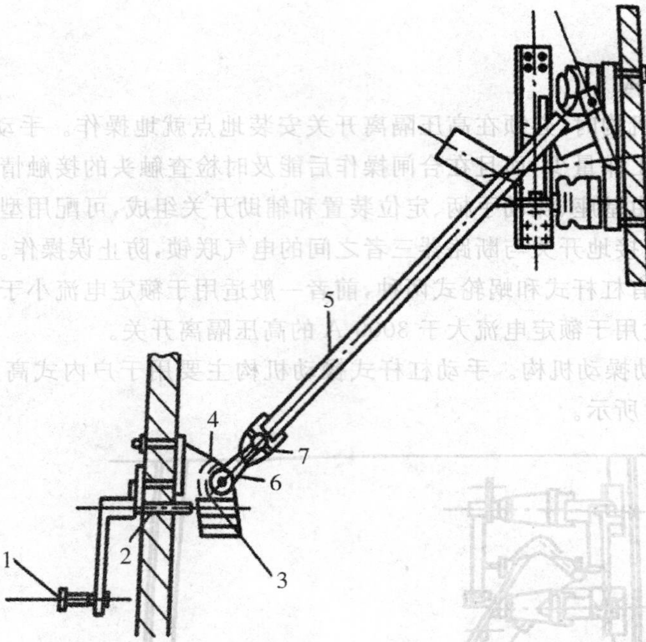

图 7.16　CS9 型手动蜗轮式操动机构安装图

1—摇把；2—轴；3—蜗杆；4—蜗轮；5—牵引杆；6—连杆；7—窄板

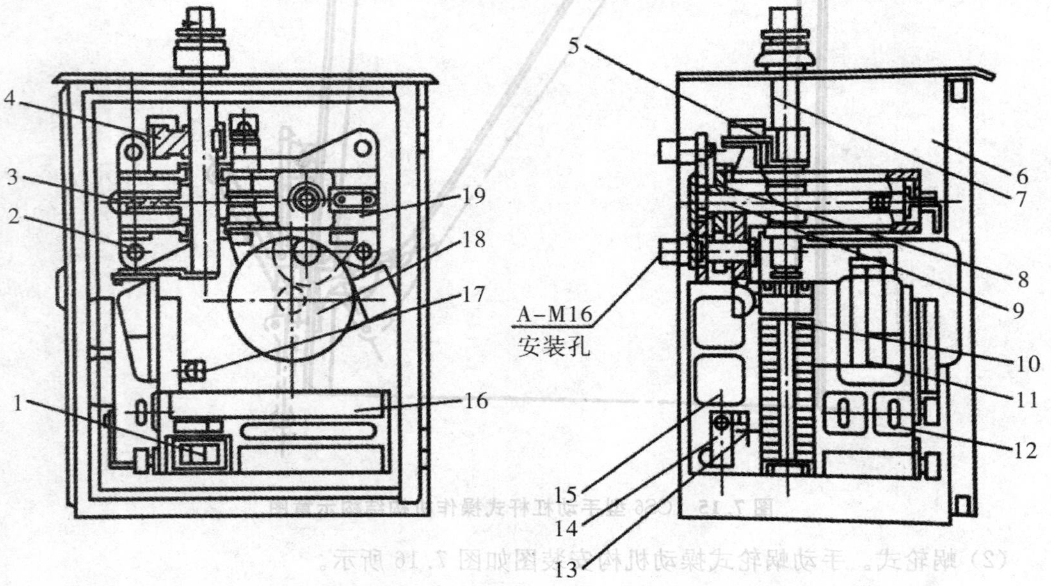

图 7.17　CJ6、CJ6-Ⅰ型电动操动机构结构示意图

1—按钮；2—框架；3—蜗轮；4—定位件；5—行程开关；6—箱；7—主轴；8—齿轮；
9—蜗杆；10—辅助开关；11—刀开关；12—组合开关；13—加热器；14—热继电器；
15—接触器；16—接线端子；17—照明灯座；18—电动机；19—手动闭锁开关

7.3.2　高压隔离开关的运行维护

1. 检查和维护

高压隔离开关在交接验收时须检查操动机构、传动装置、辅助切换开关及闭锁装置应安装牢固，动作灵活可靠，位置指示正确：三相不同期值应符合产品的技术规定；相间距离及分闸时触头打开角度和距离应符合产品的技术规定；触头应接触紧密良好；油漆应完整，相色标志正确，接地良好。

高压隔离开关在运行中须检查：绝缘子完整，无裂纹、无放电现象；操作连杆及机械各部分无损伤、不锈蚀，各机件紧固，位置正确，无歪斜、松动、脱落等不正常现象；闭锁装置良好，高压隔离开关的电磁闭锁或机械闭锁的销子、辅助触头的位置应正确；刀片和刀嘴的消弧角应无烧伤、过热、变形、锈蚀、倾斜，触头接触应良好，接头和触头不应有过热现象，其温度不应超过 70 ℃；刀片和刀嘴应无脏污、烧伤痕迹，弹簧片、弹簧及铜辫子应无断股、折断现象；接地开关接地应良好，特别是易损坏的可拉合部分应无异常。

2. 操作要求

(1)当回路中未装断路器时，允许使用高压隔离开关进行下列操作。

① 拉合电压互感器和避雷器。

② 拉合母线和直接连接在母线上设备的电容电流。

③ 拉合变压器中性点的接地线，但当中性点接有消弧线圈时，只有在系统没有接地故障时才可进行。

④ 与断路器并联的旁路高压隔离开关，当断路器在合闸位置时，可拉合断路器的旁路电流。

⑤ 拉合励磁电流不超过 2 A 的空载变压器和电容电流不超过 5 A 的无负荷线路，但当电压为 20 kV 及以上时，应使用屋外垂直分合式的三联高压隔离开关。

⑥ 用屋外三联高压隔离开关可拉合电压 10 kV 及以下、电流 15 A 以下的负荷电流。

⑦ 拉合电压 10 kV 及以下，电流 70 A 以下的环路均衡电流。

(2)高压隔离开关没有灭弧装置，当开断的电流超过允许值或拉合环路压差过大时，操作中产生的电弧超过本身“自然灭弧能力”，往往引起短路。因此，禁止用高压隔离开关进行下列操作。

① 当断路器在合入时，用高压隔离开关接通或断开负荷电路。

② 系统发生一相接地时，用高压隔离开关断开故障点的接地电流。

③ 拉合规程允许操作范围外的变压器环路或系统环路。

④ 用高压隔离开关将带负荷的电抗器短接或解除短接，或用装有电抗器的分段断路器代替母联断路器倒母线。

⑤ 在双母线中，当母联断路器断开分母线运行时，用母线高压隔离开关将电压不相等的两母线系统并列或解列，即用母线高压隔离开关合拉母线系统的环路。

(3)操作高压隔离开关时应注意的事项。

① 拉合高压隔离开关时，断路器必须在断开位置，并经核对编号无误后，方可操作。

② 远方操作的高压隔离开关，不得在带电压下就地手动操作，以免失去电气闭锁，或因分操作引起非对称开断，影响继电保护的正常运行。

③ 就地手动操作的高压隔离开关，合闸，应迅速果断，但在合闸终了不得有冲击，即使合入接地或短路回路也不得再拉开；拉闸，应慢而谨慎。特别是动、静触头分离时，如发现弧光，应迅速合入，停止操作，查明原因。但切断空载变压器、空载线路、空载母线或断开系统环路，应快而果断，促使电弧迅速熄灭。

④ 分相高压隔离开关，拉闸先拉中相，后拉边相；合闸操作相反。

⑤ 高压隔离开关经拉合后，应到现场检查其实际位置，以免传动机构或控制回路有故障，出现拒合或拒拉。同时检查触头的位置是否正确，合闸后，工作触头应接触良好；拉闸后，断口张开的角度或拉开的距离应符合要求。

(4) 其他注意事项。

① 高压隔离开关操动机构的定位销，操作后一定要销牢，防止滑脱引起带负荷切合电路或带地线合闸。

② 已装电气闭锁装置的高压隔离开关，禁止随意解锁进行操作。

③ 检修后的高压隔离开关，应保持在断开位置，以免送电时接通检修回路的地线或接地开，引起人为三相短路。

第8章 互感器

互感器是电力系统中一次系统和二次系统之间的联络元件，分为电压互感器(TV)和电流互感器(TA)，用于变换电压或电流，分别为测量仪表、保护装置和控制装置提供电压或电流信号，反映电气设备的正常运行和故障情况。在交流电路多种测量中，以及各种控制和保护电路中，应用了大量的互感器。测量仪表的准确性和继电保护动作的可靠性，在很大程度上与互感器的性能有关。

互感器的作用体现在以下几个方面。

(1) 将一次回路的高电压和大电流变为二次回路的标准值。通常电压互感器(TV)额定二次电压为100 V或$100/\sqrt{3}$ V，电流互感器(TA)额定二次电流为5 A、1 A或0.15 A，使测量仪表和继电保护装置标准化、小型化，以及二次设备的绝缘水平可按低压设计，使其结构轻且价格便宜。

(2) 所有二次设备可用低电压、小电流的控制电缆来连接，这样就使配电屏内布线简单、安装方便；同时也便于集中管理，可以实现远距离控制和测量。

(3) 二次回路不受一次回路的限制，可采用星形、三角形或V形接线，因而接线灵活方便。同时，对二次设备进行维护、调换以及调整试验时，不需中断一次系统的运行，仅适当地改变二次接线即可实现。

(4) 使一次设备和二次设备实现电气隔离。一方面使二次设备和工作人员与高电压部分隔离，而且互感器二次侧还要接地，从而保证了设备和人身安全。另方面二次设备如果出现故障也不会影响到一次侧，从而提高了一次系统和二次系统的安全性和可靠性。

8.1 电流互感器

电流互感器是一种专门用于变换电流等级的特殊变压器。目前，电流互感器正在向与相关电气设备相配套形成组合电器的方向发展。国内使用的电流互感器以带有保护级的油浸式结构为主，电流互感器的工作原理与变压器的工作原理相同，只是一次绕组匝数很少，而二次绕组匝数很多，可将一次侧的大电流变成二次侧的小电流，供给各种仪表和继电保护装置使用，同时实现一、二次设备在电路上的隔离。

8.1.1 电流互感器的工作原理

电力系统中广泛采用电磁式互感器，其原理如图8.1所示，电流互感器的一次绕组串联于被测量电路内，二次绕组与二次回路串联。其工作原理与变压器的相似。当一次绕组流过电流 I_1 时，在铁芯中产生交变磁通，此磁通穿过二次绕组，产生电动势，在二次回路中产生电流 I_2。

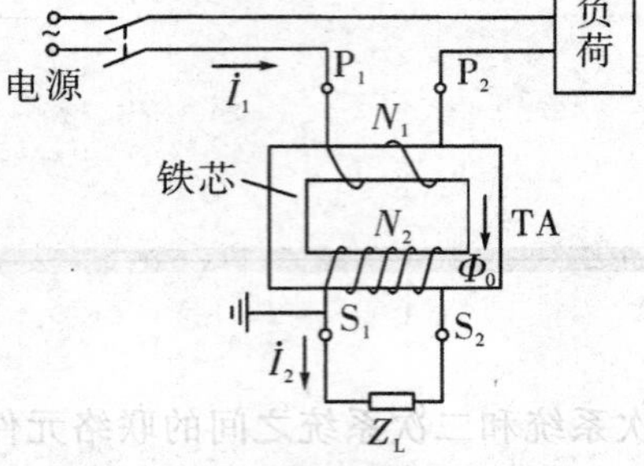

图 8.1　电流互感器原理

8.1.2　电流互感器的特点

电流互感器用在各种电压的交流装置中。电流互感器和普通变压器相似，都是按电磁感应原理工作的，与变压器相比电流互感器特点如下。

(1) 电流互感器的一次绕组匝数少截面积大，串联于被测量电路内；电流互盛器的二次绕组匝数多、截面积小，与二次侧的测量仪表和继电器的电流线圈串联。

(2) 由于电流互感器的一次绕组匝数很少(一匝或几匝)、阻抗很小，因此.串联在被测电路中对一次绕组的电流没有影响。一次绕组的电流完全取决于被测电路的负荷电流，即流过一次绕组的电流就是被测电路的负荷电流，而不是由二次电流的大小决定的，这点与变压器不同。

(3) 电流互感器二次绕组中所串接的测量仪表和保护装置的电流线圈(二次负荷)阻抗很小，所以在正常运行中，电流互感器是在接近于短路的状态下工作，这是它与变压器的主要区别。

(4) 电流互感器正常运行时自于二次绕组负荷阻抗和负荷电流均很小，二次绕组内感应的电动势般不超过几十伏，所需的显励磁安匝及铁芯中的合成磁通很小。为了减小电流互感器的尺寸、质量和造价，其铁芯截面是按正常运行时通过不大的磁通设计的。运行中的电流互感器一旦二次侧开路，即 $I_2=0$，则 $I_0N_1=I_1N_1$，一次安匝 I_1N_1 将全部用于励磁，它比正常运行的励磁大许多倍，此时铁芯将处于高度饱和状态。铁芯的饱和，一方面导致铁芯损耗加剧、过热而损坏互感器绝缘，另一方面导致磁通波形畸变为平项波，如图 8.2(a)所示。由于二次绕组感应的电动势与磁通的大小和变化率成正比，因此在磁通过零时，将产生很高的尖顶波电动势，如图 8.2 所示，其峰值可达几千伏甚至上万伏，这将危及工作人员，二次回路及设备的安全。此外，铁芯中的剩磁还会影响互感器的准确度。故运行中的电流互感器二次侧不得开路。

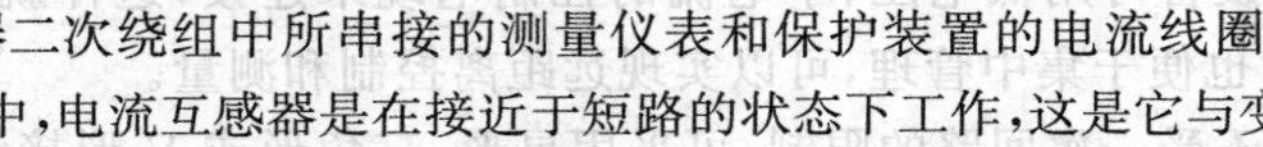

(a)　　(b)

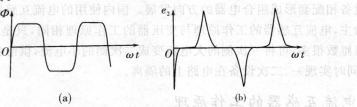

图 8.2　电流下互感器二次测开路时的磁通和电动势形

(a)磁通波形；(b)电动势波形

8.1.3 电流互感器的接线方式

电流互感器在三相电路中有四种常见的接线方式，如图 8.3 所示。

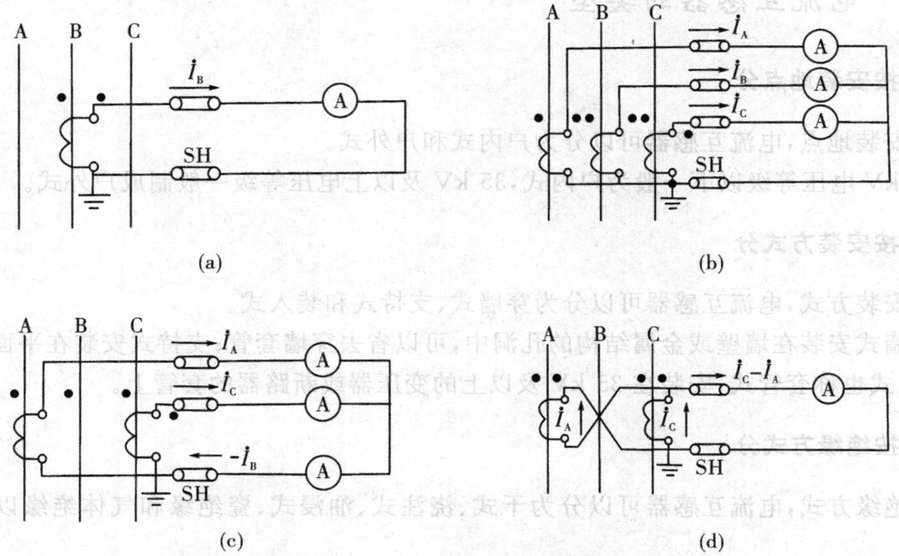

图 8.3 电流互感器的接线

(a)单相接线；(b)星形接线；(c)两相 V 形接线；(d)两相电流差接线

1. 单相接线

如图 8.3 (a)所示，这种接线主要用来测量单相负荷电流或三相系统中平衡负荷的某一相电流。

2. 星形接线

如图 8.3 (b)所示，这种接线可以用来测量负荷平衡或不平衡的三相电力系统中的三相电流。用三相星形接线方式组成的继电保护电路，能保证对各种故障(三相、两相短路及单相接地短路)具有相同的灵敏度，因此可靠性较高。

3. 两相 V 形接线

如图 8.3 (c)所示，这种接线又称不完全星形接线，在 6～10 kV 中性点不接地系统中应用较广泛。这种接线通过公共线上仪表中的电流，等于 A、C 相电流的相量和，大小等于 B 相的电流。不完全星形接线方式组成的继电保护电路，能对各种相间短路故障进行保护，但灵敏度不尽相同，与三相星形接线比较，灵敏度较差。由于不完全星形接线方式比三相星形接线方式少了 1 /3 的设备，因此，节省了投资费用。

4. 两相电流差接线

如图 8.3 (d)所示，这种接线方式通常应用于继电保护线路中。例如，用于线路或电动机的短路保护及并联电容器的横联差动保护等，它能反应各种相间短路，但灵敏度各不相同。这种接线方式在正常工作时，通过仪表或继电器的电流是C相电流和A相电流的相量差，其数值为电流互感器二次电流的$\sqrt{3}$倍。

8.1.4 电流互感器的类型

1. 按安装地点分

按安装地点，电流互感器可以分为户内式和户外式。

35 kV电压等级以下一般为户内式，35 kV及以上电压等级一般制成户外式。

2. 按安装方式分

按安装方式，电流互感器可以分为穿墙式、支持式和装入式。

穿墙式安装在墙壁或金属结构的孔洞中，可以省去穿墙套管；支持式安装在平面或支柱上；装入式也称套管式，安装在35 kV及以上的变压器或断路器的套管上。

3. 按绝缘方式分

按绝缘方式，电流互感器可以分为干式、浇注式、油浸式、瓷绝缘和气体绝缘以及电容式。

干式使用绝缘胶浸渍，多用于户内低压电流互感器；浇注式以环氧树脂作绝缘，一般用于35 kV及以下电压等级的户内电流互感器；油浸式多用于户外场所；瓷绝缘，即主绝缘由瓷件构成，这种绝缘结构已被浇注绝缘所取代；气体绝缘的产品内部充有特殊气体，如SF_6气体作为绝缘的互感器，多用于高压产品；电容式多用于110 kV及以上电压等级的户外场所。

4. 按一次侧绕组匝数分

按一次侧绕组匝数，电流互感器可分为单匝式和多匝式。

单匝式又分为贯穿型和母线型两种。

5. 按用途分

按用途，电流互感器可分为测量用和保护用。

8.1.5 电流互感器的技术参数

1. 额定电压

电流互感器的额定电压是指一次绕组对二次绕组和地的绝缘额定电压。电流互感器的额定电压应该不小于安装地点的电网额定电压(即所接线路的额定电压)。

2. 额定电流

额定电流是指在制造厂规定的运行状态下，通过一、二次绕组的电流。常用电流互感器的一次绕组额定电流有5 A、10 A、15 A、20 A、30 A、40 A、50 A、75 A、100 A、1000 A、10 000 A、25 000 A，二次绕组额定电流有5 A、1 A。

3. 额定电流比

电流互感器一、二次侧额定电流之比值称为电流互感器的额定电流比，也称额定互感比，用 k_i 表示，即

$$k_i=\frac{I_{1N}}{I_{2N}} \tag{8-1}$$

4. 额定二次负荷

电流互感器的额定二次负荷是指在二次电流为额定值，二次负载为额定阻抗时，二次侧输出的视在功率。通常额定二次负荷值为 2.5～100 V·A，共有 12 个额定值。

若把以伏安值表示的负荷值换算成欧姆值表示时，其表达式为

$$Z_2=\frac{S_2}{I_{2N}^2} \tag{8-2}$$

式中：I_{2N}——二次侧额定电流(A)；

S_2——以伏安值表示的二次侧负荷(V·A)；

Z_2——以欧姆值表示的二次侧负荷(Ω)。

例如，电流互感器的额定二次电流为 5 A，二次负荷为 50 V·A，若以欧姆值表示时，则为

$$Z_2=\frac{50}{5^2}\ \Omega=2\ \Omega \tag{8-3}$$

同一台电流互感器在不同的准确度等级工作时，有不同的额定容量和额定负载阻抗。

5. 准确度等级

电流互感器的准确度等级是根据测量时电流误差的大小来划分的，而电流误差与一次电流及二次负荷阻抗有关。准确度等级是指在规定的二次负荷范围内，一次电流为额定值时的误差限值。我国测量用电流互感器的准确度等级有 0.1 级、0.2 级、0.5 级、1 级、3 级和 5 级，负荷的功率因数为 0.8(滞后)。

8.1.6 几种常见的电流互感器

1. 浇注式绝缘互感器

浇注式互感器广泛用于 10～20 kV 电压等级。一次绕组为单匝式母线式时，铁芯为圆环形，二次绕组均匀绕在铁芯上，一次绕组(导电杆)和二次绕组均浇注成一整体。一次绕组为多匝时，铁芯多为叠积式，先将一、二次绕组浇注成一体，然后再叠装铁芯。图 8.4 所示为浇注绝缘电流互感器结构(多匝贯穿式)。

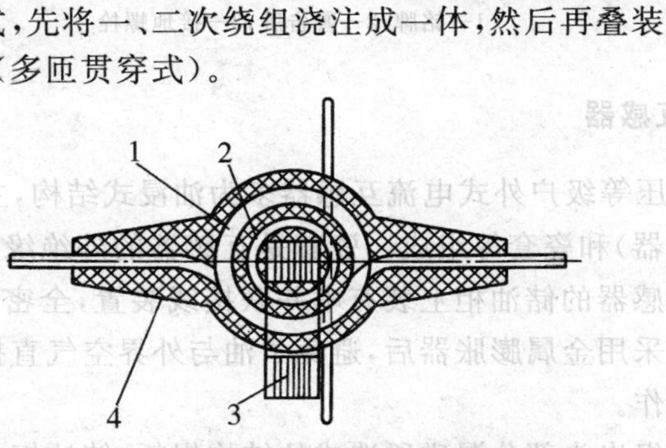

图 8.4 浇注式电流互感器结构(多匝贯穿式)

1—一次绕组；2—二次绕组；3—铁芯；4—树脂混合料

1）LDZ1-10、LDZJ1-10 型环氧树脂浇注绝缘单匝式电流互感器

该型互感器的结构及外形如图 8.5 所示，当一次电流为 800 A 及以下，其一次导电杆为铜棒；1000 A 及以上，考虑散热和集肤效应，一次导电杆做成管状，互感器铁芯采用硅钢片卷成，两个铁芯组合对称地分布在金属支持件上，二次绕组在环形铁芯上。一次导电标杆、二次绕组用环氧树脂和石英粉的混合胶浇注加热固化成型，在浇注体中部有硅铝合金铸在的面板。板上预留有安装孔。

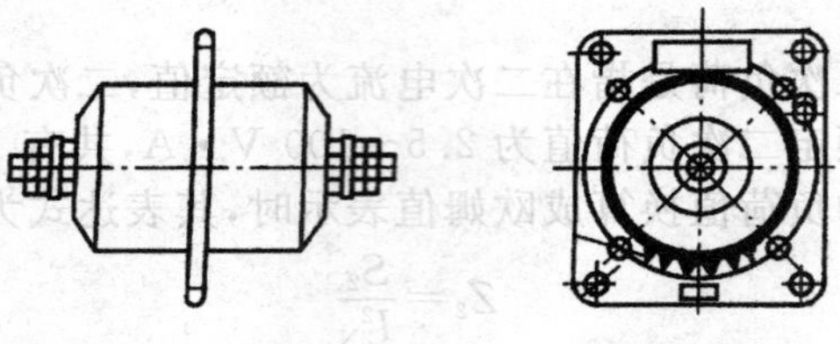

图 8.5 LDZ1-10、LDZJ1-10 型电流互感器

2）LFZB-10 型环氧树脂浇注绝缘有保护级复匝式电流互感器

由于单匝式电流互感器准确度等级较低，所 LFZB-10 多情况下需要采用复匝式电流互感器。复匝式可用于额定电流为各种数值的电路口 LFZB-10 型环氧树脂浇注绝缘有保护级复匝式电流互感器结构及外形如图 8.6 所示，该型互感器为半卦闭浇注绝缘结构，铁芯采用硅钢叠片呈二芯式，在铁芯柱上套有二次绕组，一、二次绕组用环氧树脂浇注整体，铁芯外露。

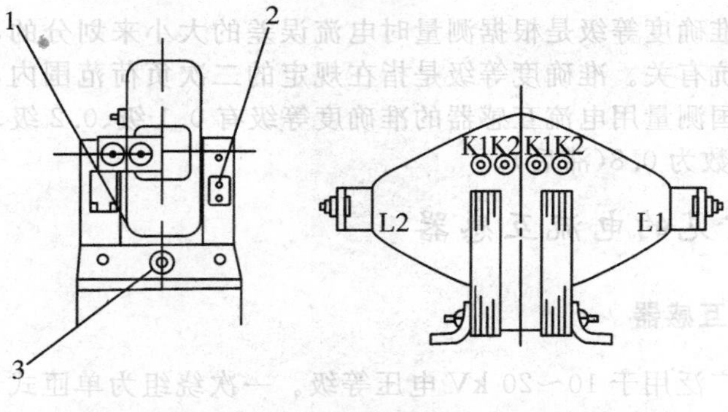

图 8.6 LFZB-10 型电流互感器

1—铭牌；2—警告牌；3—接地螺栓

2. 油浸式电流互感器

35 kV 及以上电压等级户外式电流互感器多为油浸式结构，主要由底座（或下油箱）、器身、储油柜（包括膨胀器）和瓷套等组成。瓷套是互感器的外绝缘，并兼作油的容器。63 kV 及以上电压等级的互感器的储油柜上装有串并联接线装置，全密封结构的产品采用外换接结构。全密封互感器采用金属膨胀器后，避免了油与外界空气直接接触，油不易受潮、氧化，减少了用户的维修工作。

为了减少一次绕组出头部分漏磁所造成的结构损耗，储油柜多用铝合金铸成，当额定电流较小时，也可用铸铁储油柜或薄钢板制成。

油浸式电流互感器的绝缘结构可分为链型绝缘和电容型绝缘两种。链型绝缘用于63 kV及以下电压等级互感器，电容型绝缘多用于220 kV及以上电压等级互感器。110 kV的互感器有采用链型绝缘的，也有采用电容型绝缘的。

链型绝缘的结构如图8.7所示。链型绝缘结构的各个二次绕组分别绕在不同的圆形铁芯上，将几个二次绕组合在一起，装好支架，用电缆纸带包扎绝缘。二次绕组外包绝缘的厚度大约为总绝缘厚度的一半或略少。

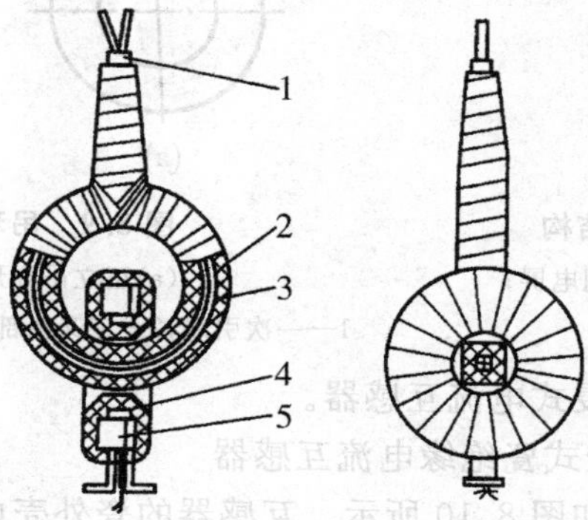

图8.7 链型绝缘的结构

1—一次引线支架；2—主绝缘Ⅰ；3—一次绕组；4—主绝缘Ⅱ；5—二次绕组

链型绝缘结构的一次绕组可用纸包铜线连续绕制而成，可以实现较大的一次安匝以提高互感器的准确度；也可用分段的纸包铜线绕制，然后依次焊接成一次安匝。由于焊头不可能多，对于额定一次电流较小的互感器，这种绕组不可能实现较大的一次安匝，影响到互感器准确度的提高。额定一次电流较大时，可不用焊头，用半圆铝管制成一次绕组。两个半圆合成一个整圆。每个半圆即是一次绕组的一段（只有一匝），通过串、并联换接来改变电流比。

U形电容型绝缘的结构如图8.8所示。电容型绝缘的全部主绝缘都包在一次绕组上，若为倒立式结构，则是包在二次绕组上。为了充分利用材料的绝缘特性，在绝缘内设有电容屏，使电场均匀。这些电容屏又称为主屏。最内层的主屏接高电压，最外层的主屏（地电屏）接地。倒立式结构则相反，最外层接高电压，最内层接地。各主屏形成一个串联的电容型组，若主屏间电容接近相等，则其中电压就接近于均匀。电容屏用有孔铝箔制成或半导体纸制成，铝箔打孔是为了便于绝缘干燥处理和浸油处理。为了改善主屏端部的电场，在两个主屏之间放置有一些比较短的端屏（简称为端屏）。

电容型绝缘的一次绕组形状有U形也有吊环形，如图8.9所示。前者便于机器连续包扎；后者则由于引线部分紧凑，瓷套直径较小，产品总质量可以减轻。但是吊环形的三叉头处的绝缘包扎不能连续，必须手工操作，而且要加垫特制的异形纸，包扎时要非常仔细地操作。

U形一次绕组，其铁芯是连续卷制的圆环形铁芯。正立式吊环形则要求采用开口铁芯。但开口铁芯的励磁电流较大，对于制造高精度测量用互感器是一个不利因素。这是正立式吊环形很少得到采用的主要原因之一。

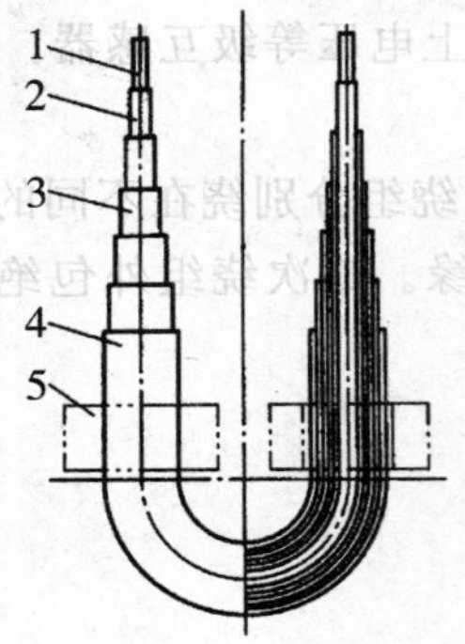

图 8.8　U 形电容型绝缘的结构

1—一次绕组；2—高压电屏；3—中间电屏；

4—地电屏；5—二次绕组

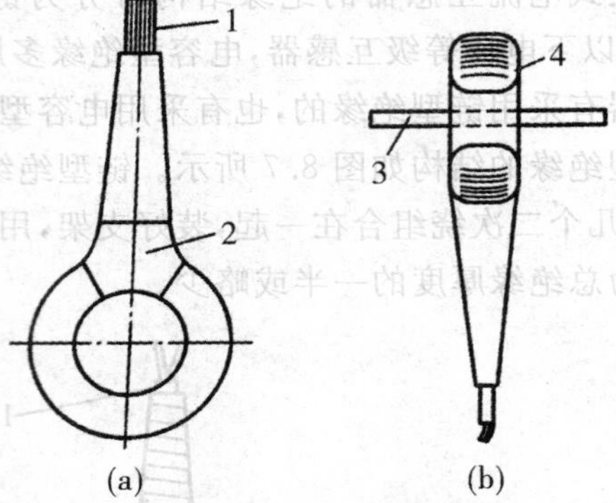

图 8.9　吊环形绕组的结构

(a)正立吊环形；(b)倒立吊环形

1—一次引线；2—三叉头部位；3—一次绕组；4—二次绕组

以下例举几种常用的油浸式电流互感器。

1) LCW-110 型户外油浸式瓷绝缘电流互感器

该型互感器结构及外形如图 8.10 所示。互感器的瓷外壳内充满变压器油，并固定在金属小车上；带有二次绕组的环形铁芯固定在小车架上，一次绕组为圆形并套住二次绕组，构成两个互相套着的形如“8”字的环。换接器用于在需要时改变各段一次绕组的连接方式，方便一次绕组串联或并联。互感器上部由铸铁制成的油膨胀器，用于补偿油体积随温度的变化，其上装有玻璃油面指示器。放电间隙用于保护瓷外壳，使外壳在铸铁头与小车架之间发生闪络时不致受到电弧损坏。由于绕组电场分布不均匀，故只用于 35～110 kV 电压等级，一般有 2～3 个铁芯。

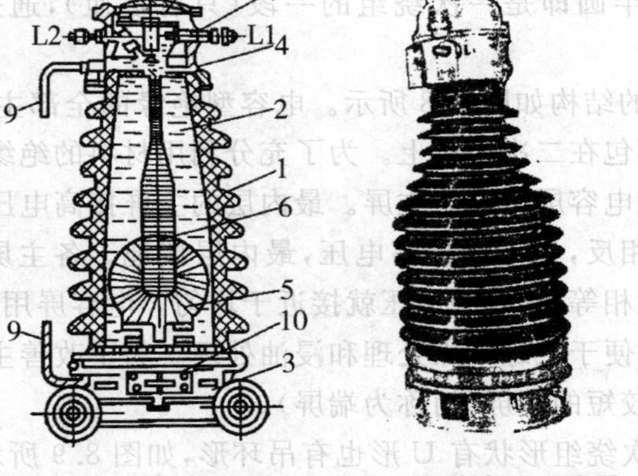

图 8.10　LCW-110 型户外油浸式瓷绝缘电流互感器

1—瓷外壳；2—变压器油；3—小车；4—膨胀器；5—环形铁芯及二次绕组；

6—一次绕组；7—瓷套管；8—一次绕组换接器；9—放电间隙；10—二次绕组引出端

2) LCLWD3-220 型户外瓷箱式电流互感器

LCLWD3-220 型户外瓷箱式电流互感器结构如图 8.11 所示。其一次绕组呈 U 形，一次绕组绝缘采用电容均压结构，用高压电缆纸包扎而成；绝缘共分十层，层间有电容屏（金属箔），外屏接地形成圆筒式电容串联结构；有四个环形铁芯及二次绕组，分布在 U 形一次绕组下部的两侧，二次绕组为漆包圆铜线，铁芯由优质冷轧晶粒取向硅钢板卷成。

这种电流互感器具有用油量少、瓷套直径小、质量轻、电场分布均匀、绝缘利用率高和便于实现机械化包扎等优点，因此在 110 kV 及以上电压等级中得到广泛的应用。

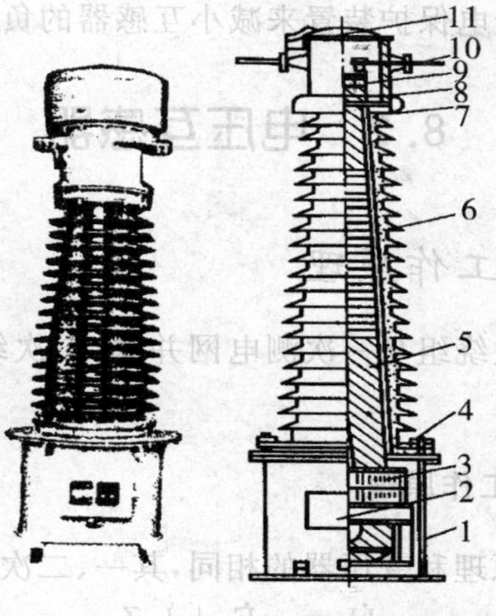

图 8.11　LCLWD3-220 型户外瓷箱式电流互感器

1—油箱；2—二次绕组；3—环形铁芯及二次绕组；4—压圈式卡接装置；5—一次绕组；6—瓷套管；7—均压护罩；8—储油箱；9—一次绕组切换装置；10—一次接线端子；11—呼吸器

3. SF_6 气体绝缘电流互感器

SF_6 气体绝缘电流互感器有两种结构形式，一种是与 SF_6 组合电器(GIS)配套用的，另一种是可单独使用的，通常称为独立式 SF_6 电流互感器，这种互感器多做成倒立式结构。SF_6 气体绝缘电流互感器有 SAS、LVQB 等系列，电压为 110 kV及以上。LVQB-220 型 SF_6 气体绝缘电流互感器结构及外形如图 8.12 所示，由壳体、器身(一、二次绕组)、瓷套和底座组成。互感器器身固定在壳体内，置于顶部；二次绕组用绝缘件固定在壳体上，一、二次绕组间用 SF_6 气体绝缘；壳体上方设有压力释放装置，底座有 SF_6 压力表、密度继电器和充气阀、二次接线盒。

在这种互感器中气体压力一般选择 0.3～0.35 MPa，要求其壳体和瓷套都能承受较高的压力。壳体用强度较高的钢板焊接制造。瓷套采用高强瓷制造，也有采用环氧玻璃钢筒与硅橡胶制成的复合绝缘子作为 SF_6 互感器外绝缘筒。

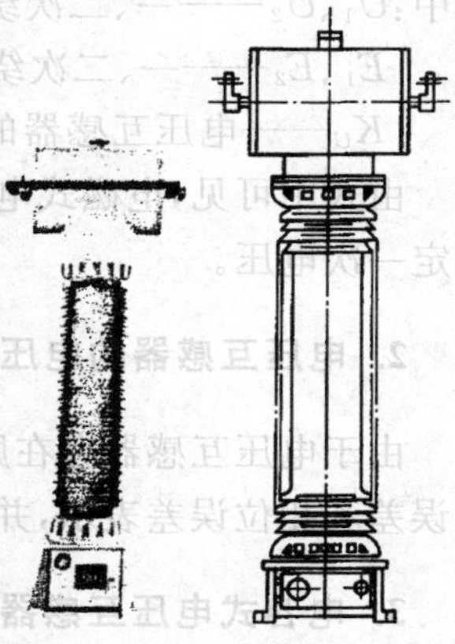

图 8.12　LVQB-220 型 SF_6 气体绝缘电流互感器

4. 新型电流互感器简介

随着输电电压的提高，电磁式电流互感器的结构越来越复杂和笨重，成本也相应增加，需要研制新型的高压和超高压电流互感器。要求新型电流互感器的高、低压之间没有直接的电磁联系，绝缘结构简化；测量过程中不需要耗费大量的能量；测量范围宽、暂态响应快、准确度高；二次绕组数增加，满足多重保护需要；质量小、成本低。

新型电流互感器按耦合方式可分为无线电电磁波耦合、电容耦合和光电耦合式。其中光电式电流互感器性能最好，基本原理是利用材料的磁光效应或光电效应，将电流的变化转换成激光或光波，通过光通道传送，接收装置将收到的光波转变成电信号，并经过放大后供仪表和继电器使用。非电磁式电流互感器的共同缺点是输出容量较小，需要较大功率的放大器或采用小功率的半导体继电保护装置来减小互感器的负荷。

8.2 电压互感器

8.2.1 电压互感器的工作原理

电磁式电压互感器其一次绕组与一次测电网并联，二次绕组与二次测量仪表和继电器的电压线圈并联。

1. 电磁式电压互感器的工作原理

电磁式电压互感器工作原理和变压器的相同，其一、二次侧电动势平衡方程为

$$\dot{U}_1=-\dot{E}_1+\dot{I}_1Z_1 \tag{8-4}$$

$$\dot{U}_2=-\dot{E}_2+\dot{I}_2Z_2 \tag{8-5}$$

忽略一、二次侧绕组漏阻抗的压降，可得

$$\dot{U}_1\approx-\dot{E}_1 \tag{8-6}$$

$$\dot{U}_2\approx-\dot{E}_2$$

于是有

$$\frac{\dot{U}_1}{\dot{U}_2}\approx\frac{E_1}{E_2}=\frac{N_1}{N_2}=K_U \tag{8-7}$$

式中：U_1、U_2——一、二次绕组电压；

E_1、E_2——一、二次绕组电势；

K_U——电压互感器的电压比。

由式中可见，电磁式电压互感器二次电压近似与一次电压成正比，测出二次电压，便可确定一次电压。

2. 电压互感器的电压误差

由于电压互感器存在励磁电流和内阻抗，使测量结果的大小和相位均有误差，通常用电压误差和相位误差表示，并规定二次测相量超前于一次相量时相位误差为正，反之为负。

3. 电容式电压互感器的工作原理

电容式电压互感器采用电容分压，其原理如图 8.13 所示，在被测电网的相和地之间接有主电容 C_1 和分压电容 C_2，Z_2 为继电器、仪表等电压线圈阻抗。电容式电压互感器实质是一个电容串接的分压器，被测电网的电压在电容 C_1、C_2 按反比分压。

图 8.13 所示 $\dot{U}_1$ 为电网相电压，根据分压原理，Z_2、C_2 上的电压为

$$\dot{U}_2=\dot{U}_{C2}=\frac{C_1\dot{U}_1}{C_1+C_2}=k\dot{U}_1 \tag{8-8}$$

式中：k——分压比，$k=\dfrac{C_1}{C_1+C_2}$。

电压 $\dot{U}_{C2}$ 与 $\dot{U}_1$ 成比例变化，测出 $\dot{U}_2$，通过计算，即可测出电网的相对地电压。

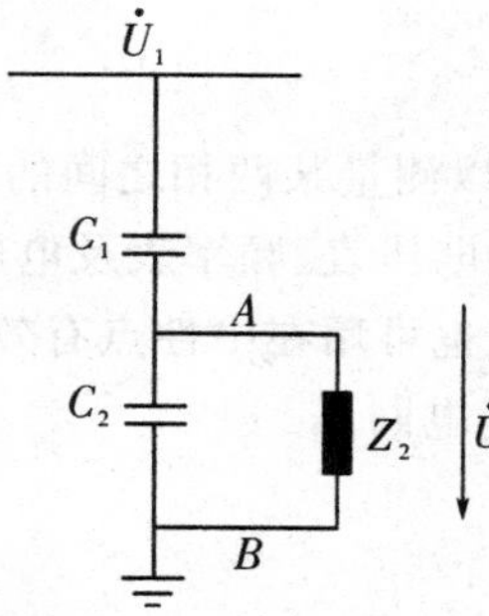

图 8.13 电容式电压互感器分压原理图

8.2.2 电压互感器的特点

电磁式电压互感器用于电压为 380 V 及以上的交流装置中，其特点如下。

(1) 电压互感器一次绕组匝数较多，二次绕组匝数较少，使用时一次绕组与被测量电路并联，二次绕组与测量仪表或继电器等电压线圈并联。

(2) 由于测量仪表、继电器等电压线圈的阻抗很大，电压互感器在正常运行时二次绕组中的电流很小，一、二次绕组中的漏阻抗压降都很小。因此，它相当于一个空载运行的降压变压器，其二次电压基本上等于二次电动势值，且取决于一次的电压值，所以电压互感器在准确度所允许的负载范围内，能够精确地测量一次电压。

(3) 二次侧负荷阻抗较大，且比较稳定，正常情况下二次电流很小，电压互感器近于开路状态运行，容量较小，要求有较高的安全系数。

8.2.3 电压互感器的接线方式

电压互感器在三相电路中有如图 8.14 所示的几种常见的接线方式。

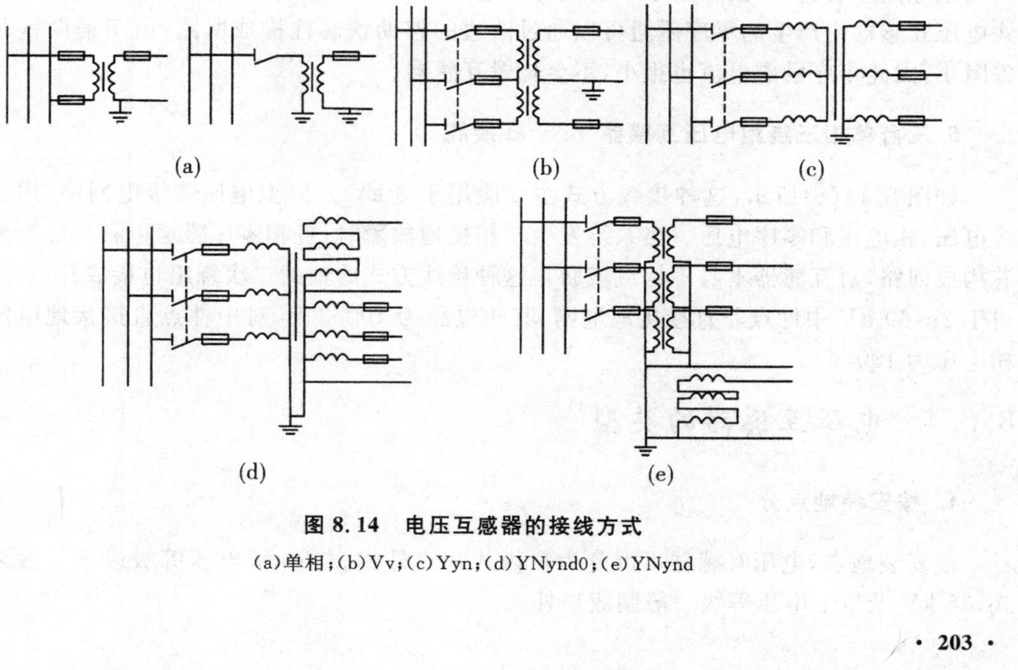

图 8.14 电压互感器的接线方式

(a)单相；(b)Vv；(c)Yyn；(d)YNynd0；(e)YNynd

1. 单相电压互感器的接线

如图 8.14(a)所示，这种接线可以测量某两相之间的线电压，主要用于 35 kV 及以下的中性点非直接接地电网中，用来连接电压表、频率表及电压继电器等，为安全起见，二次绕组有一端(通常取 x 端)接地；单相接线也可用在中性点有效接地系统中测量相对地电压，主要用于 110 kV 及以上中性点直接接地电网。

2. Vv 接线

Vv 接线又称不完全星形接线，如图 8.14(b)所示。它可以用来测量三个线电压，供仪表、继电器接于三相三线制电路的各个线电压，主要应用于 20 kV 及以下电压等级中性点不接地或经消弧线圈接地的电网中。它的优点是接线简单、经济，广泛用于工厂供配电站高压配电装置中。它的缺点是不能测量相电压。

3. 一台三相三柱式电压互感器 Yyn 接线

如图 8.14(c)所示，这种接线方式用于测量线电压。由于其一次侧绕组不能引出，不能用来监视电网对地绝缘，也不允许用来测量相对地电压。其原因是当中性点非直接接地电网发生单相接地故障时，非故障相对地电压升高，造成三相对地电压不平衡，在铁芯柱中产生零序磁通，由于零序磁通通过空气间隙和互感器外壳构成通路，所以磁阻大，零序励磁电流很大，造成电压互感器铁芯过热甚至烧坏。

4. 一台三相五柱式电压互感器 YNynd0 接线

如图 8.14(d)所示，这种接线方式中互感器的一次侧绕组、基本二次侧绕组均接成星形，且中性点接地，辅助二次侧绕组接成开口三角形。它既能测量线电压和相电压，又可以用做绝缘监测装置，广泛应用于小接地电流电网中。当系统发生单相接地故障时，三相五柱式电压互感器内产生的零序磁通可以通过两边的辅助铁芯柱构成回路，由于辅助铁芯柱的磁阻小，因此零序励磁电流也很小，不会烧毁互感器。

5. 三台单相三绕组电压互感器 YNynd 接线

如图 8.14(e)所示，这种接线方式主要应用于 3 kV 及以上电压等级电网中，用于测量线电压、相电压和零序电压。当系统发生单相接地故障时，各相零序磁通以各自的互感器铁芯构成回路，对互感器本身不构成威胁。这种接线方式的辅助二次绕组也接成开口三角形，对于 3～60 kV 中性点非直接接地电网，其相电压为 100/3 V，对中性点直接接地电网。其相电压为 100 V。

8.2.4 电压互感器的类型

1. 按安装地点分

按安装地点，电压互感器可以分为户内式和户外式。35 kV 电压等级以下一般为户内式，35 kV 及以上电压等级一般制成户外式。

2. 按绝缘方式分

按绝缘方式，电压互感器可以分为干式、浇注式、油浸式和气体绝缘式等几种。干式多用于低压，浇注式用于 3～35 kV，油浸式多用于 35 kV 及以上电压等级。

3. 按绕组数分

按绕组数，电压互感器可以分为双绕组、三绕组和四绕组式。三绕组式电压互感器有两个二次侧绕组，一个为基本二次统组，另一个为辅助二次绕组。辅助二次绕组供绝缘监视或单相接地保护用。

4. 按相数分

按相数，电压互感器可以分为单相式和三相式。一般 20 kV 以下制成三相式，35 kV 及以上均制成单相式。

5. 按结构原理分

按结构原理，电压互感器分为电磁式和电容式。电磁式又可分为单级式和串级式。在我国，电压在 35 kV 以下时均用单级式；电压在 63 kV 以上时为串级式；电压在 110～220 kV 范围内，采用串级式或电容式；电压在 330 kV 以上时只采用电容式。

8.2.5 电压互感器的技术参数

1. 额定一次电压

额定一次电压是指作为电压互感器性能基准的一次电压值。供三相系统相间连接的单相电压互感器，其额定一次电压应为国家标准额定线电压；对于接在三相系统相与地间的单相电压互感器，其额定一次电压应为上述值的 $1/\sqrt{3}$，即相电压。

2. 额定二次电压

额定二次电压是按互感器使用场合的实际情况来选择的，标准值为 100 V；供三相系统中相与地之间用的单相互感器，当其额定一次电压为某一数值除以$\sqrt{3}$时，额定二次电压必须除以$\sqrt{3}$，以保持额定电压比不变。

接成开口三角形的辅助二次绕组额定电压，用于中性点有效接地系统的互感器，其辅助二次绕组额定电压为 100 V；用于中性点非有效接地系统的互感器，其辅助二次绕组额定电压为 100 V 或 100/3 V。

3. 额定变比

电压互感器的额定变比是指一、二次绕组额定电压之比，也称额定电压比或额定互感比，用 K_U 表示。

4. 额定容量

电压互感器的额定容量是指对应于最高准确度等级时的容量。电压互感器在此负载容量下工作时，所产生的误差不会超过这一准确度级所规定的允许值。

额定容量通常以视在功率的伏安值表示。标准值最小为 10 V·A，最大为500 V·A，共有 13 个标准值，负荷的功率因数为 0.8(滞后)。

5. 额定二次负荷

额定二次负荷是指保证准确度等级为最高时，电压互感器二次回路所允许接带的阻抗值。

6. 额定电压因数

额定电压因数是指互感器在规定时间内仍能满足热性能和准确度等级要求的最高一次电压与额定一次电压的比值。

7. 准确度等级

电压互感器的准确度等级就是指在规定的一次电压和二次负荷变化范围内，负荷的功率因数为额定值时，电压误差的最大值。测量用电压互感器的准确度等级有 0.1 级、0.2 级、0.5 级、1 级和 3 级，保护用电压互感器的准确度等级规定有 3P 和 6P 两种。

电压互感器应能准确地将一次电压变换为二次电压，才能保证测量精确和保护装置正确地动作，因此电压互感器必须保证一定的准确度。如果电压互感器的二次负荷超过规定值，则二次电压就会降低，其结果就不能保证准确度等级，使得测量误差增大。

8.2.6 几种常见的电压互感器

1. 浇注式电压互感器

浇注式电压互感器结构紧凑、维护简单，主要用于 3～35 kV 的户内，有半浇注式和全浇注式两种。一次绕组和各低压绕组，以及一次绕组出线端的两个套管均浇注成一个整体，然后再装配铁芯，这种结构称为半浇注式(铁芯外露式)结构。其优点是浇注体比较简单，容易制造；缺点是结构不够紧凑，铁芯外露会产生锈蚀，需要定期维护。绕组和铁芯均浇注成一体的称为全浇注式，其特点是结构紧凑、几乎不需维修，但是浇注体比较复杂、铁芯缓冲层设置比较麻烦。

浇注式互感器的铁芯一般用旁轭式，也有采用 C 形铁芯的。一次绕组为分段式，低压绕组为圆筒式；绕组同芯排列，导线采用高强度漆包线。层间和绕组间绝缘均用电缆纸或复合绝缘纸。为了改善绕组在冲击电压作用时的起始电压分布，降低匝间和层间的冲击强度，一次绕组首末端均设有静电屏。

一、二次绕组间的绝缘可采用环氧树脂筒、酚醛纸筒或经真空压力浸漆的电缆纸筒。绕组对地绝缘都是树脂。由于树脂的绝缘强度很高，其厚度主要根据浇注工艺和机械强度确定。同浇注绝缘电流互感器一样，在浇注绝缘电压互感器中也要在适当部位采取屏蔽措施，以提高其游离电压和表面闪络电压。

JDZ-10 型浇注式单相电压互感器如图 8.15 所示。其铁芯为三柱式，一、二次绕组为同心圆筒式，连同引出线用环氧树脂浇注成型，并固定在底版上；铁芯外露，由经热处理的冷轧硅钢片叠装而成，为半封闭式结构。

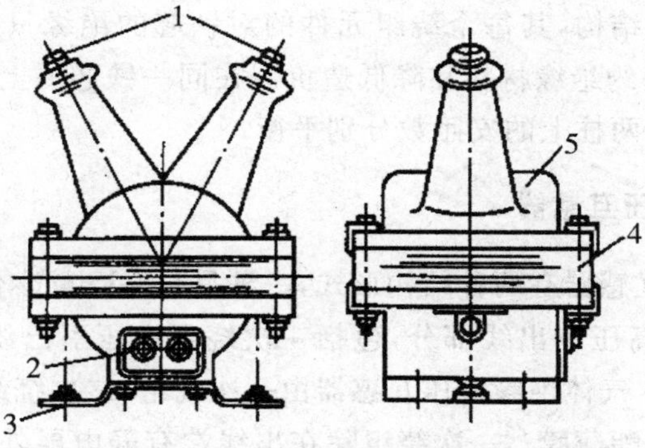

图 8.15 JDZ-10 **型浇注式单相电压互感器**

1—一次绕组引出端；2—二次绕组引出端；3—接地螺栓；4—铁芯；5—浇注体

2. 油浸式电压互感器

油浸式电压互感器的结构与小型电力变压器的结构很相似，分为普通式和串级式。

1) JSJW-10 型油浸式三相五柱电压互感器

JSJW-10 型油浸式三相五柱电压互感器如图 8.16 所示。铁芯的中间三柱分别套入三相绕组，两边柱作为单相接地时零序磁通的通路：一、二次绕组为 YNyn 接线，其余绕组为开口三角形接线。

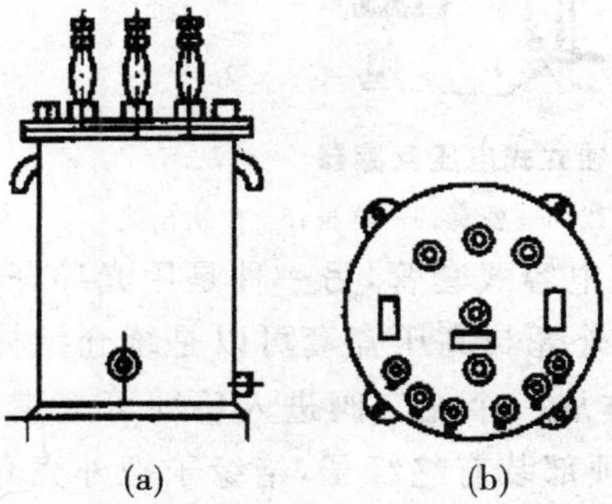

图 8.16 JSJW-10 **型油浸式三相五柱电压互感器**

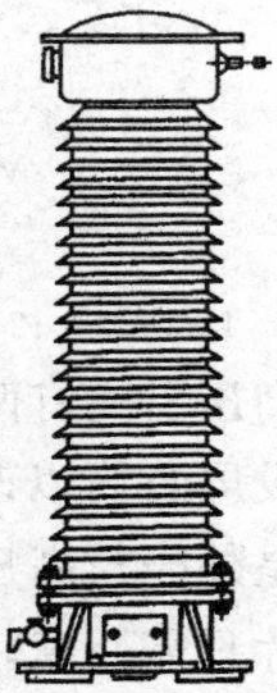

图 8.17 JCC-220 **串式电压互感器**

2) JCC-220 型串级式电压互感器

JCC-220 型串级式电压互感器如图 8.17 所示。互感器的器身由两个铁芯(元件)、一次绕组、平衡绕组、连耦绕组及二次绕组构成，装在充满油的瓷箱中，一次绕组由匝数相等的四个元件组成，分别套在两个铁芯的上、下铁柱上，并按磁通相加方向顺序串联，接于相与地之间，每个铁芯上绕组的中点与铁芯相连；二次绕组绕在末级铁芯的下铁柱上，连耦绕组的绕向相同，反向对接。

当二次绕组开路时，各级铁芯的磁通相同，一次绕组的电位分布均匀，每个绕组元件边缘线匝对铁芯的电位差都是 $U_p/4$(U_p 为相电压)；当二次绕组接通负荷时，由于负荷电力的去磁作用,使末级铁芯的磁通小于前级铁芯的磁通,从而使各元件的感抗不等,电压的分布不均,准确度下降。为避免这一现象,在两铁芯相邻的铁芯柱上,绕有匝数相等的连耦绕组。这样,当每个铁芯的磁通不等时,连耦绕组中出现电动势差,从而出现电压,使磁通较小的铁芯增磁,磁通较大的铁芯去磁,达到各级铁芯的磁通大致相等和各绕组元件电压分布均匀的目的。因此,这种串级式结构,其每个绕组元件的对铁芯的绝缘只需按 $U_p/4$ 设计,比普通式(需按 U_p 设计)大大节约绝缘材料和降低造价。在同一铁芯的上、下柱上还有平衡绕组,借平衡绕组内的电流,使两柱上的安匝数分别平衡。

3. SF_6 气体绝缘电压互感器

SF_6 气体绝缘电压互感器有两种结构形式,一种是与 GIS 配套使用的组合式,另一种为独立式。独立式增加了高压引出线部分,包括一次绕组高压引出线、高压瓷套及其夹持件等,如图 8.18 所示。SF_6 气体绝缘电压互感器由一次绕组、二次绕组、剩余电压绕组和铁芯组成,绕组层绝缘采用聚酯薄膜。一次绕组除在出线端有静电屏外,在超高压产品中,一次绕组的中部还设有中间屏蔽电极。铁芯内侧设有屏蔽电极以改善绕组与铁芯间的电场。

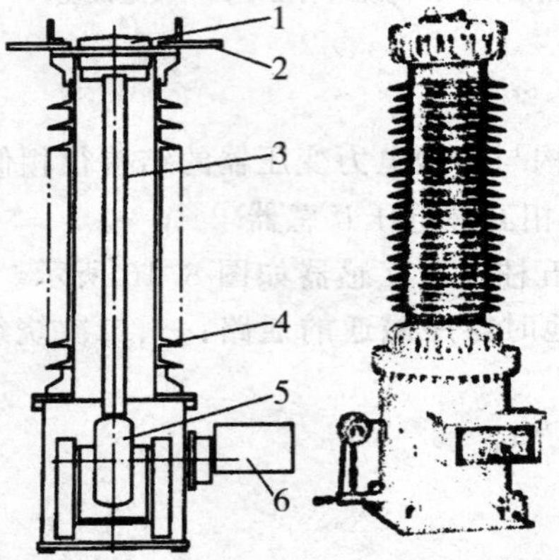

图 8.18　SF_6 气体绝缘独立式电压互感器

1—防爆片;2——次出线端子;3—高压引线;4—瓷套;5—器身;6—二次出线

一次绕组高压引线有两种结构,一种是短尾电容式套管,另一种是用光导杆做引线,在引线的上下端设屏蔽筒以改善端部电场。下部外壳与高压瓷套可以是统仓结构或隔仓结构。统仓结构是外壳与高压瓷套相通,SF_6 气体从一个充气阀进入后即可充满产品内部。吸附剂和防爆片只需一套。隔仓结构是在外壳顶部装有绝缘子,绝缘子把外壳和高压瓷套隔离开,使气体互不相通,所以需装设两套吸附剂及防爆片,以及其他附设装置,如充气阀、压力表等。

4. 电容式电压互感器

电容式电压互感器结构简单、质量轻、体积小、成本低,而且电压越高效果越显著,此外,分压电容还可以兼作为载波通信的耦合电容。广泛应用于 110～500 kV 中性点直接接地系统中,作电压测量、功率测量、继电防护及载波通信用。其缺点是输出容量小,误差较大时暂态特性不如电磁式电压互感器。

TYD220 系列单柱叠装型电容式电压互感器如图 8.19 所示。电容分压器由上、下节串联组合而成，装在瓷套管中，瓷套管内充满绝缘油；电磁单元装置由装在同一油箱中的中压互感器、补偿电抗器、保护间隙和阻尼器组成，阻尼器由多只釉质线绕电阻并联而成，油箱同时作为互感器的底座：二次接线盒在电磁单元装置侧面，盒内有二次端子接线板及接线标牌。

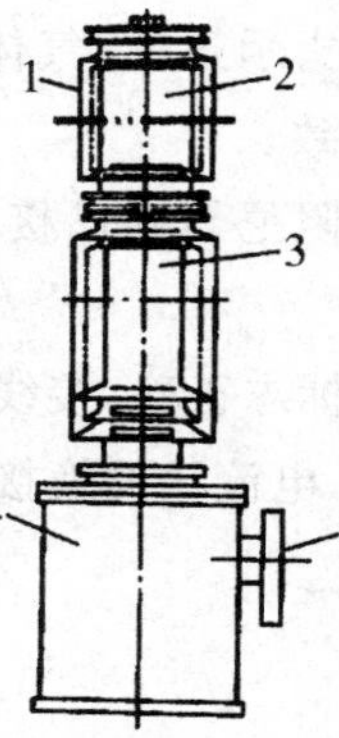

图 8.19　单柱叠装型电容式电压互感器

1—瓷套管；2—上节电容分压器；3—下节电容分压器；4—电磁单元装置；5—二次接线盒

8.2.7　互感器的运行维护

1. 互感器的运行要求

(1) 互感器应有标明基本技术参数的铭牌标志，互感器技术参数必须满足装设地点运行工况的要求。

(2) 互感器应有明显的接地符号标志，接地端子应与设备底座可靠连接，并从底座接地螺栓用两根接地引下线与地网不同点可靠连接。互感器的各个二次绕组(包括备用)均必须有可靠的保护接地，且只允许有一个接地点。

(3) 互感器二次绕组所接负荷应在准确度等级所规定的负荷范围内。

(4) 电压互感器二次侧严禁短路。电流互感器二次侧严禁开路，备用的二次绕组也应短接接地。

(5) 电流互感器允许在设备最高电压下和额定连续热电流下长期运行。

(6) 电压互感器允许在 1.2 倍额定电压下连续运行，中性点有效接地系统中的互感器，允许在 1.3 倍额定电压下运行 30 s；中性点非有效接地系统中的互感器，在系统无自动切除对地故障保护时，允许在 1.9 倍额定电压下运行 8 小时。系统有自动切除对地故障保护时，允许在 1.9 倍额定电压下运行 30 s。

(7) 电压互感器二次回路，除剩余电压绕组和另有专门规定者外，应装设自动(快速)开关或熔断器。

(8) 35 kV 及以上电压等级电磁式油浸式互感器应装设膨胀器或隔膜密封，应有便于观察的油位或油温压力指示器，并有最低和最高限值标志。运行中全密封互感器应保持微正压，充氮密封互感器的压力应正常。互感器应标明绝缘油牌号。

2. 互感器投入运行前的检查

(1) 设备外观完整、无损,等电位连接可靠,均压环安装正确,引线对地距离、保护间隙等均符合规定。

(2) 油浸式互感器无渗漏油,油标指示正常;气体绝缘互感器无漏气,压力指示与制造厂规定相符;三相油位与气压应调整一致。

(3) 电容式电压互感器无渗漏油,阻尼器确已接入,各单元、组件配套安装与出厂编号要求一致。

(4) 金属部件油漆完整,三相相序标志正确,接线端子标志清晰,运行编号完善。

(5) 引线连接可靠,极性关系正确,电流比的换接位置符合运行要求。

(6) 各接地部位接地牢固可靠。

3. 互感器的运行检查和维护

油浸式互感器的检查项目如下。

(1) 设备外观是否完整无损,各部连接是否牢固可靠。

(2) 外绝缘表面是否清洁、有无裂纹及放电现象。

(3) 油色、油位是否正常,膨胀器是否正常。

(4) 吸湿器硅胶是否受潮变色。

(5) 有无渗漏油现象,防爆膜有无破裂。

(6) 有无异常振动、异常音响及异味。

(7) 各部位接地是否良好,注意检查电流互感器末屏连接情况与电压互感器一次绕组N(X)端连接情况。

(8) 电流互感器是否过负荷,引线端子是否过热或出现火花,接头螺栓有无松动现象。

(9) 电压互感器端子箱内熔断器及自动开关等二次元件是否正常。

对于电容式电压互感器,除要检查以上相关项目外,还应注意检查项目如下。

(1) 电容式电压互感器分压电容器各节之间防晕罩连接是否可靠。

(2) 分压电容器低压端子是否与载波回路连接或直接可靠接地。

(3) 电磁单元各部分是否正常,阻尼器是否接入并正常运行。

(4) 分压电容器及电磁单元有无渗漏油。

4. 互感器的投入和退出运行

(1) 电压互感器停用前应注意,按继电保护和自动装置有关规定要求变更运行方式,防止继电保护误动;将二次回路主熔断器或自动开关断开,防止电压反送。

(2) 中性点非有效接地系统发生单相接地或产生谐振时,严禁就地用高压隔离开关或高压熔断器拉、合电压互感器。

(3) 为防止串联谐振过电压烧损电压互感器,不宜使用带断口电容器的断路器投切带电磁式电压互感器的空母线。

(4) 电容式电压互感器投运前,应先检查电磁单元外接阻尼器是否接入,否则严禁投入运行。

(5) 电容式电压互感器断开电源后,在接触电容分压器之前,应对分压电容器单元件逐个接地放电,直至无火花放电声为止,然后可靠接地。

(6) 分别接在两段母线上的电压互感器,二次并列前,应先将一次侧经母联断路器并列运行。

5. 电流互感器的同名端

电流互感器在接线时要注意其端子的极性。在安装和使用电流互感器时,一定要注意端子的极性,否则其二次仪表、继电器中流过的电流就不是预期的电流,可能引起保护的误动作、测量不准确或仪表烧坏。

第9章 过电压及保护装置

9.1 过电压基本知识

在电力系统运行中，经常会由于雷击、雷电感应、故障、操作或系统参数配合不当等原因，使电网中的电压升得很高，这种远远超过正常运行电压的电压值称为过电压。过电压按其产生的原因，可分为外部过电压与内部过电压两大类，电力系统的过电压多为外部过电压。

9.1.1 外部过电压

外部过电压分为直击雷过电压和感应雷过电压两类。

1. 直击雷过电压

雷电是雷云之间或雷云对大地的放电现象，雷云对大地之间的放电称为雷击。雷云对地面上的建筑物、输电线、电气设备或其他物体直接放电，称为直接雷击，简称直击雷。由于直击雷产生过电压极高，可达数百万到数千万伏，电流达几十万安，这样强大的雷电流通过这些物体入地，从而产生破坏性很强的热效应和机械效应，往往引起火灾、人畜伤亡、建筑物倒塌、电气设备的绝缘破坏等。利用避雷针和避雷线，可使各种建筑物输电线路和电气设备免遭直击雷的危害。

2. 感应雷过电压

通常，雷电的静电感应或电磁感应会引起过电压，在建筑物、输电线或电气设备上便会有与雷云电荷异性的电荷，在雷云向其他地方放电后，被束缚的异性电荷形成感应雷过电压。输电线上受到直击雷或感应雷后，电荷沿着输电线进入发电厂或变电所，这种由雷电流形成的电流称为雷电波，直击雷、感应雷及其形成的雷电波均对电气设备的绝缘构成严重威胁。

9.1.2 内部过电压

内部过电压分为暂态过电压和操作过电压两类，其中，暂态过电压包括工频过电压和谐振过电压。

1. 工频过电压

在电力系统中,由于系统的接线方式、设备参数、故障性质及操作方式等因素,通过弱阻尼产生的持续时间长、频率为工频的过电压称为工频过电压或工频电压升高。工频过电压包括输电线路电容效应引起的电压升高、不对称短路时引起正常相上的工频电压升高和甩负荷引起发电机加速而产生的电压升高等。

一般来说,工频过电压对系统中正常绝缘的电气设备是没有危险的,故不需要采取特殊措施来限制工频过电压。但为了防止工频过电压和其他过电压同时出现,而威胁电气设备的绝缘,需采取并联电抗器补偿和速断保护等措施将工频过电压限制在允许范围内。

2. 操作过电压

操作过电压是电力系统中由于断路器操作或事故状态而引起的过电压,它包括开断感性负载(空载变压器、电抗器、电动机等)过电压、开断容性负载(空载线路、电容器组等)过电压、空载线路合闸(或重合闸)过电压、系统解列过电压和中性点不接地系统中的间歇电弧接地过电压等。

操作过电压持续时间较短(小于 0.1 s),过电压数值与电网结构和断路器性能等因素有关,可采用灭弧能力强的断路器,采用带并联电阻的断路器、装设避雷器和在中性点装设消弧线圈等措施,将操作过电压限制在允许范围内。

3. 谐振过电压

电力系统中存在着许多电感和电容元件。当系统进行操作或发生故障时,会出现许多高次谐波,使这些元件可能构成各种振荡回路。在一定能源的作用下,会产生串联谐振现象,导致系统中的某些部分(或元件)出现严重的谐振过电压。谐振过电压的持续时间要比操作过电压长得多(大于 0.1 s),甚至可稳定存在,直到谐振条件破坏为止。

9.2　避雷针及避雷线

为了防止设备受到直接雷击,最常用的措施是装设避雷针或避雷线。避雷针由金属制成,高于被保护物,具有良好的接地装置,其作用是将雷电引向自身并安全地将雷电导入地中,从而保护其附近比它低的设备免受直接雷击。

1. 避雷针

1) 避雷针的结构

避雷针由接闪器(针头)、支撑管,引下线和接地体组成。接闪器是一根针状的镀锌钢管,长 1～2 m、直径 10～25 mm;支撑管由几段不同长度,直径 40～100 mm 钢管或由角钢制成的四棱锥铁塔组成;引下线为直径不小于 8 mm 的圆钢或截面积不小于 200 mm^2 的扁钢,接地体一般可用两根 2.5 m 长的 40 mm×0.4 mm 的角钢打入地中并联焊接后,再与引下线可靠连接。

2）避雷针的保护范围

避雷针的保护范围与避雷针的高度、数日和相互位置有关。单支避雷针的保护范围可以用一个圆锥形状的空间来表示，如图 9.1 所示。避雷针针顶距地面的高度为 h，从针顶向下作 45°的斜线，构成锥形保护空间的上部；45°斜线红 $h/2$ 处转折，与地面上距针底 1.5 h 的圆周处相连，即构成了保护空间的下半部。

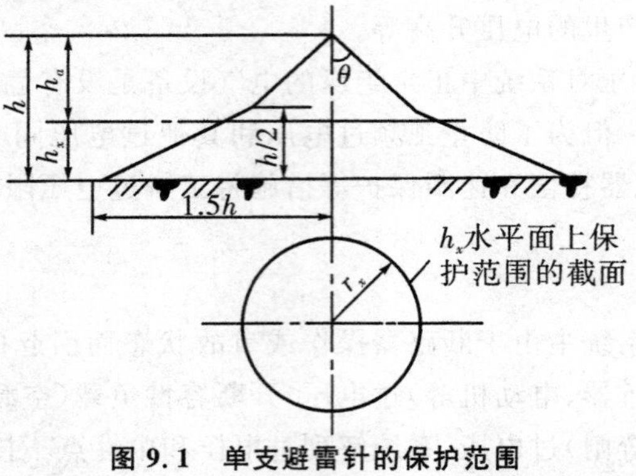

图 9.1　单支避雷针的保护范围

避雷针在地面上的保护半径，$r=1.5h$；当被保护物体高度为 h_x 时，在 h_x 高度水平上保护物体半径 r_x（单位为 m）按下式确定。

当 $h_x \geqslant \frac{h}{2}$ 时，有

$$r_x=(h-h_x)p \tag{9-1}$$

当 $h_x < \frac{h}{2}$ 时，有

$$r_x=(1.5h-2h_x)p \tag{9-2}$$

式中：p——高度影响系数。

当 $h \leqslant 30$ m 时，$p=1$；当 30 m$<h \leqslant 120$ m 时，$p=\frac{5.5}{\sqrt{h}}$；当 $h>120$ m 时，取其等于 120 m。

当需要的保护范围较大时，为了减小避雷针高度，可采用相互间有一定距离的多支避雷针在山地或坡地，应考虑地形、气象及雷电活动的复杂性，因此避雷针的实际保护范围会适当缩小。如图 9.2 所示为两支等高避雷针的联合保护范围。

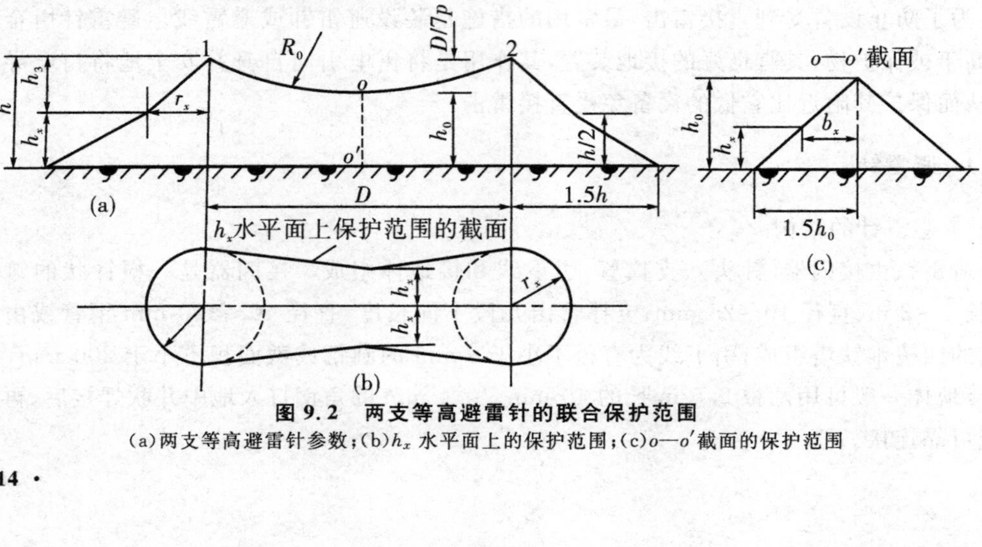

图 9.2　两支等高避雷针的联合保护范围

(a)两支等高避雷针参数；(b)h_x 水平面上的保护范围；(c)$o—o'$截面的保护范围

2. 避雷线

1）避雷线的结构

避雷线又称架空地线，由悬在空中的接地导线、引下线和接地装置组成。避雷线主要用来保护架空输电线，以及某些地形有利的小型水电站和变电所。避雷线的作用原理和避雷针相同，只是保护范围要小些。避雷线一般采用截面不小于 35 mm 镀锌钢绞线，架设在输电线之上，经每个杆塔接地，以利于雷电流入地。

2）避雷线的保护范围

单根避雷线的保护范围如图 9.3 所示。单根避雷线在 h_x 水平面上每侧保护范围的宽度按下式确定

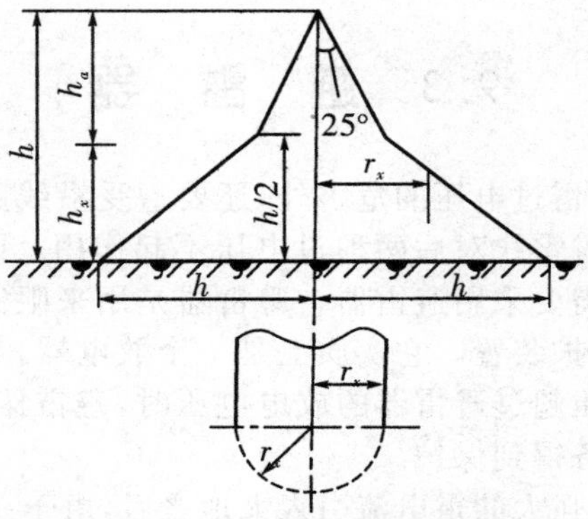

图 9.3　单根避雷针的保护范围

当 $h_x \geqslant \frac{h}{2}$ 时，有

$$r_x = 0.47(h - h_x)p \tag{9-3}$$

当 $h_x < \frac{h}{2}$ 时，有

$$r_x = (h - 1.53h_x)p \tag{9-4}$$

两根平行等高避雷线的保护范围如图 9.4 所示。两根避雷线外侧的保护范围同于单根，两线之间横截面的保护范围由通过两避雷线 1、2 点及保护上部边缘最低点 O 的圆弧确定。O 点的高度按下式计算

$$h_0 = h - \frac{D}{4p} \tag{9-5}$$

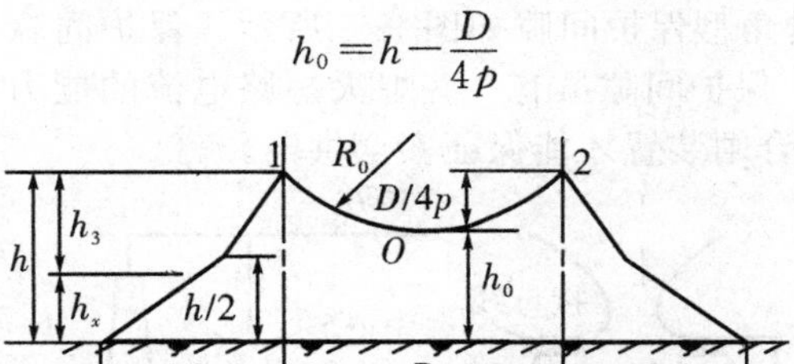

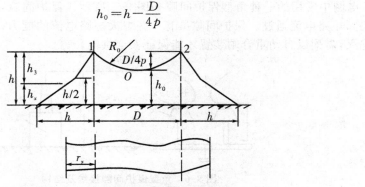

图 9.4　两根平行等高避雷线的保护范围

式中：h_0——两避雷线间保护范围上部边缘最低点高度(m)。

D——两避雷线间距离(m)。

h——避雷线的高度(m)。

避雷线的保护范围是一个狭长的带状区域，所以适合用来保护输电线路，也可用来作为变电站的直击雷保护措施。用避雷线保护线路时，避雷线对外侧导线的屏蔽作用以保护角 α 表示。保护角是指避雷线和外侧导线的连线与避雷线的铅垂线之间的夹角，如图 9.5 所示。保护角越小，保护性能越好。当保护角过大时，雷可能绕过避雷线击在导线上（称为绕击）。要使保护角减小，就要增加杆塔的高度，会使线路造价增加，所以应根据线路的具体情况采用合适的保护角，一般取 10°～25°。

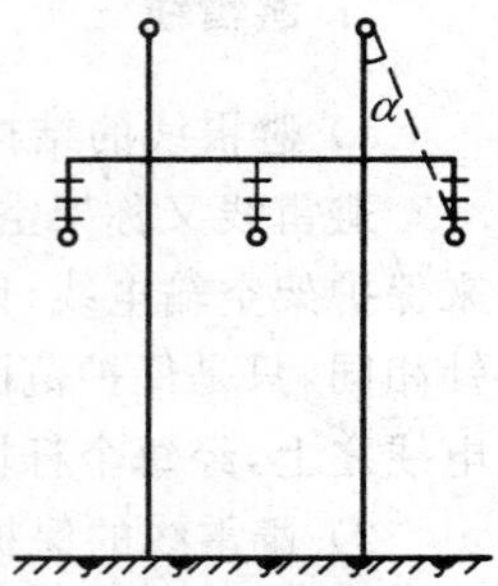

图 9.5　避雷线的保护角

9.3　避　雷　器

电力系统除了遭受直击雷过电压的危害外，还要遭受沿线路传播的感应雷过电压及内部过电压的危害，避雷针和避雷线对后两种过电压不起作用。因此，为了保护电气设备，将过电压限制在允许范围内，需要采用避雷器。避雷器是用来限制线路侵入的雷电过电压或操作过电压的一种过电压保护装置。它实质上是一个放电器，与被保护的电气设备并联连接，当作用在避雷器上的电压超过避雷器的放电电压时，避雷器先放电，从而限制过电压的幅值，使与之并联的电气设备得到保护。

当避雷器动作（放电）将强大的雷电流引入大地之后，由于系统还有工频电压的作用，避雷器中将流过工频短路电流，此电流称为工频续流，通常经电弧放电的形式存在。若工频电弧不能很快熄灭，继电保护装置就会动作，使供电中断。所以，避雷器应在过电压作用过后，能迅速切断工频续流，使电力系统恢复正常运行，避免供电中断。

目前使用的避雷器主要有四种类型：保护间隙、排气式避雷器、阀型避雷器和氧化锌避雷器。保护间隙和排气式避雷器主要用于发电厂、变电站的进线保护段、线路的绝缘弱点、交叉挡或大跨越挡的保护。阀型避雷器和氧化锌避雷用于配电系统、发电厂、变电站的防雷保护。

9.3.1　保护间隙

保护间隙可以看成是一种最简单最原始的避雷器，它与被保护电气设备并联，一旦出现危及电气设备的过电压时，保护间隙就会击穿放电，从而使电气设备得到保护，3 kV、6 kV、10 kV 电网中常用的一种角型保护间隙如图 9.6 所示。保护间隙在过电压下被击穿后，可能有工频短路电流通过。保护间隙虽有一些熄灭短路电流的能力，但一般难以使相间短路电弧熄灭，需配以自动重合闸装置才能保证安全供电。

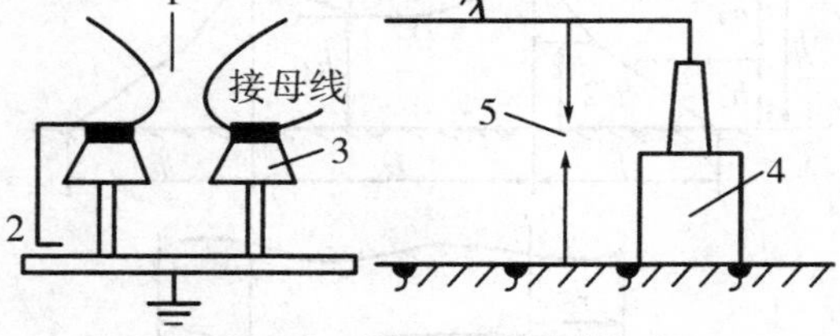

图 9.6　角型保护间隙接线及结构

1—主间隙；2—辅助间隙；3—瓷瓶；4—被保护设备；5—保护间隙

9.3.2　排气式避雷器

排气式避雷器实质上是一个具有较强灭弧能力的保护间隙，其结构如图 9.7 所示。它由装在产气管中的内部间隙（由棒形电极、环形电极构成）和外部间隙构成。外部间隙的作用是使产气管在正常情况下不承受电压，以防止管子表面长时间流过泄漏电流使其损坏。产气管由纤维、塑料或橡胶等产气材料制成。

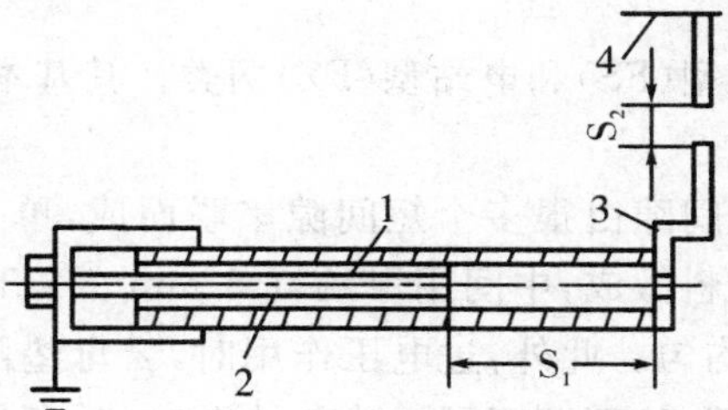

图 9.7　排气式避雷器的结构

1—产气管；2—棒形电极；3—环形电极；4—工作用线；S_1—内部间隙；S_2—外部间隙

排气式避雷器的工作原理如下：在雷电过电压的作用下，避雷器的内外部间隙均被击穿，雷电流通过接地装置流入地中。之后，在系统工频电压作用下，间隙中流过工频短路电流。工频续流电弧的高温使产气管分解出大量气体，由于管内容积很小，管内压力升高，高压气体急速地从环形电极的开口孔猛烈喷出，对电弧产生纵吹作用，使工频续流在第一次过零时被切断，系统恢复正常工作。

为使工频续流电弧熄灭，排气式避雷器必须能产生足够的气体，而产生气体的多少与工频续流的大小以及电弧与产气管的接触面积有关。续流过小，产气不足，不能切断电弧；但若续流过大，产气过多，压力太大会使避雷器爆炸。因此，排气式避雷器有切断电流上下限。避雷器安装地点系统最大短路电流应小于排气式避雷器灭弧电流的上限，最小短路电流应大于排气式避雷器灭弧电流的下限。

排气式避雷器的主要缺点是伏秒特性曲线陡，放电分散性大，与被保护设备的伏秒特性不易配合。避雷器动作后母线直接接地形成截波，对变压器的纵绝缘不利。此外放电特性受大气条件影响较大，故主要用于线路交叉挡和大跨越挡处，以及变电站的进线段保护。

9.3.3　阀型避雷器

阀型避雷器由多个火花间隙和非线性电阻盘（阀片）串联构成，装在瓷套里密封起来。由于采用电场较均匀的火花间隙，其伏秒特性曲线较平坦，放电的分散性较小，能与伏秒特性曲线较平的变压器的绝缘较好配合。

它的工作原理是：当系统正常工作时，间隙将阀片电阻与工作母线隔离，以免由于工作电压在阀片电阻中产生电流使阀片烧坏。当系统中出现雷电过电压且其峰值超过间隙的放电电压时，火花间隙迅速击穿，雷电流通过阀片流入大地，从而使作用于设备上的电压幅值受到限制。当过电压消失后，间隙中将流过工频续流，由于受到阀片电阻的非线性特性的限制，工频续流远远小于冲击电流，使间隙能在工频续流第一次经过零值时将电流切断，使系统恢复正常工作。

雷电流流过阀片电阻时，在其上会产生一压降，此压降的最大值称为残压，残压会作用在与避雷器并联的被保护设备的绝缘上，所以应尽量限制残压。被保护设备的冲击耐压值必须高于避雷器的冲击放电电压和残压，其绝缘才不会被损坏。若能降低避雷器的这两项参数，则设备的冲击耐压值也可相应下降。

阀型避雷器分为普通型和磁吹型两类。

1. 普通阀型避雷器

普通阀型避雷器有配电型(FS)和电站型(FZ)两类。其基本结构如下。

1) 火花间隙

普通阀型避雷器的火花间隙由很多个短间隙串联而成，单个火花间隙的结构如图 9.8 所示。间隙的电极用黄铜材料做成，中间用厚约 0.5 mm 的云母垫圈隔开。因间隙工作面处距离很小，间隙电场近似均匀。此外，过电压作用时，云母垫圈与电极之间的间隙中先发生电晕，对间隙产生照射作用，从而缩短了间隙的放电时间，所以间隙具有比较平坦的伏秒特性，放电的分散性也很小，其冲击系数近似等于 1。单个间隙的工频放电电压约为2.7～3.0 kV(有效值)，在没有热电子发射的情况下，单个间隙的初始恢复强度可达 250 V 左右。250 V 是续流为正弦波时的耐压值，由于阀型避雷器的电阻阀片是非线性的，其续流的波形为尖顶波，因此电流过零前的一段时间内电流值很小，电流过零时弧隙中的游离状态已大为减弱，所以单个间隙的初始恢复强度可达 700 V 左右。串联的间隙越多，总的恢复强度越大。所以根据需要，可将多个单个间隙串联起来，以得到很高的初始耐压值，防止续流过零后电弧重燃，达到切断续流的目的。

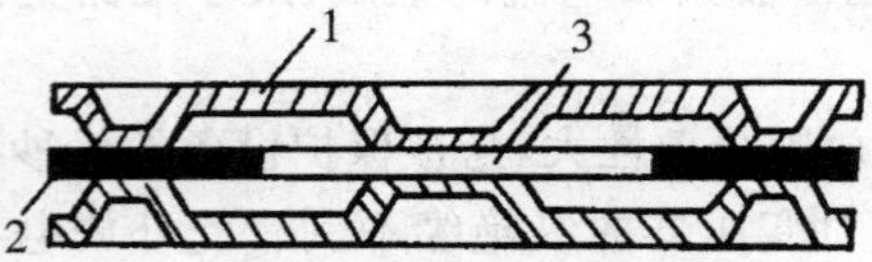

图 9.8　普通阀型避雷器单个火花间隙

1—黄铜电极；2—云母垫圈；3—工作间隙

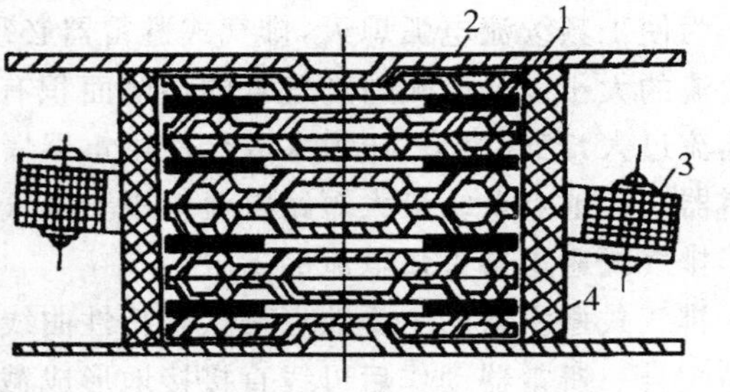

图 9.9　标准火花间隙组

1—单个火花间隙；2—黄铜盖板；3—分路电阻；4—瓷套筒

标准火花间隙组一般由几个单个火花间隙组成，如图 9.9 所示。根据需要把若干个标准火花间隙组串联在一起，就构成全部火花间隙。避雷器动作后，工频续流电弧被间隙的电极分割成许多个短弧，靠极板上复合与散热作用，去游离程度较高，更易于切断工频续流。

当多个间隙串联使用时，存在一个问题，就是电压分布不均匀和不稳定，即一些间隙上承受的电压高，而另一些间隙上的电压较低。这样，将使避雷器的灭弧能力降低，工频放电电压也下降和不稳定。引起电压分布不均匀的原因是多个间隙串联后将形成一个等值电容链，各个间隙的电极对地及对高压端有寄生电容存在，使得沿串联间隙上通过的电流不相等，因而沿串联间隙上的电压分布也不相等。为了解决这个问题，对 FZ 系列避雷器可采用分路电阻使电压分布均匀。

在工频电压作用下，由于间隙的等值容抗大于分路电阻，所以流过分路电阻中的电流比流过间隙中的电容电流大，电压分布主要取决于并联电阻值，只要电阻选取合适，可使电压分布得以改善。在冲击电压作用下，由于其等值频率很高，间隙上的电压分布主要由电容决定，仍不均匀。因此，对多间隙的高压避雷器，其冲击放电电压反而会小于工频放电电压，其冲击系数 β 常小于 1。串联的间隙越多，冲击放电电压与工频放电电压之差越大。

采用分路电阻均压后，在系统工作电压作用下，分路电阻中将长期有电流流过。因此分路电阻应有足够大的电阻值和热容量，通常采用以碳化硅（SiC）为主要材料的非线性电阻。

2）阀片电阻

为了有较好的保护效果，在一定幅值（如普通阀型避雷器为 5 kA）、一定确定波形（10/20 μs）的雷电流流过阀片电阻时，产生的最大压降（残压）越小越好，即电阻的阻值越小越好。另一方面，为可靠地熄弧，必须限制续流的大小，希望在工频电压作用下流过间隙及阀片的续流不超过规定值（FS 系列为 50 A，FZ 系列为 80 A），即此时电阻要有足够的数值。由此可见，只有电阻值随电流大小而变化的非线性电阻才能同时满足上述两个要求。

避雷器中所用的非线性电阻通常称为阀片电阻，是由碳化硅（SiC）加黏合剂在 300～350 ℃的温度下烧制而成的圆饼形电阻片，将若干个阀片叠加起来就组成工作电阻。阀片的电阻值与流过电流的大小有关，呈非线性变化。电流越大时电阻越小，电流越小时电阻越大。阀片电阻的伏安特性曲线如图 9.10 所示，其表达式为

$$u=Ci^{\alpha} \tag{9-6}$$

式中：C——常数，等于阀片上流过 1 A 电流时的压降，与阀片的材料和尺寸有关；

α——阀片的非线性系数（$0<\alpha<1$），其值与阀片的材料有关，α 越小，则材料的非线性越好。

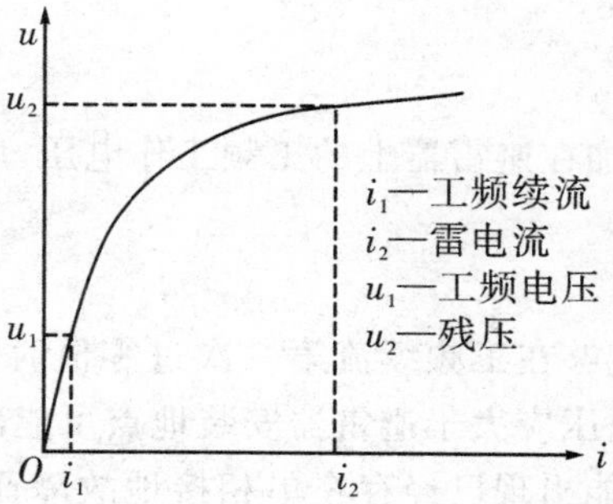

图 9.10　阀片的静态伏安特性曲线

由于阀片电阻的非线性，使间隙在冲击放电瞬间因通过的冲击电流值较小而呈现较高的阻值，放电瞬间的压降较大，故减小了截断波电压值。当电流增大时，阀片呈现较低的阻值，使避雷器上电压降低，增加了避雷器的保护效果。在工频电压作用下，阀片呈现极高的阻值将续流限制的较小，从而使间隙能够在工频续流第一次过零时将电弧切断。

2. 磁吹阀型避雷器

为进一步提高阀型避雷器的保护性能，在普通阀型避雷器的基础上发展了一种新的带磁吹间隙的阀型避雷器，简称磁吹避雷器。其结构和工作原理与普通阀型避雷器的相似，主要区别在于采用了灭弧能力较强的磁吹火花间隙和通流能力较大的高温阀片电阻。

磁吹避雷器的火花间隙是利用磁场对电弧的电动力作用，使电弧拉长或旋转，以增强弧

柱中的去游离作用,从而大大提高间隙的灭弧能力。

目前采用的将电弧拉长的磁吹间隙结构如图 9.11 所示。这种磁吹间隙能切断 450 A 左右的工频续流。由于电弧被拉得很长,且处于去游离很强的灭弧栅中,故电弧电阻很大,可起到限制续流的作用,因而这种间隙又称为限流间隙。当采用这种限流间隙后,可减少阀片数目,使避雷器的残压降低。

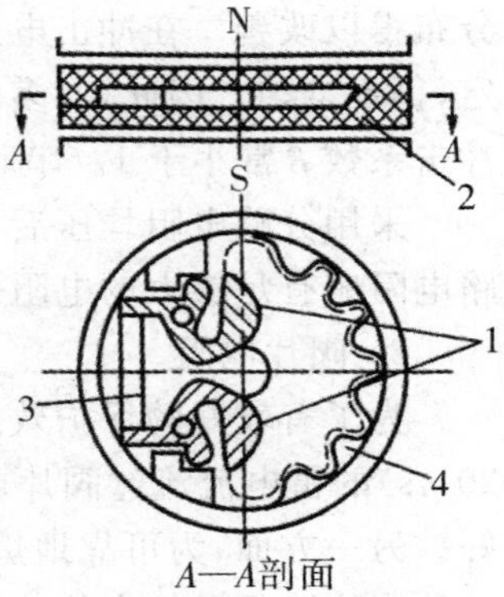

图 9.11　限流间隙

1—角状电极;2—灭弧盒;
3—并联电阻;4—灭弧栅

磁场由与主间隙串联的磁吹线圈产生,当雷电流通过磁吹线圈时,在线圈感抗上出现较大的压降,这样会增大避雷器的残压,使避雷器的保护性能变坏。为此,在磁吹线圈两端并联以辅助间隙;在冲击过电压作用下,线圈两端的压降会使辅助间隙击穿,则放电电流经过辅助间隙、主间隙和阀片电阻流入大地,这样不致使避雷器的残压增大。而当工频续流流过时,磁吹线圈的压降较低,不足以维持辅助间隙放电,电流很快转入线圈中,并发挥磁吹作用。

磁吹避雷器所采用的阀片电阻也是以碳化硅(SiC)为主要原料加黏合剂在 1350 ℃～1390 ℃的高温下焙烧制成的,所以称高温阀片。其通流容量较大,能通过 20/40 μs、10 kA 的冲击电流和 2000 μs、800～1000 A 的方波电流各 20 次。不易受潮,但非线性系数较高($\alpha \approx 0.24$)。

磁吹避雷器有保护旋转电机用的 FCD 型及电站用的 FCZ 型两种。

3. 阀型避雷器的电气参数

1) 额定电压

额定电压指正常运行时,加在避雷器上的工频工作电压,应与其安装地点的电力系统的电压等级相同。

2) 灭弧电压

灭弧电压指保证避雷器能够在工频续流第一次过零值时灭弧的条件下,允许加在避雷器上的最高工频电压。灭弧电压应大于避雷器安装地点可能出现的最大工频电压。

据实际运行经验,系统可能出现已经存在单相接地故障而非故障相的避雷器又发生放电的情况。因此,单相接地故障时非故障相的电压升高,就成为可能出现的最高工频电压,避雷器应保证在这种情况下可靠熄弧。在中性点直接接地系统中,发生单相接地故障时非故障相的电压可达系统最大工作线电压的 80%;在中性点不接地系统和经消弧线圈接地的系统分别可达系统最大工作线电压的 110%和 100%。所以对 110 kV 及以上的中性点直接接地系统的避雷器,其灭弧电压规定为系统最大工作线电压的 80%,对 35 kV 及以下的中性点不接地系统和经消弧线圈接地系统的避雷器,其灭弧电压分别取系统最大工作线电压的 110%和 100%。

3) 工频放电电压

工频放电电压指在工频电压作用下,避雷器将发生放电的电压值。由于间隙的击穿电压具有分散性,工频放电电压都是给出上限值和下限值。作用在避雷器上的工频电压超过下限值时,避雷器将会击穿放电。由于普通阀型避雷器的灭弧能力和通流容量都是有限的,一般不允许它们在内过电压作用下动作，因此通常规定其工频放电电压的下限应不低于该系统可能出现的内过电压值。

4) 冲击放电电压

冲击放电电压指在冲击电压作用下避雷器的放电电压(幅值)，通常给出的是上限值。对额定电压为 220 kV 及以下的避雷器，指的是在标准雷电冲击波下的放电电压(幅值)的上限。对于 330 kV 及以上的超高压避雷器，除了雷电冲击放电电压外，还包括在标准操作冲击波下的冲击放电电压值。

5) 残压

残压指雷电流通过避雷器时，在阀片电阻上产生的电压降(峰值)。残压的大小与通过的雷电流的幅值有关，我国标准规定，通过避雷器的额定雷电冲击电流，220 kV 及以下系统取 5 kA，330 kV 及以上系统取 10 kA，波形为 8/20 μs。

避雷器的残压和冲击放电电压决定了避雷器的保护水平。为了降低被保护设备的冲击绝缘水平，必须同时降低避雷器的残压和冲击放电电压。

6) 评价避雷器整体保护性能的技术指标

(1) 冲击系数。

冲击系数指避雷器冲击放电电压与工频放电电压幅值之比，与避雷器的结构有关。一般希望冲击系数接近于 1，这样避雷器的伏秒特性曲线就比较平坦，有利于绝缘配合。

(2) 切断比。

切断比等于避雷器的工频放电电压(下限)与灭弧电压之比，是表示间隙灭弧能力的一个技术指标。切断比越小，说明绝缘强度的恢复越快，灭弧能力越强。一般普通阀型避雷器的切断比为 1.8，磁吹避雷器的切断比为 1.4。

(3) 保护比。

保护比等于避雷器的残压与灭弧电压之比。保护比越小，说明残压越低或灭弧电压越高，因而保护性能越好。FS 和 FZ 系列的保护比分别为 2.5 和 2.3 左右，而 FCZ 系列为 1.7～1.8。

9.3.4　氧化锌避雷器

1. 氧化锌阀片

20 世纪 70 年代出现的氧化锌避雷器是一种全新的避雷器，其核心元件是氧化锌(ZnO)阀片，它是以氧化锌为主要材料，掺以多种微量金属氧化物，如氧化铋(Bi_2O_2)、氧化钴(CO_2O_3)、氧化锰(MnO_2)、氧化锑(Sb_2O_3)、氧化铬(Cr_2O_3)等，经过成型、烧结、表面处理等工艺过程而制成。

与由碳化硅(SiC)阀片和串联间隙构成的传统避雷器相比，氧化锌无间隙避雷器具有下述优点。

(1) 保护性能优越。由于氧化锌阀片具有优异的伏安特性，进一步降低其保护水平和被保护设备绝缘水平的潜力很大，特别是它没有火花间隙，所以不存在放电延时，具有很好的波陡响应特性。

(2) 无续流，动作负载轻，耐重复动作能力强。在工作电压下流过的电流极小，为 μA 级，实际上可视为无续流。所以在雷击或操作过电压作用下，只需吸收过电流能量，不需吸收续流能量。氧化锌避雷器在大电流长时间重复动作的冲击作用下，特性稳定，所以具有耐受多重雷电流和重复动作的操作冲击过电压的能力。

(3) 通流容量大。氧化锌阀片单位面积的通流能力为碳化硅阀片的 4～5 倍，而且很容易采用多柱阀片并联以进一步增大通流容量。通流容量大的优点使得氧化锌避雷器完全可以用来限制操作过电压，也可以耐受一定持续时间的暂时过电压。

(4) 耐污性能好。由于没有串联间隙，因而可避免因瓷套表面不均匀污染使串联火花间隙放电电压不稳定的问题，所以易于制造防污型和带电清洗型避雷器。

(5) 适于大批量生产，造价低廉。由于省去了串联火花间隙，所以结构简单，元件单一通用，特别适合大规模自动化生产。此外，氧化锌阀片还具有尺寸小、重量轻、造价低廉等优点。

2. 氧化锌避雷器的基本电气参数

氧化锌避雷器与碳化硅避雷器的技术特性有许多不同点，其参数及含义如下。

1) 额定电压

额定电压是避雷器两端之间允许施加的最大工频电压有效值。即在系统短时工频过电压直接加在氧化锌阀片上时，避雷器仍能正常地工作(允许吸收规定的雷电及操作过电压能量，特性基本不变，不发生热崩溃)。它相当于碳化硅(SiC)避雷器的灭弧电压，但含义不同，它是与热负载有关的量，是决定避雷器各种特性的基准参数。

2) 最大持续运行电压

最大持续运行电压是允许持续加在避雷器两端的最大工频电压有效值。避雷器吸收过电压能量后温度升高，在此电压下能正常冷却，不发生热击穿。它一般应等于系统最大工作相电压。

3) 起始动作电压(或参考电压)

它是指避雷器通过 1 mA 工频电流峰值或直流电流时其两端之间的工频电压峰值或直流电压，通常用 $U_{1\ mA}$ 表示，也称为转折电压。从这一电压开始，认为避雷器已进入限制过电压的工作范围。

4) 残压

残压指放电电流通过氧化锌阀片时，其两端之间出现的电压峰值。

3. 评价氧化锌避雷器性能优劣的指标

1) 保护水平

氧化锌避雷器的雷电保护水平为雷电冲击残压或陡波冲击残压除以 1.15 中的较大者；操作冲击保护水平等于操作冲击残压。

2) 压比

压比指氧化锌避雷器通过波形为 8/20 μs 的标称冲击放电电流时的残压与起始动作电压的比值。例如，10 kA 下的压比为 $U_{10\ kA}/U_{1\ mA}$。压比越小，表示非线性越好，通过冲击大电流时的残压越低，避雷器的保护性能越好。

3) 荷电率

它表征单位电阻阀片上的电压负荷，是氧化锌避雷器的持续运行电压峰值与起始动作电压之比。荷电率越高说明避雷器稳定性越好，耐老化性能好，能在靠近“转折点”长期工作。

4）保护比

氧化锌避雷器的保护比定义为标称放电电流下的残压与最大持续运行电压峰值的比值或压比与荷电率之比，即

$$保护比=\frac{标称放电电流下的残压}{最大持续运行电压(峰值)}=\frac{压比}{荷电率}$$

因此，降低压比或提高荷电率可降低氧化锌避雷器的保护比。

目前生产的氧化锌避雷器在电压等级较低时大部分是采用无间隙的结构。对于超高电压或需大幅度降低压比时，则采用并联或串联间隙的方法。为了降低大电流时的残压而又不加大阀片在正常运行中的电压负担，以减轻氧化锌阀片的老化，往往也采用并联或串联间隙的方法。

4. 氧化锌避雷器的主要优点

(1) 氧化锌避雷器由于不用串联火花间隙，因此其结构简单、体积小，并且完全避免了由于污秽、气压变化等造成的串联火花间隙放电电压不稳定的缺点，使其动作可靠性高。

(2) 波陡响应特性好。不存在因间隙的伏秒特性曲线陡峭而不易与被保护设备配合的问题。

(3) 可承受多重雷击。由于没有工频续流问题所以冲击波过后，通过阀片的能量大为减少，再次“导通”也毫无问题。

(4) 可降低电气设备所承受的过电压。由于碳化硅(SiC)避雷器只有在火花间隙击穿后才有电流泄放，而氧化锌避雷器在整个过电压作用过程中都有电流流过，因此它降低了加在被保护电气设备上的过电压幅值。

(5) 通流容量大。氧化锌避雷器的通流能力很强(必要时还可并联两柱或三柱阀片)，因此可以用来限制内部过电压。

(6) 易于制成直流避雷器。由于氧化锌避雷器无间隙，也无灭弧问题，所以恢复到绝缘状态不需电流自然过零，只要电压下降到截止电压以下就可以。

(7) 氧化锌避雷器是 SF_6 组合电器中的理想保护设备。它不存在因 SF_6 气压变化引起避雷器动作电压改变和间隙电弧引起材料化学分解的问题。

由于氧化锌避雷器有上述优点，因而发展潜力很大，是避雷器发展的主要方向，正在逐步取代传统的带间隙的碳化硅(SiC)避雷器。

9.4 接地装置

埋入地下与土壤有良好接触的金属导体称为接地体，连接接地体和电气装置接地部分的导线称为接地线。接地装置是接地体和接地线的总称，其作用是减小接地电阻，以降低雷电通过时避雷针(线)或避雷器上的过电压。输配电系统中出于正常运行和人身安全等考虑，也要求装设接地装置以减小接地电阻。

9.4.1 接地和接地电阻

电位的高低是相对而言的，工程上需以零电位为参考点。考虑到大地是个导体，当其中

没有电流流过时是等电位的，所以通常认为大地具有零电位，把它取做电位的参考点。如果地面上的金属物体与大地牢固连接，在没有电流流过时，金属物体与大地之间没有电位差，该物体就具有了大地的电位——零电位，这就是接地的含义。即接地就是指将地面上的金属物体或电气回路中的某一节点通过导体与大地相连，使该物体或节点与大地保持等电位。

实际上，大地并不是理想导体，它具有一定的电阻率，有电流流过时，大地则不再保持等电位。从地面上被强制流进大地的电流总是从一点注入的，但进入大地以后则以电流场的形式向四周扩散，则大地中呈现相应的电场分布，如图 9.12 所示。设土壤电阻率为 ρ，地中某点电流密度为 δ，则该点电场强度 $E=\rho\delta$。离电流注入点越远，地中电流密度越小，电场强度就越弱。因此可以认为在相当远(或者称为无穷远)处，地中电流密度已接近零，电场强度也接近零，该处仍保持零电位。由此可见，当接地点有电流流入大地时，该点相对于远处的零电位来说，具有确定的电位升高。图 9.12 中曲线 $U=f(r)$ 表示地表面的电位分布情况。

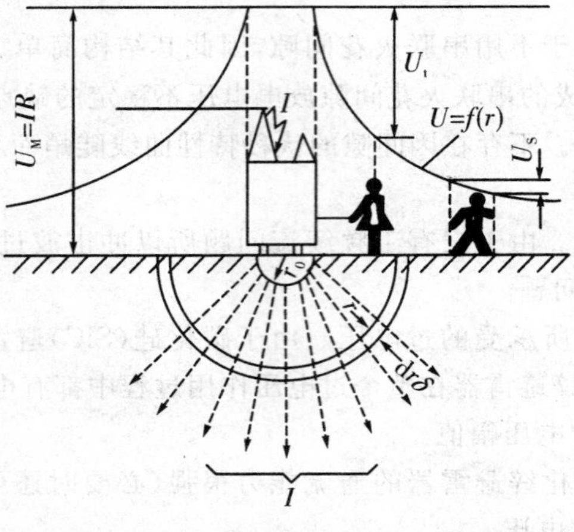

图 9.12　接地装置原理图

U_M—接地点电位；I—接地电流；U_t—接触电压；U_s—跨步电压；

$U=f(r)$—大地表面的电位分布曲线；δ—地中电流密度

接地装置的接地电阻 R 等于接地点处的电位 U_M 与接地电流 I 的比值。当接地电流 I 为定值时，接地电阻越小，则电位 U_M 越低，反之越高。此时地面上的接地物体也具有了电位 U_M，可能会危及电气设备的绝缘以及人身安全。所以应尽可能地降低接地电阻。

9.4.2　接地装置的类型

电力系统中，各种电气设备的接地可分为工作接地、保护接地和防雷接地三种类型。

1. 工作接地

工作接地是为了保证电力系统正常运行所需要的接地。例如，系统中性点的接地，其作用是稳定电网的对地电位，以降低电气设备的绝缘水平。工作接地的接地电阻一般为 0.5～5 Ω。

2. 保护接地

保护接地是为了保证人身安全，防止因设备绝缘损坏引发触电事故而采取的将高压电气设备的金属外壳接地。其作用是保证金属外壳经常固定为地电位，当设备绝缘损坏而使外壳带电时，不致于有危险的电位升高而造成人员触电事故。不过还要防止接触电压和跨步电压引起的触电事故。在正常情况下，接地点没有电流入地，金属外壳保持地电位，但当设备发生接地故障有电流通过接地体流入大地时，与接地点相连的设备金属外壳和附近地面的电位都会升高，有可能威胁到人身的安全。

接触电压是指人所站立的地点与接地设备之间的电位差，如图 9.12 中的 U_t。人的两脚着地点之间的电位差称为跨步电压（取跨距为 0.8 m），如图 9.12 中的 U_s。这些都有可能使通过人体的电流超过危险值（一般规定为 10 mA），减小接地电阻或改进接地装置的结构形状可以降低接触电压和跨步电压，高压设备要求保护接地电阻值为 1～10 Ω。

3. 防雷接地

防雷接地是针对防雷保护装置的需要而设置的接地。其作用是使雷电流顺利入地，减小雷电流通过时的电位升高。

对工作接地和保护接地来说，接地电阻是指工频或直流电流流过时的接地电阻，称为工频（或直流）接地电阻；当接地装置上流过雷电冲击电流时，所呈现的电阻称为冲击接地电阻（指接地体上的冲击电压幅值与冲击电流幅值之比）。雷电冲击电流与工频接地短路电流相比，具有幅值大、等值频率高的特点。

雷电流的幅值大，会使地中电流密度 δ 增大，因而提高了地中的电场强度（$E=\rho\delta$），当 E 超过一定值时，在接地体周围的土壤中会发生局部火花放电。火花放电使土壤电导增大，接地装置周围像被良好导电物质包围，相当于接地电极的尺寸加大，于是使接地电阻减小。当 ρ、δ 越大时，E 也越大，土壤中火花放电也越强烈，冲击接地电阻值降低的也越多。这一现象称为火花效应。

此外，雷电流的等值频率高，会使接地体本身呈现明显的电感作用，阻碍雷电流流向接地体的远端，结果使接地体不能被充分利用，则冲击接地电阻大于工频接地电阻。这一现象称为电感效应。对于伸长接地体这种效应更显著。

9.4.3　工程实用的接地装置

工程实用的接地体主要由扁钢、圆钢或钢管组成，埋于地表面下 0.5～1 m 处。水平接地体多用扁钢，宽度一般为 20～40 mm，厚度不小于 4 mm；或者用直径不小于 6 mm 的圆钢。垂直接地体一般用 20 mm×20 mm×3 mm～50 mm×50 mm×5 mm 的角钢或钢管，长度约取 2.5 m。根据敷设地点不同，又分为输电线路接地和发电厂及变电站接地。

1. 典型接地体的接地电阻

（1）垂直接地体。其接地电阻为

$$R=\frac{\rho}{2\pi l}\left(\ln\frac{8l}{d}-1\right) \tag{9-7}$$

式中：l——垂直接地体长度（m）；

d——接地体直径（m）。

单个垂直接地体如图 9.13 所示。为了得到较小的接地电阻，接地装置往往由多个单一接地体并联组成，称为复式接地装置。在复式接地装置中，由于各接地体之间相互屏蔽的效应，以及各接地体与连接用的水平电极之间相互屏蔽的影响，使接地体的利用情况不理想。三个垂直接地体的屏蔽效应如图 9.14 所示。

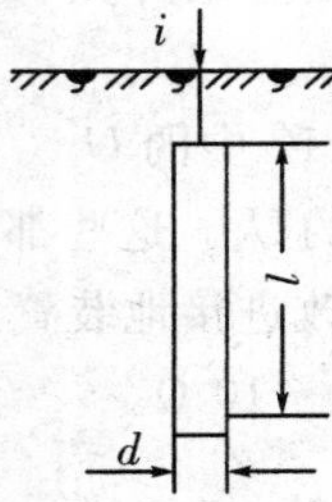

图 9.13　单个垂直接地体

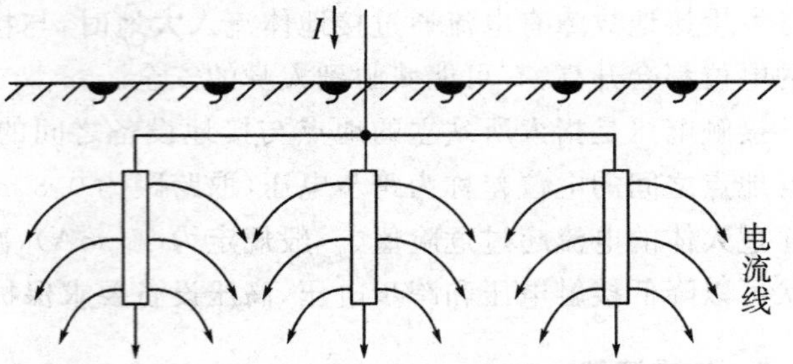

图 9.14　三个垂直接地体的屏蔽效应

故总的接地 R_Σ 要比 R/n 略大，为 $R_\Sigma=\frac{R}{\eta n}$，$\eta$ 为利用系数，表示由于电流相互屏蔽而使接地体不能充分利用的程度，且 η 值的大小与流经接地体的电流是工频或是冲击电流有关。

(2)水平接地体。其电阻值为

$$R=\frac{\rho}{2\pi l}\left(\ln\frac{L^2}{dh}+A\right) \tag{9-8}$$

式中：L——水平接地体的总长度(m)；

h——水平接地体埋设深度(m)；

A——因受屏蔽影响使接地电阻增加的系数。其值见表 9.1。

表 9.1　水平接地体屏蔽系数 A

接地体形式	—	┐	⅄	○	+	□	✳	✳
屏蔽系数 A	−0.6	−0.18	0	0.48	0.89	1	3.03	5.65

2. 输电线路物防雷接地

高压输电线路在每一基杆下都设有接地体，并通过引线与避雷线相连，其目的是使雷电流通过较低的接地电阻入地。

高压线路杆塔都有混凝土基础，它也起着接地体的作用(称为自然接地体)。一般情况下，自然接地电阻是不能满足要求的，需要装设人工接地装置。

3. 发电厂和变电站的接地

发电厂和变电站内有大量的重要设备，因此需要良好的接地装置，以满足工作、安全和防雷的要求。一般的做法是根据安全和工作接地的要求敷设一个统一的接地网，然后再在避雷针和避雷器安装处增加辅助接地体以满足防雷接地的要求。

接地网由扁钢水平连接，埋入地下 0.6～0.8 m 处，其面积大体与发电厂和变电站的面积相同。接地网一般做成网孔形，如图 9.15 所示，其目的主要在于均压，接地网中的两水平接地地带的间距约 3～10 m，应按接触电压和跨步电压的要求确定。

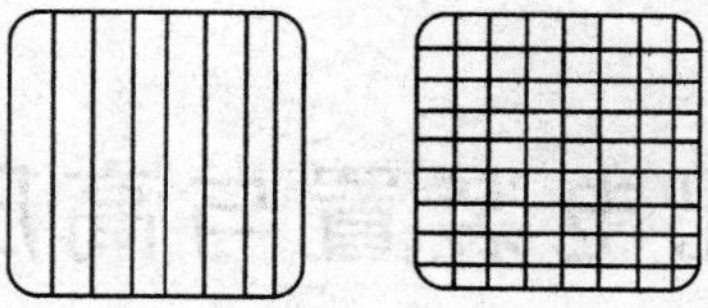

(a)　　　　(b)

图 9.15　接地网示意图

(a)长孔；(b)方孔

接地网的总接地电阻 R 可按下式估算

$$R=\frac{0.44\rho}{\sqrt{S}}+\frac{\rho}{L}\approx 0.5\frac{\rho}{\sqrt{S}} \tag{9-9}$$

式中：L——接地体(包括水平接地体与垂直接地体)的总长度(m)；

ρ——土壤电阻率(Ω·m)；

S——接地网的总面积(m^2)。

发电厂和变电站的工频接地电阻值一般在 0.5～5 Ω 的范围内，这主要是为了满足工作接地及安全接地的要求。

第10章 配电装置与高压开关柜

10.1 配电装置

10.1.1 配电装置的概念与技术要求

根据电气主接线的接线方式，由开关设备、母线装置、保护和测量电器、必要的辅助设备等构成，按照一定技术要求建造而成的特殊电工建筑物，称为配电装置。

配电装置的作用是正常运行时进行电能的传输和再分配，故障情况下迅速切除故障部分恢复运行。对电力系统运行方式的改变以及对线路、设备的操作都在其中进行。因此，配电装置是发电厂和变电站用来接受和分配电能的重要组成部分。

配电装置的形式，除与电气主接线及电气设备有密切关系外，还与周围环境、地形、地貌以及施工、检修条件、运行经验和习惯有关。随着电力技术的不断发展，配电装置的布置情况也在不断更新。

配电装置的类型很多，大致可分为以下几类。

(1) 按安装地点分类，配电装置可分为屋内配电装置和屋外配电装置。

(2) 按组装方式分类，配电装置可分为装配式配电装置和成套式配电装置。

(3) 按电压等级分类，配电装置可分为低压配电装置(1 kV 以下)、高压配电装置(1～220 kV)、超高压配电装置(330～750 kV)、特高压配电装置(1000 kV 以上)。

配电装置的设计和建造，应认真贯彻国家的技术经济政策和有关规程的要求，同时应满足以下几个基本要求。

(1) 安全。设备布置合理清晰，采取必要的保护措施，如设置遮拦和安全出口、防爆隔墙、设备外壳底座等保护接地。

(2) 可靠。设备选择合理、故障率低、影响范围小，满足对设备和人身的安全距离。

(3) 方便。设备布置便于集中操作，便于检修、巡视。

(4) 经济。在保证技术要求的前提下，合理布置、节省用地、节省材料、减少投资。

(5) 发展。预留备用间隔、备用容量，便于扩建和安装。

10.1.2 配电装置的有关术语

1. 安全净距

为了满足配电装置运行和检修的需要，各带电设备应相隔一定的距离，这距离称为安全净距。配电装置各部分之间，为确保人身和设备的安全所必需的最小电气距离，称为安全净距。

《高压配电装置设计技术规程》(DL/T 5352—2006)规定了屋内、屋外配电装置各有关部分之间的最小安全净距，这些距离可分为 A、B、C、D、E 五类，如图 10.1、图 10.2 和表 10.1、表 10.2 所示。

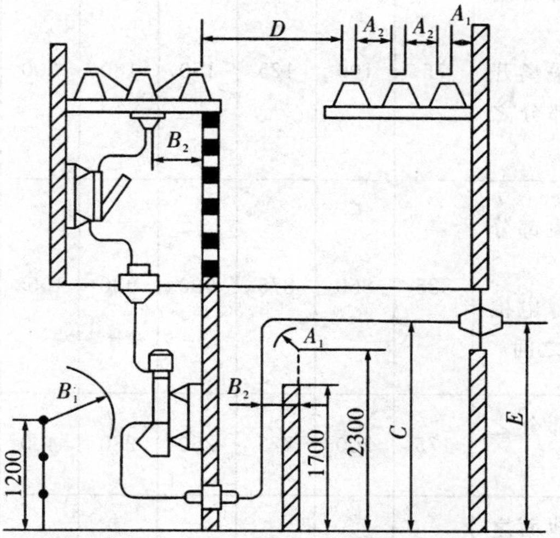

图 10.1 屋内配电装置安全净距

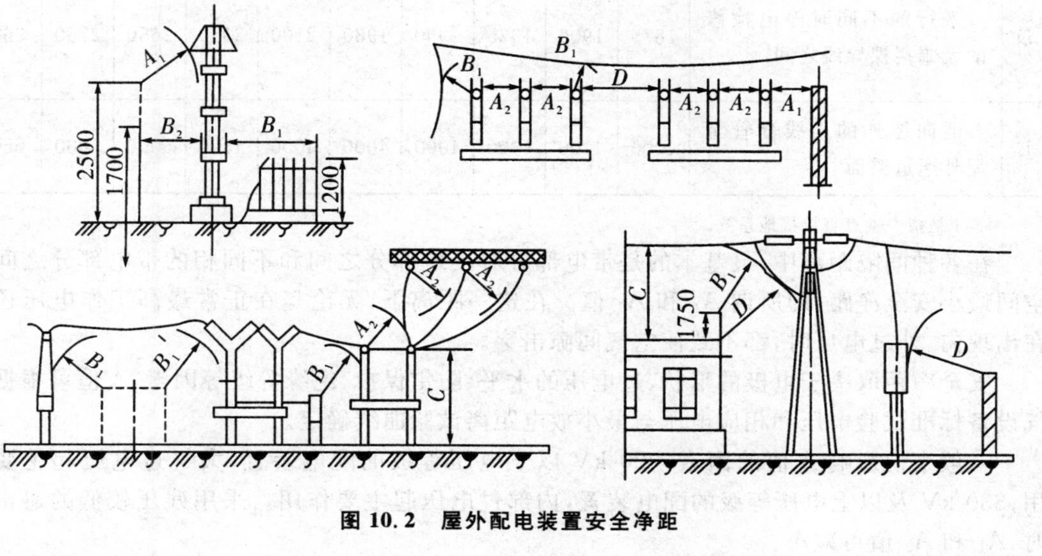

图 10.2 屋外配电装置安全净距

表 10.1　屋内配电装置的安全净距

符号	适用范围	额定电压/kV 安全净距/mm 3	6	10	15	20	35	60	110J	110	220J
A_1	(1)带电部分至接地部分之间； (2)网状和板状遮拦向上延伸线距离地 2.3 m，与遮拦上方带电部分之间	75	100	125	150	180	300	550	850	950	1800
A_2	(1)不同相的带电部分之间； (2)断路器和高压隔离开关的断口两侧带电部分之间	75	100	125	150	180	300	500	900	1000	2000
B_1	(1)栅状遮拦至带电部分之间； (2)交叉的不同时停电检修的无遮拦带电部分之间	825	850	875	900	930	1050	1300	1600	1700	2550
B_2	网状遮拦至带电部分之间	175	200	225	250	280	400	650	950	1050	1900
C	无遮拦裸导线至地面之间	2500	2500	2500	2500	2500	2600	2850	3150	3250	4100
D	平行的不同时停电检修的无遮拦裸导线之间	1875	1900	1925	1950	1980	2100	2350	2650	2750	3600
E	通向屋外的出线套管至屋外通道路面	4000	4000	4000	4000	4000	4000	4500	5000	5000	5500

注：J 是指中性点直接接地系统。

在各种间隔距离中，最基本的是带电部分对接地部分之间和不同相的带电部分之间的空间最小安全净距，即所谓 A_1 和 A_2 值。在这一距离下，无论是在正常最高工作电压还是在出现内、外过电压时，都不致使空气间隙击穿。

安全净距取决于电极的形状、过电压的水平、防雷保护、绝缘等级等因素，A 值可根据电气设备标准试验电压和相应电压与最小放电距离试验曲线确定。

一般来说影响 A 值的因素，220 kV 以下电压等级的配电装置，大气过电压起主要作用；330 kV 及以上电压等级的配电装置，内部过电压起主要作用。采用残压较低的避雷器时，A_1 和 A_2 值可减小。

在设计配电装置确定带电导体之间和导体对接地构架的距离时，还要考虑减少相间短路的可能性及减少电动力。例如，软绞线在短路电动力、风摆、温度等因素作用下，使相间及对地距离的减小；高压隔离开关开断允许电流时，不致发生相间和接地故障；减小大电流导体附近的铁磁物质的发热。对 110 kV 及以上电压等级的配电装置，还要考虑减少电晕损失、带电检修等因素，故工程上采用的安全净距，通常大于表 10.1、表 10.2 中的数值。

表 10.2 屋外配电装置的安全净距

符号	适用范围	额定电压/kV								
		3～10	15～20	35	60	110J	110	220J	330J	500J
		安全净距/mm								
A_1	(1)带电部分至接地部分之间； (2)网状和板状遮拦向上延伸线距离地 2.5 m，与遮拦上方带电部分之间	200	300	400	650	900	1000	1800	2500	3800
A_2	(1)不同相的带电部分之间； (2)断路器和高压隔离开关的断口两侧带电部分之间	200	300	400	650	1000	1100	2000	2800	4300
B_1	(1)栅状遮拦至带电部分之间； (2)交叉的不同时停电检修的无遮拦带电部分之间； (3)设备运输时，其外廓至无遮拦带电部分之间； (4)带电作业时的带电部分至接地部分之间	950	1050	1150	1400	1650	1750	2550	3250	4550
B_2	网状遮拦至带电部分之间	300	400	500	750	1000	1100	1900	2600	3900
C	(1)无遮拦裸导线至地面之间； (2)无遮拦裸导线至建筑物、构筑物顶部之间	2700	2800	2900	3100	3400	3500	4300	5000	7500
D	(1)平行的不同时停电检修的无遮拦裸导线之间； (2)带电部分与建筑物、构筑物边沿部分之间	2200	2300	2400	2600	2900	3000	3800	4500	5800

注：J 是指中性点直接接地系统。

2. 间隔

间隔是配电装置中最小的组成部分，其大体上对应主接线图中的接线单元，以主设备为主，加上所谓附属设备一整套电气设备称为间隔。

在发电厂或变电站内，间隔是指一个完整的电气连接，包括断路器、高压隔离开关、电流感器、电压互感器、端子箱等，根据不同设备的连接所发挥的功能不同又有很大的差别，有主变间隔、母线设备间隔、母联间隔、出线间隔等。

例如，出线以断路器为主设备，所有相关高压隔离开关，包括接地开关、电流互感器、端子箱等，均为一个电气间隔。母线则以母线为一个电气间隔。对主变间隔来说，以本体为一个电气间隔，至于各侧断路器各为一个电气间隔。SF_6 组合电器由于特殊性，电气间隔不容易划分，但是基本也是按以上规则划分的。至于开关柜等以柜盘形式存在的，则以一个柜盘为电气间隔。

3. 层

层是指设备布置位置的层次。配电装置有单层、两层、三层布置。

4. 列

一个间隔断路器的排列次序即为列。配电装置有单列式布置、双列式布置、三列式布置。例如，双列式布置是指该配电装置纵向布置有两组断路器及附属设备。

5. 通道

为便于设备的操作、检修和搬运，配电装置在布置时设置了维护通道、操作通道、防爆通道。凡用来维护和搬运各种电器的通道，称为维护通道；如通道内设有断路器（或高压隔离开关）的操动机构、就地控制屏等，称为操作通道；仅与防爆小室相通的通道，称为防爆通道。

10.1.3 配电装置的图

为了表示整个配电装置的结构、电气设备的布置以及安装情况，一般采用三种图进行说明，即平面图、断面图、配置图。

1. 平面图

平面图按照配电装置的比例进行绘制，并标出尺寸；图中标出房屋轮廓、配电装置间隔的位置与数量、各种通道与出口、电缆沟等。平面图上的间隔不标出其中所装设备。

2. 断面图

断面图按照配电装置的比例进行绘制，用于校验其各部分的安全净距（成套配电装置内部除外）；图中表示配电装置典型间隔的剖面，表明间隔中各设备具体的布置以及相互之间的联系。

3. 配置图

配置图是一种示意图，可不按照比例进行绘制，主要用于了解整个配电装置中设备的布置、数量、内容；对应平面图的实际情况，图中标出各间隔的序号与名称、设备在各间隔内布置的轮廓、进出线的方式与方向、通道名称等。

10.1.4　配电装置的种类及特点

1. 屋内配电装置

屋内配电装置是将电气设备和载流导体安装在屋内，避开大气污染和恶劣气候的影响。其特点是：允许安全净距小而且可以分层布置，因此占地面积较小；维修、巡视和操作在室内进行，不受气候的影响；外界污秽的空气对电气设备影响较小，可减少维护的工作量；房屋建筑的投资较大。

大、中型发电厂和变电站中，35 kV 及以下电压等级的配电装置多采用屋内配电装置。但 110 kV 及 220 kV 装置有特殊要求（如变电站深入城市中心）和处于严重污秽地区（如海边和化工区）时，经过技术经济比较，也可以采用屋内配电装置。

屋内配电装置的结构形式，与电气主接线、电压等级和采用的电气设备形式等有密切的关系，按照配电装置布置形式的不同，一般可分为单层式、二层式和三层式。

(1) 单层式。一般用于出线不带电抗器的配电装置，所有的电气设备布置在单层房屋内。单层式占地面积较大，通常可采用成套开关柜，主要用于单母线接线、中小容量的发电厂和变电站。

(2) 二层式。一般用于出线有电抗器的情况，将所有电气设备按照轻重分别布置，较重设备如断路器、限流电抗器、电压互感器等布置在一层，较轻的设备如母线和母线高压隔离开关布置在二层。其结构简单，具有占地较少、运行与检修较方便、综合造价较低等特点。

(3) 三层式。将所有电气设备依其轻重分别布置在三层中，具有安全、可靠性高、占地面积小等特点，但其结构复杂、施工时间长、造价高，检修和运行很不方便。因此，目前我国很少采用三层式屋内配电装置。

屋内配电装置的安装形式一般有两种。

(1) 装配式。将各种电气设备在现场组装构成配电装置称为装配式配电装置。目前，需要安装重型设备（如大型开关、电抗器等）的屋内配电装置大都采用装配式。

(2) 成套式。由制造厂预先将各种电气设备按照要求装配在封闭或半封闭的金属柜中，安装时按照主接线要求组合起来构成整个配电装置，这就称为成套式配电装置。其特点是：装配质量好、运行可靠性高；易于实现系列化、标准化；不受外界环境影响，基建时间短。成套式配电装置按元件固定的特点，可分为固定式和手车式；按电压等级不同，可分为高压开关柜和低压开关柜。

2. 屋外配电装置

屋外配电装置是将电气设备安装在露天场地基础、支架或构架上。其特点是：土建工作量和费用较小，建设周期短；扩建比较方便；相邻设备之间距离较大，便于带电作业；占地面积大；受外界环境影响，设备运行条件较差，需加强绝缘；不良气候对设备维修和操作有影响。

根据电气设备和母线布置的高度，屋外配电装置可分为低型、中型、半高型和高型等。

(1) 低型配电装置。电气设备直接放在地面基础上，母线布置的高度也比较低，为了保证安全距离，设备周围设有围栏。低型布置占地面积大，目前很少采用。

(2) 中型配电装置。所有电器都安装在同一水平面内,并装在一定高度(2～2.5 mm)的基础上,使带电部分对地保持必要的高度,以便工作人员能在地面安全地活动。中型配电装置母线所在的水平面稍高于电器所在的水平面。

中型配电装置按照高压隔离开关的布置方式可分为普通中型和分相中型,是我国屋外配电装置普遍采用的一种方式。

这种布置比较清晰,不易误操作,运行可靠,施工维护方便,所用钢材较少,造价低;其最大的缺点是占地面积较大。

(3) 半高型和高型配电装置。母线和电器分别装在几个不同高度的水平面上,并重叠布置。如果仅将母线与断路器、电流互感器等重叠布置,则称为半高型配电装置。凡是将一组母线与另一组母线重叠布置的,称为高型配电装置。

高型布置的缺点是钢材消耗大,操作和检修不方便。半高型布置的缺点也类似。但高型布置的最大优点是占地少,一般约为中型的一半,因此半高型和高型布置已广泛采用。有时还根据地形条件采用不同地面高程的阶梯形布置,以进一步减少占地和节省开挖工程量。

3. 成套配电装置

成套配电装置是制造厂成套供应的设备,由制造厂预先按主接线的要求,将每一回电路的电气设备(如断路器、高压隔离开关、互感器等)装配在封闭或半封闭的金属柜中,构成各单元电路分柜,此单元电路分柜称为成套配电装置。安装时,按主接线方式,将各单元分柜(又称间隔)组合起来,就构成整个配电装置。

成套配电装置具有以下特点。

(1) 具有金属外壳(柜体)的保护,电气设备和载流导体不易积灰,便于维护,特别处在污秽地区更为突出。

(2) 易于实现系列化、标准化,具有装配质量好、速度快,运行可靠性高的特点。由于进行定型设计与生产,所以其结构紧凑、布置合理、体积小、占地面积少,降低了造价。

(3) 成套配电装置的基建时间短,其电器的安装、线路的敷设与变配电室的施工可分开行。

成套配电装置可以按以下方式进行分类。

(1) 按柜体结构特点,可分为开启式和封闭式。开启式的电压母线外露,柜内各元件之也不隔开,结构简单,造价低;封闭式开关柜的母线、电缆头、断路器和测量仪表均被相互隔开,运行较安全,可防止事故的扩大,适用于工作条件差、要求高的用电环境。

(2) 按元件固定的特点,可分为固定式和手车式。固定式的全部电气设备均固定于柜内;而手车式开关柜的断路器及其操动机构(有时还包括电流互感器、仪表等)都装在可以从柜内拉出的小车上,便于检修和更换。断路器在柜内经插入式触头与固定在柜内的电路连接,并取代了高压隔离开关。

(3) 按其电压等级又可分为高压开关柜和低压开关柜。

4. 六氟化硫(SF_6)组合电器

六氟化硫(SF_6)组合电器又称为气体绝缘全封闭组合电器(gas-insulator switchgear, GIS)。如图 10.3 所示,它将断路器、高压隔离开关、母线、接地开关、互感器、出线套管或电缆终端头等分别装在各自密封间中,集中组成一个整体外壳,充以$(3.039\sim5.065)\times10^5$ Pa

(3～5 个大气压)的 SF_6 气体作为绝缘介质。

图 10.3　六氟化硫组合电器

GIS 主要使用在以下场合：①占地面积较小的地区，如市区变电站；②高海拔地区或高烈度地震区；③外界环境较恶劣的地区。

GIS 主要有以下优点。

(1) 可靠性高。由于带电部分全部封闭在 SF_6 气体中，不会受到外界环境的影响。

(2) 安全性高。由于 SF_6 气体具有很高的绝缘强度，并为惰性气体，不会产生火灾；带电部分全部封闭在接地的金属壳体内，实现了屏蔽作用，也不存在触电的危险。

(3) 占地面积小。由于采用具有很高的绝缘强度的 SF_6 气体作为绝缘和灭弧介质，使各电气设备之间、设备对地之间的最小安全净距减小，从而大大缩小了占地面积。

(4) 安装、维护方便。组合电器可在制造厂家装配和试验合格后，再以间隔的形式运到现场进行安装，工期大大缩短。

(5) 其检修周期长，维护方便，维护工作量小。

GIS 主要有以下缺点。

(1) 密封性能要求高。装置内 SF_6 气体压力的大小和水分的多少会直接影响整个装置运行的性能和人员的安全性，因此，GIS 对加工的精度有严格的要求。

(2) 金属耗费量大，价格较昂贵。

(3) 故障后危害较大。首先，故障发生后造成的损坏程度较大，有可能使整个系统遭受破坏。其次，检修时有毒气体(SF_6 气体与水发生化学反应后产生)会对检修人员造成伤害。

GIS 的分类方式有以下两种。

(1) 按结构形式分。根据充气外壳的结构形状，GIS 可分为圆筒形和柜形两大类。第一大类依据主回路配置方式还可分为单相一壳型(即分相型)、部分三相一壳型(又称主母线三相共筒型)、全三相一壳型和复合三相一壳型四种；第二大类又称 C-GIS，俗称充气柜，依据柜体结构和元件间是否隔离可分为箱型和铠装型两种。

(2) 按绝缘介质分。按绝缘介质不同，可分为全 SF_6 气体绝缘型(F-GIS)和部分 SF_6 气体绝缘型(H-GIS)两类。

10.1.5　低压成套配电装置

低压成套配电装置是电压为 1000 V 及以下电网中用来接受和分配电能的成套配电设备，可分为配电屏(盘、柜)和配电箱两类。低压配电屏，又称配电柜或开关柜，是将低压电路中的开关电器、测量仪表、保护装置和辅助设备等，按照一定的接线方案安装在金属柜内，用来接受和分配电能的成套配电设备。

低压成套配电装置按控制层次可分为配电总盘、分盘和动力、照明配电箱。总盘上装有总控制开关和总保护器；分盘上装有分路开关和分路保护器；动力、照明配电箱内装有所控制动力或照明设备的控制保护电器。总盘和分盘一般装在低压配电室内；动力、照明配电箱通常装设在动为或照明用户内。

1. PGL 型交流低压配电屏

PGL 型交流低压配电屏为开启式双面维护的低压配电装置，如图 10.4(a)所示。其型号的意义为：P—低压开启式；G—元件固定安装、固定接线；L—动力用。按用途可分为电源进线、受电、备用电源架空受电或电缆受电、联络馈电、刀熔开关馈电、熔断器馈电、断路器馈电和照明等八种。

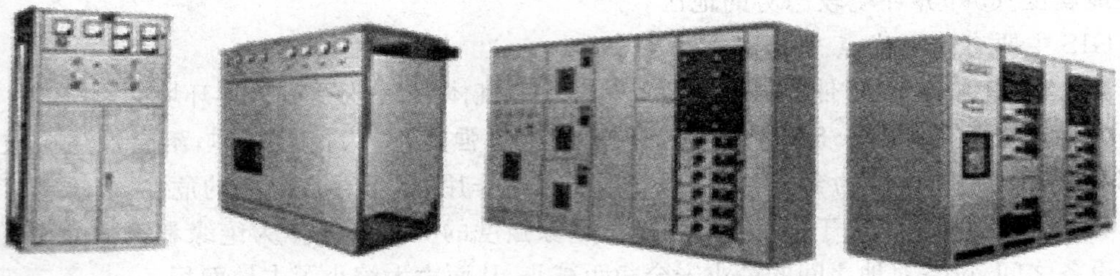

(a) (b) (c) (d)

图 10.4 典型低压成套配电装置

(a)PGL 型交流低压配电屏；(b)GGD 型固定点式低压配电柜；(c)GCS 型抽屉式低压开关柜；(d)MNS 型抽屉式低压开关柜

2. GGD 型固定式低压配电柜

GGD 型固定式低压配电柜属单面操作、双面维护的低压配电装置，如图 10.4(b)所示。其型号的含义为：G—交流低压配电柜，G—电器元件固定安装、固定接线，D—电力用柜。它具有分断能力高、动热稳定性好、电气方案灵活、组合方便、防护等级高等特点，按其分断能力的大小可分为Ⅰ、Ⅱ、Ⅲ型。最大分断能力分别为 15 kA、30 kA、50 kA。主电路设计方案有 126 种，可以满足各方面的需要。

3. GCS 型抽屉式低压开关柜

GCS 型抽屉式低压开关柜为密封式结构，正面操作、双面维护的低压配电装置，如图 10.4(c)所示。其型号含义是：G—封闭式开关柜；C—抽出式；S—森源电气系统。它密封性能好，可靠性高，占地面积小，具有分断、接通能力高，动热稳定性好，电气方案灵活，组合方便，系列性、实用性强，结构新颖，防护等级高等特点，它将逐步取代固定式低压配电屏。

4. MNS 型抽屉式低压开关柜

MNS 型抽屉式低压开关柜为用标准模件组装的组合装配式配电装置，如图 10.4(d)所示，其型号含义为：M—标准模件；N—低压；S—开关配电设备。它可分为动力配电中心柜

(PC)和电动机控制中心柜(MCC)两种类型。动力配电中心柜采用 ME、F、M、AH 等系列断路器;电动机控制中心柜由大小抽屉组装而成,各回路主开关采用高分断塑壳断路器或旋转式带熔断器的负荷开关。

10.2 高压开关柜

高压开关柜又称为成套开关或成套配电装置,是以断路器为主的电气设备,通常是生产厂家根据电气一次主接线图的要求,将控制电器、保护电器和测量电器等有关的高低压电器以及母线、载流导体、绝缘子等装配在封闭的或敞开的柜体内,作为供电系统中接受和分配电能的装置。开关柜由柜体和断路器两大部分组成,具有架空进出线、电缆进出线以及母线联络等功能。

10.2.1 高压开关柜的主要特点

(1)开关柜有一次、二次方案,包括电能汇集、分配、计量和保护功能电气线路,一个开关柜有一个确定的主回路方案和辅助回路方案,即一次回路和二次回路方案,当一个开关柜的主方案不能实现时可以用几个单元方案来组合实现。

(2)开关柜具有一定的操作程序及机械或电气联锁机构。没有开关柜“五防”功能或“五防”功能不全是造成电力事故的主要原因。

高压开关柜的“五防”功能:防止误分、误合断路器;防止带负荷分、合高压隔离开关或带负荷推入、拉出金属封闭式开关柜的手车隔离插头;防止带电挂接地线或合接地开关;防止带接地线或接地开关合闸;防止误入带电间隔,以保证可靠的运行和操作人员的安全。

(3)开关柜具有接地的金属外壳,其外壳有支撑和防护作用,相应的要具有足够的机械强度和刚度,以保证装置的稳固性,当柜内产生故障时,不会出现变形、折断等外部效应,同时也可以防止人体接近带电部分或触及运动部件,防止外界因素对内部设施的影响,同时防止设备受到意外冲击。

(4)另外,开关柜还具有抑制内部故障的功能,若开关柜内部电弧短路引发内部故障,一旦发生则要求把电弧故障限制在隔室以内。

10.2.2 高压开关柜的种类

开关柜按照安装地点可分为户内式和户外式,按照柜体结构可分为金属封闭铠装式开关柜、金属封闭间隔式开关柜、金属封闭箱式开关柜和敞开式开关柜四类。

1. 户外式及户内式

从高压开关柜的安置来分,可分为户外式和户内式两种,10 kV 及以下多采用户内式。根据一次线路方案的不同,可分为进出线开关柜、联络油开关柜、母线分段柜等。10 kV 进出线开关柜内多安装少油断路器或真空断路器,断路器所配的操动机构多为弹簧操动机构或电磁操动机构,也有配手动操动机构或永磁操动机构的。不同的开关柜在结构上有较大差别,这将影响到传感器的选择和安装。

2. 固定式及移开式

通用型高压开关柜内的主要电气设备是高压断路器，根据断路器的安装方式分为固定式和移开式两种。

固定式是指柜内所有电器元件包括高压断路器和负荷开关等均安装在开关柜的固定架构上，采用母线和线路的高压隔离开关作为断路器检修的隔离措施，结构简单、造价较低，没有隔离触头，不容易出现接触不良引起的温度过高以及对地击穿的事故；但开关柜中的各功能区相通而且是敞开的，容易造成故障的扩大，还存在柜体高度和宽度偏大造成的检修断路器困难以及检修时间长的缺点。

移开式是指柜内主要的电器元件如高压断路器安装在开关柜内可抽出的小车上以便维修，也称手车式。手车柜可分为铠装型和间隔型两种，铠装型手车的位置可分为落地式和中置式两种。

金属铠装移开式开关柜为全封闭结构，高压断路器安装于可移动手车上，断踣器两侧使用一次插头与固定的母线侧、线路侧静插头构成导电回路；检修时采用插头式的触头隔离，断路器手车可移出柜外检修。同类型断路器手车具有通用性，可使用备用断路器手车代替检修的断路器手车，以减少停电时间。手车式高压开关柜的各个功能区是采用金属封闭或者采用绝缘板的方式封闭，这种柜型的各功能小室相互隔开，正常操作性能和防误操做功能比较完善和合理，检修方便，可以大大提高供电可靠性，而且可以靠墙或背靠背安装节省空间。

10.2.3 高压开关柜的型号

高压开关柜的型号有两个系列的表示方法。其中一种为：

[1] [2] [3] [4] [5]

[1]：G 表示高压开关柜。

[2]：F 表示封闭型。

[3]：代表型号，C—手车式，G—固定式。

[4]：代表定额电压（kV）或设计序号。

[5]：F 表示防误型。

另一种表示法为：

[1] [2] [3] [4]

[1]：表示高压开关柜，J—间隔型，K—铠装型。

[2]：代表类别，Y—移开式，G—固定式。

[3]：N 表示户内式。

[4]：代表定额电压（kV）。

例如，KGN-10 型号的含义为金属封闭铠装户内 10 kV 的固定式开关柜；GFC-10 型号的含义为手车式封闭型的 10 kV 高压开关柜。

10.2.4　几种典型的高压开关柜

1. XGN2-10 型固定式开关柜

XGN2-10 型固定式开关柜为金属封闭式结构，如图 10.5 所示。屏体由钢板和角铁焊成。由主开关室、母线室、电缆室和仪表室等部分构成。断路器在柜体的下部。断路器由拉杆与操作机构连接。断路器下引接与电流互感器相连，电流互感器和高压隔离开关连接。断路器室有压力释放通道，以便电弧有压力释放通道，以便电弧燃烧产生的气体得以安全释放。母线室在柜体后上部，为减小柜体高度，母线呈"品"字形排列。电缆室在柜体下部的后方，电缆固定在支架上。仪表室在柜体前上部，便于运行人员观察。便于运行人员观察。断路器操动机构装在面板左边位置，其上方为高压隔离开关的操作及联锁机构。

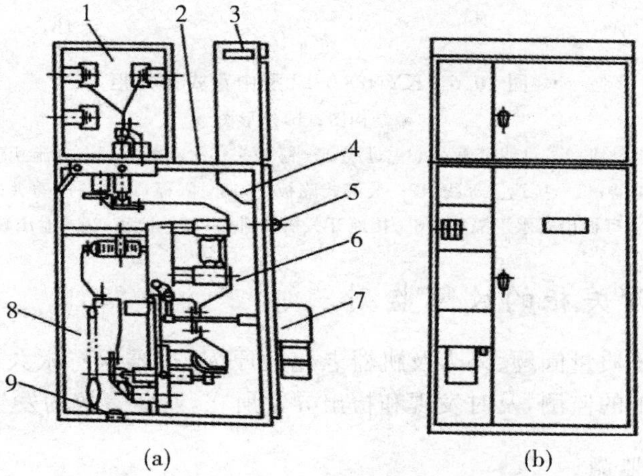

图 10.5　XGN-10 型固定式开关柜

(a)结构图；(b)外形图

1—母线室；2—压力释放通道；3—仪表室；4—组合开关；5—手动操作及联锁机构；6—主开关室；7—电磁弹簧结构；8—电缆室；9—接地母线

2. KYN28A-12 型中置式开关柜

KYN28A-12 即原 GZS1-10 型中置式开关柜，是在真空、SF_6 断路器小型化后设计出的产品，可实现单面维护。其使用性能有所提高，近几年来国内外推出的新柜型以中置式居多。

KYN28A-12 型手车式开关柜整体是由柜体和中置式可抽出部分（即手车）两大部分组成，如图 10.6 所示。手车室及断路器手车是开头柜的主体部分，采用中置式形式，断路器手车体积小，检修维护方便。断路器手车在柜体内有断开位置、试验位置和工作位置三个状态。开关设备内装有安全可靠的联锁装置，完全满足"五防"的要求。母线室封闭在开关室后上部，不易落入灰尘和引起短路，出现电弧时，能有效将事故限制在隔室内而不向其他柜蔓延。由于开关设备采用中置式，电缆室空间较大。电流互感器、接地开关装在隔室后壁上，避雷器装设在隔室后下部。继电器仪表室内装设有继电保护元件、仪表、带电检查指示器，以及特殊要求的二次设备。

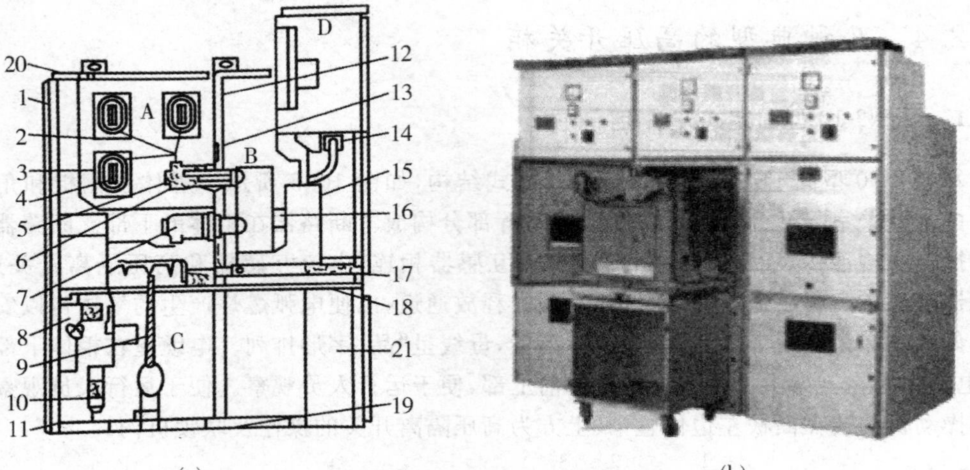

(a) (b)

图 10.6 KYN28A-12 **型中置式开关柜**

(a)结构图;(b)外形图

1—外壳;2—分支小母线;3—母线套管;4—主母线;5—静触头;6—动触头;7—电流互感器;8—接地开关;9—电缆;10—避雷器;11—接地主母线;12—装卸式隔板子;13—隔板;14——次插头;15—断路器手车;16—加热装置;17—可抽出式水平隔板;18—接地开关操作机构;19—板底;20—泄压装置;21—控制小线

10.2.5 高压开关柜的故障监测

高压开关柜由于质量问题、外力及机器老化的原因,很难保持永久的安全使用状态,必须加强对高压开关柜的监测,及时发现和检出异常所在,避免事故的发生。

1. 机械特性的监测

机械特性监测的内容有:合、分闸线圈回路,合、分闸线圈电流、电压,断路器动触头行程,断路器触头速度,合闸弹簧状态,断路器动作过程中的机械振动,断路器操作次数统计等。

目前,断路器机械状态监测主要有行程监测和速度的监测,操作过程中振动信号的监测等。

断路器操作时的机械振动信号监测是根据每个振动信号出现时间的变化、峰值的变化,结合分、合闸线圈电流波形来判断断路器的机械状态。机械性能稳定的断路器,其分、合闸振动波形的各峰值大小和各峰值间的时间差是相对稳定的。振动信号是否发生变化的判别依据是对新断路器或大修后的断路器进行多次分、合闸试验测试,记录稳定的振动波形,作为该断路器的特征波形"指纹",将以后监测到的振动波形,与"指纹"比较,以判别断路器机械特性是否正常。

时间特性监测是指通过光电传感器,将连续变化的位移量变成一系列电脉冲信号,记录该脉冲的个数,就可以实现动触头全行程参数的测量;同时,记录每一个电脉冲产生的时刻值,就可计算出动触头运动过程中的最大速度和平均速度。因此测得断路器主轴连动杆的分合闸特性,即可反映动触头的特性。监测储能电机动负荷电流和启动次数可反映负载(液压操动机构)的工作状况,也可判断电动机是否正常,同时反映液压操动机构密封状况。

有关统计资料表明,开关柜机械故障发生的比例最高。这是因为与机械操作相关联的元件非常多，包括合、分闸回路串联有很多环节。而且开关的操作是没有规律的，有时候很长时间也不操作一次，有时却要连续动作。别外，还受一年四季环境变化的影响。所以机械故障特别是拒动故障是发生概率最高的。

要保证断路器设备的操动机构的可靠性，需经过验证。例如，真空断路器制造厂在产品出厂前，往往要在标准规定的高低操作电压下进行机械操作数百次，如果有故障，就在出厂前进行处理。其次，开关柜内所有部件，特别是动作的部件包括各处的紧固螺钉、弹簧和拉杆，强度要足够，结构要可靠，要经得住长期运行的考验。

要保证电气回路良好的连通性，合、分闸线圈、辅助开关元件的性能都要有保证。因为是串联回路，回路中的各个断路器、熔断器以及各个连接处要始终处于完好状态，直流操作电源也要始终处于正常状态。如果直流回路绝缘不良，发生一点接地或多点接地，就可能使断路器发生误动，如果直流回路导通不好或电源不正常，就会发生拒动事故。

2. 绝缘水平的监测

原则上讲，电压等级越高，对绝缘水平的选取越为关注。对于中压等级，往往希望通过增加不多的费用，将绝缘水平取得略为偏高一点，使得运行更安全。

国家相关标准推荐了四种冲击耐电压试验方法，对于非自恢复绝缘为主的设备可采用 3 次法，非自恢复绝缘和自恢复绝缘组成的复合绝缘的设备可使用 3/9 次法，而复合绝缘的设备则一般采用 15 次法。目前高压开关柜的雷电冲击耐压试验多采用 15 次法，实际上在中压等级设备达到要求的外绝缘的最小空气尺寸，例如，10 kV 等级设备的外绝缘净空气间隙为 125 mm 的情况下，冲击耐受电压裕度较大，用 3/9 次法也可达到试验的目的。

在实际监测中，还需考虑到同样绝缘水平的产品，不同地方的运行情况相差很大。影响电气设备在运行中绝缘性能是否可靠的因素除了设备本身的绝缘水平外，还有过电压保护措施、环境条件、运行状况和设备随使用时间的老化等等，必须综合考虑这些因素的作用。

3. 导电回路监测

在运行设备中所发生的导电回路故障或事故表明，一旦存在导电回路接触不良，问题会随着时间的推移而不断加剧。隔离插头上往往装有紧固弹簧，受热后弹性变差，使接触电阻进一步加大，直至事故发生。

按规程规定，用大电流直流压降法测量网路电阻，就是防止导电回路事故的一种方法。由于回路电阻测量的使用电流受到限制，即使测量结果合格，但在运行中仍然发生载流事故的已有好多次。实践表明这并不是一种十分可靠的办法，不应完全依赖它。

在设备投运初期，加强监测是十分必要的，在高峰负荷以及夏季环境温度较高时，监测设备的运行状态尤其重要。例如，可采用红外测温等方法来监测设备的发热情况，及时发现潜伏的不正常发热现象。

随着传感器技术、信号处理技术、计算机技术、人工智能技术的发展，使得对开关柜的运行状态进行在线监测，及时发现故障隐患并对累计性故障做出预测成为可能。它对于保证开关柜的正常运行、减少维修次数、提高电力系统的运行可靠性具有重要意义。

参考文献 CANKAOWENXIAN

【1】沈维道,童钧耕. 工程热力学[M]. 北京:高等教育出版社,2007.
【2】尚玉琴. 工程热力学[M]. 北京:中国电力出版社,2007.
【3】郭迎利. 电厂锅炉设备及运行[M]. 北京:中国电力出版社,2010.
【4】叶江明. 电厂锅炉原理及设备[M]. 北京,中国电力出版社,2010.
【5】杨世铭,陶文铨. 传热学[M]. 北京:高等教育出版社,2003.
【6】张燕侠. 流体力学泵与风机[M]. 北京:中国电力出版社,2010.
【7】张良瑜,谭雪梅,王亚荣. 泵与风机[M]. 北京:中国电力出版社,2009.
【8】孙为民,杨巧云. 电厂汽轮机[M]. 北京:中国电力出版社,2008.
【9】靳智平. 电厂汽轮机原理及系统[M]. 北京:中国电力出版社,2008.
【10】李如秀,余素珍. 发电厂动力部分[M]. 北京:中国电力出版社,2012.
【11】关金峰. 发电厂动力设备[M]. 北京:中国电力出版社,1998.
【12】肖艳萍. 发电厂变电站电气设备[M]. 北京:中国电力出版社,2008.
【13】刘志青. 电气设备检修[M]. 北京:中国电力出版社,2005.
【14】陈家斌. SF_6 断路器实用技术[M]. 北京:水利电力出版社,2004.
【15】方可行. 断路器故障与监测[M]. 北京:中国电力出版社,2003.
【16】国家电网公司. 高压开关设备管理规范[M]. 北京:中国电力出版社,2006.
【17】国家电网公司. 高压并联电容器管理规范[M]. 北京:中国电力出版社,2006.
【18】关根志. 高电压工程基础[M]. 北京:中国电力出版社,2002.
【19】周泽存,沈其工. 高电压技术[M]. 北京:中国电力出版社,2004.